软件入门与提高丛书

SQL Server 2008 入门与提高

刘俊强　编著

清华大学出版社

北　京

内 容 简 介

本书将引导读者利用 SQL Server 2008 技术进行数据库管理与开发实践。本书共 17 章，主要内容包括关系数据库的有关知识、安装和配置 SQL Server 2008、创建数据库和表、修改数据库文件、数据库的备份和恢复、管理和操作数据表、设计表数据完整性、查询与管理表数据、Transact-SQL 编程、存储过程和触发器的开发、数据库的安全管理和系统自动化管理，以及 CLR、SMO 和 XML 等高级开发知识。本书附带的光盘中提供了示例数据库、视频和案例源文件，以及一些典型数据库，可方便读者学习使用。

本书内容丰富、实例精彩、覆盖面广、指导性强，力求以全面的知识及丰富的实例来指导读者透彻地学习 SQL Server 2008 数据库各方面的知识。本书适合所有想全面学习 SQL Server 2008 数据库的初学者快速入门，也适合有一定数据库基础的技术人员参考。另外，对于大中专院校和培训班的学生，本书更是一本不可多得的教材。

图书在版编目(CIP)数据

SQL Server 2008 入门与提高/刘俊强编著. --北京：清华大学出版社，2014(2019.8重印)
(软件入门与提高丛书)
ISBN 978-7-302-36374-3

Ⅰ. ①S… Ⅱ. ①刘… Ⅲ. ①关系数据库系统 Ⅳ. ①TP311.138

中国版本图书馆 CIP 数据核字(2014)第 098924 号

责任编辑：杨作梅
封面设计：刘孝琼
责任校对：李玉萍
责任印制：沈　露

出版发行：清华大学出版社
　　　　网　　址：http://www.tup.com.cn, http://www.wqbook.com
　　　　地　　址：北京清华大学学研大厦 A 座　　邮　　编：100084
　　　　社 总 机：010-62770175　　　　　　　　邮　　购：010-62786544
　　　　投稿与读者服务：010-62776969, c-service@tup.tsinghua.edu.cn
　　　　质量反馈：010-62772015, zhiliang@tup.tsinghua.edu.cn
　　　　课件下载：http://www.tup.com.cn, 010-62791865
印 装 者：清华大学印刷厂
经　　销：全国新华书店
开　　本：185mm×260mm　　　印　张：28.75　　　字　数：696 千字
　　　　　(附 DVD 1 张)
版　　次：2014 年 6 月第 1 版　　　　　　　印　次：2019 年 8 月第 8 次印刷
定　　价：69.00 元

产品编号：055159-02

前　言

SQL Server 是 Microsoft 公司的关系型数据库管理系统产品，从 20 世纪 80 年代后期开始开发，先后经历了 7.0、2000、2005 和 2008 四个大版本。SQL Server 2008 R2 是 2008 的最新版本，它拥有许多新的特性和关键的改进，使得它成为迄今为止最强大和最全面的 SQL Server 版本。它的出现更是促进了计算机应用向各行业的渗透，为企业解决数据爆炸和数据驱动的应用提供了有力的技术支持。

本书具有知识全面、实例精彩、指导性强的特点，力求以全面的知识性及丰富的实例来指导读者透彻地学习 SQL Server 2008 基础知识。

本书内容

第 1 章　数据库与 SQL Server 2008。本章介绍数据库的概念，关系数据库的简介及其术语，规范关系和数据库建模的方法，以及 SQL Server 的发展史和 SQL Server 2008 的安装及卸载。

第 2 章　开始使用 SQL Server 2008。本章主要介绍 SQL Server 2008 的管理工具和程序，如 SQL Server 配置管理器、SQL Server Management Studio 以及 SQLCMD 等。

第 3 章　SQL Server 2008 入门操作。本章介绍 SQL Server 2008 自带的系统数据库，数据库的构成部分，以及数据库的创建、重命名和删除方法。

第 4 章　维护 SQL Server 2008 数据库。本章主要介绍 SQL Server 2008 数据库的各种管理操作，如数据库快照、修改数据库文件、重命名数据库、备份与导出等。

第 5 章　操作数据表。本章主要介绍 SQL Server 2008 数据表的各种管理操作，如系统表和临时表的定义，创建表，定义列的数据类型，修改表名以及删除表等。

第 6 章　表的完整性约束。本章详细介绍默认值和规则的应用，以及 SQL Server 2008 中应用于列的各种约束，如不能为空、不能重复等。

第 7 章　T-SQL 语言编程入门。本章主要介绍 T-SQL 语言的基础知识，包括 T-SQL 语言的分类、常量、变量、注释、各类运算符及优先级、流程语句的使用等。

第 8 章　T-SQL 高级编程。本章将讲解 SQL 语言在数据库中的高级应用，如调用系统函数、编写自定义函数，以及使用事务和锁确保数据的完整性等。

第 9 章　T-SQL 修改表数据。本章详细介绍数据操纵语言中 INSERT、UPDATE 和 DELETE 语句对数据进行插入、更新和删除的方法。

第 10 章　T-SQL 查询数据。本章详细介绍 SELECT 语句的应用，包括在查询时可以指定列、指定条件甚至执行计算，对查询结果进行排序、分组和统计等。

第 11 章　T-SQL 复杂查询。本章详细介绍 SELECT 嵌套的子查询，以及多表连接的方法。

第 12 章　管理数据库对象。本章主要介绍数据库中架构、视图和索引三个对象的使用。

第 13 章　触发器编程。本章主要介绍触发器的操作，包括触发器的概念和分类，DML 触发器的创建，触发器的管理(如禁用与启用、修改和删除)，触发器的高级应用(如 DDL 触发器、嵌套和递归触发器)。

第 14 章　存储过程编程。本章主要介绍存储过程的操作，包括存储过程的类型、创建普通存储过程、加密和临时存储过程、查看和修改存储过程，以及使用存储过程的参数等。

第 15 章　SQL Server 高级编程。本章从三个方面讲解 SQL Server 2008 的高级编程技术，分别是 XML 编程、CLR 编程和 SMO 编程。

第 16 章　管理数据库安全。本章首先介绍 SQL Server 2008 提供的各个安全级别，然后重点介绍身份验证模式、登录名、数据库用户、权限及角色的管理。

第 17 章　产品展示模块。本章利用 ASP.NET 和 SQL Server 2008 开发一个商业系统的产品展示模块，功能包括显示产品、产品详情、增加和删除产品，以及分类的管理。

本书特色

本书中的大量内容来自真实的 SQL Server 数据库示例，力求解决读者在实际操作中遇到的问题，使读者更容易地掌握 SQL Server 2008 数据库应用。本书难度适中，内容由浅入深，实用性强，覆盖面广，条理清晰。

- 知识点全：本书紧紧围绕 SQL Server 2008 数据库展开讲解，具有很强的逻辑性和系统性。
- 实例丰富：书中各实例均经过作者精心设计和挑选，是根据作者在实际开发中的经验总结而来的，涵盖了在实际开发中所遇到的各种问题。
- 应用广泛：对于精选案例，分析深入浅出，而且有些程序能够直接在项目中使用。
- 基于理论，注重实践：在合适位置安排综合应用实例，或者小型应用程序，将理论应用到实践中，从而加强读者的实际应用能力，巩固开发基础知识。
- 贴心的提示：为了便于读者阅读，全书还穿插着一些技巧、提示等小贴士，体例约定如下。

　　提示：通常是一些贴心的提醒，以让读者加深印象，或者提供解决问题的方法。

　　注意：提出学习过程中需要特别注意的一些知识点和内容，或者相关信息。

　　技巧：通过简短的文字，指出知识点在应用时的一些小窍门。

读者对象

本书可以作为 SQL Server 数据库的入门书籍，也可以帮助中级读者提高技能。

本书适合以下人员阅读学习。

- 没有数据库应用基础的 SQL Server 入门人员。
- 有一些数据库应用基础，并且希望全面学习 SQL Server 数据库的读者。
- 各大中专院校的在校学生和相关授课老师。
- 相关培训班的学员。

本书由刘俊强编著，另外参与本书编写及设计工作的还有侯政云、刘利利、郑志荣、肖进、侯艳书、崔再喜、侯政洪、李海燕、祝红涛、贺春雷等，在此表示感谢。在本书的编写过程中，我们力求精益求精，但难免存在一些不足之处，敬请广大读者批评指正。

编　者

目　　录

第1章

数据库与 SQL Server 2008

　　随着互联网的迅速发展，大量信息的产生、处理、存储和传播对数据库的需求越来越高。SQL Server 作为关系数据库管理系统之一，以其安全性、完整性和稳定性的特点在市场上占有绝对的优势，成为应用最广泛的数据库产品。SQL Server 2008 是 Microsoft 发布的重要关系型数据库管理系统产品，它可以提供一个可靠的、高效的、智能化的数据平台，可运行需求最苛刻的、完成关键任务的应用程序。

　　本章介绍数据库的概念、关系数据库的简介及其术语，规范关系和数据库建模的方法，以及 SQL Server 的发展史 SQL Server 2008 的安装及卸载。

本章重点：

- ➥ 了解数据库的概念
- ➥ 理解关系数据库的概念和术语
- ➥ 熟悉使用范式规范关系的方法
- ➥ 理解实体-关系模型，以及转换为关系模型的方法
- ➥ 了解 SQL Server 2008 的发展过程
- ➥ 了解 SQL Server 2008 的新特性
- ➥ 掌握 SQL Server 2008 的安装方法
- ➥ 了解如何升级到 SQL Server 2008
- ➥ 掌握 SQL Server 2008 的卸载方法

1.1 数据库与关系数据库

数据(Data)是描述事物的标记符号,它在日常生活中无处不在,像一个手机、一瓶水、一台电脑,甚至一种感觉等等这些都是数据。数据库(Database,DB)是指存放数据的仓库,只不过这个仓库是在计算机存储设备上,而且数据是按一定的格式存放的。例如,采用关系模式的数据库就称为关系数据库。

1.1.1 数据库简介

数据库技术从诞生到现在的半个多世纪中,已经形成了系统而全面的理论基础,在当今信息多元化的时代,逐渐成为计算机软件的核心技术,并拥有了广泛的应用领域。

数据库并不是与计算机同时出现的,而是随着计算机技术的发展而产生的。20 世纪 50 年代,美国为了战争的需要,开始把收集到的情报集中存储在计算机中,在 20 世纪 60 年代由美国系统发展公司在为美国海军基地研制的数据文件中首次引用了 Database 一词,数据库技术便逐渐发展起来。

1. 萌芽阶段

1963 年,C.W. Bachman 设计开发的 IDS(Integrate Data Store)系统投入运行,揭开了数据库技术的序幕。

1969 年,IBM 公司开发的层次结构数据模型的 IMS 系统发行,把数据库技术应用到了软件中。

1969 年 10 月,CODASYL 数据库研制者提出了网络模型数据库系统规范报告 DBTG,使数据库系统开始走向规范化和标准化。

2. 发展阶段

20 世纪 70 年代是数据技术蓬勃发展的时代,网状系统和层次系统占据了整个数据库的商用市场。20 世纪 80 年代关系数据库逐渐取代网状系统和层次系统,数据库技术日益成熟。

1970 年,IBM 公司 Sam Tose 研究试验室的研究员 E.F.Codd 发表了题为"大型共享数据库的数据关系模型"的论文,提出了数据库的关系模型,开创了数据库关系方法和关系数据理论的研究,为数据库技术奠定了理论基础。

1971 年,美国数据系统语言协会在正式发表的 DBTG 报告中,提出了三级抽象模式,即对应用程序所需的那部分数据结构描述的外模式,对整个客体系统数据结构描述的概念模式,对数据存储结构描述的内模式,解决了数据独立性的问题。

1974 年,IBM 公司 San Jose 研究所研制成功了关系数据库管理系统 System R,并投放到软件市场。从此,数据库系统的发展进入了关系型数据库系统时期。

1979 年,Oracle 公司引入了第一个商用 SQL 关系数据库管理系统。

1983 年,IBM 推出了 DB2 商业数据库产品。

1984 年，David Marer 所著的《关系数据库理论》一书，标志着数据库在理论上的成熟。

1985 年，为 Procter & Gamble 系统设计的第一个商务智能系统产生。标志着数据库技术已经走向成熟。

3. 成熟阶段

20 世纪 80 年代至今，数据库理论和应用进入成熟发展时期。关系数据库成为数据库技术的主流，大量商品化的关系数据库系统问世并被广泛推广使用。随着信息技术和市场的发展，人们发现关系型数据库系统虽然技术很成熟，但在有效支持应用和数据复杂性上的能力是受限制的。关系数据库原先依据的规范化设计方法，对于复杂事务处理数据库系统的设计和性能优化来说，已经无能为力。20 世纪 90 年代以后，技术界一直在研究和寻求适合的替代方案，即"后关系型数据库系统"。

1.1.2　数据库模型

数据库模型描述了在数据库中结构化和操纵数据的方法，模型的结构部分规定了数据如何被描述(例如树、表等)；模型的操纵部分规定了数据的添加、删除、显示、维护、打印、查找、选择、排序和更新等操作。

根据具体数据存储需求的不同，数据库可以使用多种类型的系统模型，其中较为常见的有层次模型、网状模型和关系模型三种。

1. 层次模型

层次数据模型表现为倒立的树，用户可以把层次数据库理解为段的层次。一个段等价于一个文件系统中的记录。在层次数据模型中，文件或记录之间的联系形成层次。换句话说，层次数据库把记录集合表示成倒立的树结构，层次模型如图 1-1 所示。

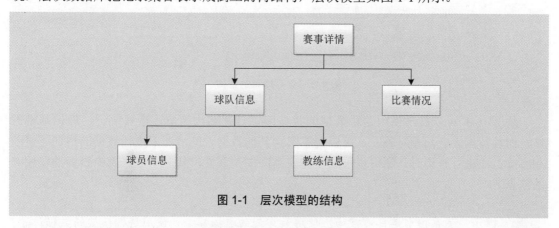

图 1-1　层次模型的结构

从图 1-1 中可以看出，此种类型的数据库的优点为层次分明、结构清晰、不同层次间的数据关联直接简单。缺点是数据将不得不纵向向外扩展，节点之间很难建立横向的关联；对插入和删除操作限制较多，因此应用程序的编写比较复杂。

2. 网状模型

网状模型克服了层次模型的一些缺点。该模型也使用倒置树形结构，与层次结构不同的是网状模型的节点间可以任意发生联系，能够表示各种复杂的联系，如图 1-2 所示。网状模型的优点是可以避免数据的重复性；缺点是关联性比较复杂，尤其是当数据库变得越来越大时，关联性的维护会非常复杂。

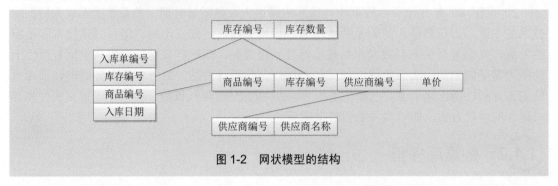

图 1-2 网状模型的结构

3. 关系模型

关系模型突破了层次模型和网状模型的许多局限。关系是指由行与列构成的二维表。在关系模型中，实体和实体间的联系都是用关系表示的。也就是说，二维表格中既存放着实体本身的数据，又存放着实体间的联系。关系不但可以表示实体间一对多的联系，通过建立关系间的关联，也可以表示多对多的联系。图 1-3 所示为关系结构模型。

员工表				部门表	
工号	姓名	性别	所在部门编号	部门编号	部门名称
201001	侯霞	女	1	1	人事部
201002	祝红涛	男	1	2	销售部
201003	周强	男	2	3	财务部

*此处使用学生的下级编号将学生表和下级表关联起来。

图 1-3 关系模型的结构

从图 1-3 可以看出使用这种模型的数据库优点是结构简单、格式统一、理论基础严格，而且数据表之间相对独立，可以在不影响其他数据表的情况下进行数据的增加、修改和删除；在进行查询时，还可以根据数据表之间的关联性，从多个数据表中查询抽取相关的信息。

> 提示：关系模型是目前市场上使用最广泛的数据模型，使用这种模型的数据库管理系统有很多，本书介绍的 SQL Server 2008 就使用这种模型。

1.1.3 关系数据库简介

关系数据库是建立在关系模型基础上的数据库，是利用数据库进行数据组织的一种方式，是现代流行的数据库管理系统中应用最为普遍的一种，也是最有效率的数据组织方式之一。

关系数据库由数据表和数据表之间的关联组成。其中数据表通常是一个由行和列组成的二维表，每一个数据表分别说明数据库中某一特定的方面或部分的对象及其属性。图 1-4 所示为一个员工数据表。

员工表

工号	姓名	性别	年龄	部门	籍贯	党员
201001	侯霞	女	26	人事部	河南	否
201002	祝红涛	男	29	销售部	湖南	是
201003	周强	男	30	财务部	北京	是

图 1-4　数据表

数据表中的行通常叫作记录或元组，代表众多具有相同属性的对象中的一个，例如在"员工表"中，每条记录代表一名员工的完整信息。数据表中的列通常叫作字段或者属性，代表相应数据表中存储对象的共有属性，例如在"员工表"中，每一个字段代表员工的一方面信息。

如图 1-4 所示的关系与二维表格传统的数据文件有类似之处，但是它们又有区别，严格地说，关系是一种规范化的二维表格，具有如下性质：

- 属性值具有原子性，不可分解。
- 没有重复的元组。
- 理论上没有次序，但是有时在使用时可以有行序。

1.2　关系数据库术语

关系数据库的特点在于它将每个具有相同属性的数据独立地存在一个表中。对任何一个表而言，用户都可以新增、删除和修改表中的数据，而不会影响表中的其他数据。下面来了解一下关系数据库中的一些基本术语。

- 关系(Relation)：一个关系通常对应一张表，例如图 1-4 所示的员工表。
- 元组(Tuple)：表中的一行即为一个元组，例如图 1-4 中的第一行记录(侯霞的信息)就是一个元组。
- 属性(Attribute)：表中的一列即为一个属性，给每一个属性起一个名称即属性名。例如图 1-4 所示的表中有 7 列，对应 7 个属性(工号、姓名、性别、年龄、部门、籍贯和党员)。

- 键(Key)：关系模型中的一个重要概念，在关系中用来标识行的一列或多列。
- 主关键字(Primary Key)：它是被挑选出来，作为表行的唯一标识的候选关键字，一个表中只有一个主关键字，主关键字又称为主键。主键可以由一个字段，也可以由多个字段组成，分别称为单字段主键或多字段主键。
- 候选关键字(Candidate Key)：它是唯一标识表中的一行而又不含多余属性的一个属性集。
- 公共关键字(Common Key)：在关系数据库中，关系之间的联系是通过相容或相同的属性或属性组来表示的。如果两个关系中具有相容或相同的属性或属性组，那么这个属性或属性组就被称为这两个关系的公共关键字。
- 外关键字(Foreign Key)：如果公共关键字在一个关系中是主关键字，那么这个公共关键字就被称为另一个关系的外关键字。由此可见，外关键字表示了两个关系之间的联系，外关键字又称作外键。

警告： 主键与外键的列名称可以不同，但要求它们的值必须相同，即主键所在表中出现的数据一定要和外键所在表中的值匹配。

1.3 数据库建模

在设计数据库时，第一步是建立数据模型，即确定要在数据库中保存什么信息和确认各种信息之间存在什么关系。下面介绍数据库建模时的规范化准则以及分析时的指导思想。

1.3.1 范式理论

为了建立冗余较小、结构合理的数据库，构造数据库时必须遵循一定的规则，在关系数据库中这种规则就是范式。范式是符合某一种级别的关系模式的集合。关系数据库的关系必须满足一定的要求，即满足不同的范式。目前关系数据库有六种范式，即第一范式(1NF)、第二范式(2NF)、第三范式(3NF)、BCNF、第四范式(4NF)和第五范式(5NF)。

满足最低要求的范式是第一范式(1NF)，在第一范式的基础上进一步满足更多要求的范式称为第二范式(2NF)，其余范式依次类推。一般来说，数据库只需要满足第三范式(3NF)即可。

1. 第一范式

第一范式是最基本的范式。第一范式是指数据库表的每一列都是不可分割的基本数据项，同一列中不能有多个值，即实体中的某个属性不能有多个值或者不能有重复的属性。第一范式包括下列指导原则。

- 数组的每个属性只能包含一个值。

- 关系中的每个数组必须包含相同数量的值。
- 关系中的每个数组一定不能相同。

例如，由员工编号、员工姓名和电话号码组成一个表(一个人可能有一个办公室电话和一个家庭电话号码)。现在要使员工表符合第一规范，有以下三种方法。

一是重复存储员工编号和姓名。这样，关键字只能是电话号码。

二是员工编号为关键字，电话号码分为单位电话和住宅电话两个属性。

三是员工编号为关键字，但强制每条记录只能有一个电话号码。

以上三个方法中第一种方法最不可取，按实际情况选取后两种情况(推荐第二种)。如图 1-5 所示的员工信息表使用第二种方式遵循第一范式的要求。

员工编号	姓名	单位电话	住宅电话
E050402	侯霞	0372-6602195	0372-3190125
E050301	祝红涛	0371-56801100	0371-86500158
E050901	宋伟	0372-6602011	0372-5677890

图 1-5 符合第一规范的员工信息表

2. 第二范式

第二范式在第一范式的基础之上更进一层。第二范式需要确保数据表中的每一列都和主键相关，而不能只与主键的某一部分相关(主要针对联合主键而言)。也就是说在一个数据表中只能保存一种数据，不可以把多种数据保存在同一张数据库表中。

例如要设计一个订单信息表，因为订单中可能会有多种商品，所以要将订单编号和商品编号作为数据库表的联合主键，如图 1-6 所示。

订单信息表

订单编号	商品编号	商品名称	数量	单位	价格
ORD20130005441	P01541	天使牌奶瓶	1	个	￥15
ORD20130054242	P01542	飞鹤奶粉	2	灌	￥150
ORD20130054124	P01543	婴儿纸尿裤	4	包	￥20

图 1-6 订单信息表

这样就产生了一个问题：这个表是以订单编号和商品编号作为联合主键，而在该表中商品名称、单位、商品价格等信息不与该表的主键相关，而仅仅是与商品编号相关。所以在这里违反了第二范式的设计原则。

如果把这个订单信息表进行拆分，把商品信息分离到另一个表中，就非常完美了，拆分后的结果如图 1-7 所示。这样设计，在很大程度上减少了数据库的冗余。如果要获取订单的商品信息，使用商品编号到商品信息表中查询即可。

订单表		
订单编号	商品编号	数量
ORD20130005441	P01541	1
ORD20130054242	P01542	2
ORD20130054124	P01543	4

商品信息表			
商品编号	商品名称	单位	价格
P01541	天使牌奶瓶	个	￥15
P01542	飞鹤奶粉	罐	￥150
P01543	婴儿纸尿裤	包	￥20

图 1-7　订单和商品表

3. 第三范式

第三范式在第二范式的基础上更进一层。第三范式需要确保数据表中的每一列数据都和主键直接相关，而不能间接相关。

例如，存在一个部门信息表，其中每个部门有部门编号、部门名称、部门简介等信息。那么在员工信息表中列出部门编号后就不能再将部门名称、部门简介等与部门有关的信息再加入员工信息表中。如果不存在部门信息表，则根据第三范式(3NF)也应该构建它，否则就会有大量的数据冗余。简而言之，第三范式的要求就是属性不依赖于其他非主属性。

如图 1-8 所示就是一个满足第三范式的一种数据表。

员工信息表			
员工编号	员工名称	性别	所在部门编号
1	邓亮	男	ORD001
2	杜超	男	ORD002
3	常乐	女	ORD003

部门信息表		
部门编号	部门名称	部门简介
ORD001	人事部	无
ORD002	开发部	无
ORD003	财务部	无

图 1-8　员工和部门表

1.3.2　实体-关系模型

E-R(Entity-Relationship)模型，即实体-关系模型，是由 P.P.Chen 于 1976 年提出来的，它是早期的语义数据模型。该数据模型最初提出是用于数据库设计，是面向问题的概念性数据模型，它用简单的图形反映了现实世界中存在的事物或数据及它们之间的关系。

1. 实体(Entity)

实体是 E-R 模型的基本对象，是现实世界中各种事物的抽象。凡是可以相互区别，并可以被识别的事、物、概念等均可认为是实体。在一个单位中，具有共性的一类实体可以划分为一个实体集。例如，职工朱悦桐、郭晶晶……都是实体，他们都属于职工类。为了便于描述，可以定义"职工"这样一个实体集，所有职工都是这个集合的成员。

2. 属性(Attribute)

实体一般具有若干特征，称之为实体的属性。例如，职工具有编号、姓名、性别、所属部门等属性。实体的属性值是数据库中存储的主要数据，一个属性实际上相当于关系数据库中表的一个列。

在实例中能唯一标识实体的属性或属性组称为实体集的实体键。如果一个实体集有多个实体键存在，则可以从中选择一个作为实体主键。

在 E-R 模型中实体用方框表示，方框内注明实体的命名。实体名常用大写字母开头的有具体意义的英文单词表示，联系名和属性名也采用这种方式命名。通常每个实体集都有很多个实体实例。例如，数据库中存储的每个员工编号都是"员工信息"实体集的实例。图 1-9 所示为一个实体集和它的两个实例。

图 1-9　员工信息实例集及实例

在如图 1-9 所示的员工实体中，每一个用来描述员工特性的信息都是一个实体属性。例如，这里员工实体的编号、姓名、性别和部门编号等属性就组合成一个员工实例的基本数据信息。

为了区分和管理多个不同的实体实例，要求每个实体实例都要有标识符。例如，在如图 1-9 所示的员工实体中，可以由编号或者姓名来标识。但通常情况下不用姓名来标识，因为有可能会出现姓名相同的员工，而使用具有唯一标识的编号来标识员工，可以避免这种情况的发生。

3. 关系(Relationship)

实体之间会存在各种关系，例如，学生实体与课程实体之间有选课关系，人与人之间可能有上下级关系等。这种实体与实体之间的关系被抽象为联系。E-R 数据模型将实体之间的联系区分为一对一、一对多和多对多三种。

1)　一对一关联

一对一关联(即 1∶1 关联)表示某种实体实例仅和另一个类型的实体实例相关联。举例如图 1-10 所示，"班级信息_辅导员信息"关联将一个班级和一个辅导员关联起来。根据该图所示，每个班级只能有一个辅导员，并且一个辅导员只能负责一个班级。

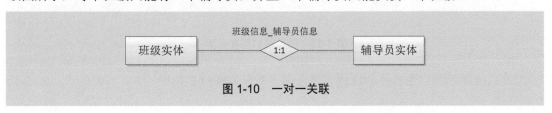

图 1-10　一对一关联

2) 一对多关联

一对多关联(即 1：N 关联)表示一种实体实例可以和多个其他类型的实体实例关联。如图 1-11 所示为一对多关联，在图中的"班级信息_学生信息"关联将一个班级实例与多个学生实例关联起来。根据该图，可以看出一个班级可以有多个学生，而某个学生只能属于一个班级。

班级信息_学生信息

图 1-11　一对多关联

在 1：N 关联时，1 和 N 的位置是不可以任意调换的。当 1 处于班级实例而 N 处于学生实例时，表示一个班级对多个学生。如果将 1 和 N 的位置调换，即 N：1，则表示某个班级只可以有一个学生，而一个学生可以属于多个班级，这显然不是我们想要的关系。

技巧：在创建 1：N 关系时，可以根据实际需求来确定 N 的值。例如，规定一个班级最多 30 个学生，则在图 1-11 中的 1：N 关系就可以改为 1：30。

3) 多对多关联

第三种二元关联是多对多关联(即 N：M 关联)，如图 1-12 所示。在该图中的"学生信息_教师信息"关联将多个学生实例和多个教师实例关联起来。表示一个学生可以有多个教师，一个教师也可以有多个学生。

学生信息_教师信息

图 1-12　多对多关联

1.4　实践案例：将 E-R 模型转换为关系模型

在 E-R 模型中约定实体用方框表示，属性用椭圆表示，联系用菱形表示，并在其内部填上实体名、属性名、联系名，如图 1-13 所示。

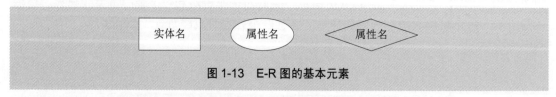

图 1-13　E-R 图的基本元素

图 1-14 所示为学生实体和课程实体之间多对多关联的 E-R 图。

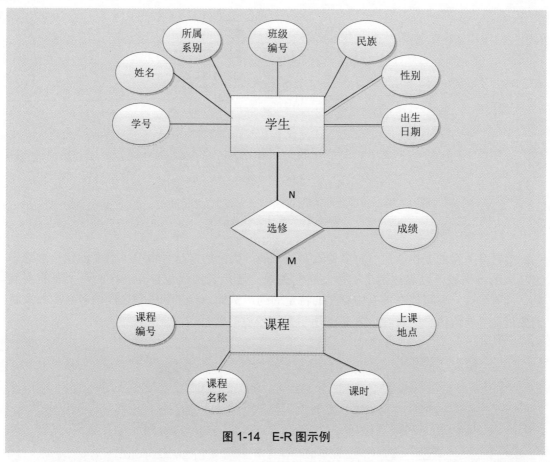

图 1-14　E-R 图示例

如图 1-14 所示，不仅实体具有属性，而且联系也可能有属性。例如，学生与课程联系上的"成绩"，它既不是实体"学生"的属性，也不是实体"课程"的属性，而是联系"选修"的属性。有时为了使 E-R 图简洁明了，常将图中的属性省略，而着重反映实体的联系，而属性以表格的形式单独列出。

将 E-R 模型演变为关系模型主要可以从两个方面进行分析。

1. 实体转化为表

对 E-R 模型中的每个实体，在创建数据库时相应地为其建立一个表，表中的列对应实体所具有的属性，主属性就作为表的主键。在图 1-14 中可以将学生实体和课程实例转换为学生信息表和课程信息表，如图 1-15 所示。

2. 实体间联系的处理

对于实体间的一对一关系，为了加快查询时的速度，可以将一个表中的列添加到两个表中。一对一关系的变换比较简单，一般情况下不需要再建立一个表，而是直接将一个表的主键作为外键添加到另一个表中，如果联系在属性中则还需要将联系的属性添加到该表中。

实体间的一对多关系的变换也不需要再为其创建一个表。设表 A 与表 B 之间是 1：N 关系，则变换时可以将表 A 的主键作为外键添加到表 B 中。

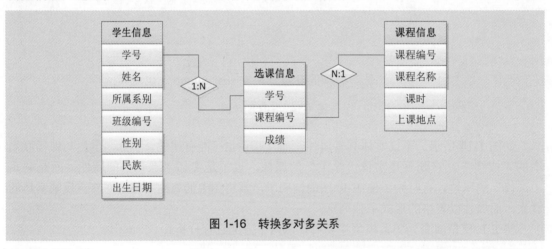

图 1-15　实体转化为表

多对多关系的变换要比一对多关系复杂得多。因为通常这种情况下需要创建一个称为连接表的特殊表，以表达两个实体之间的关系。连接表的列包含其连接的两个表的主键列，同时包含一些可能在关系中存在的特定的列。例如，学生和课程之间的多对多关系就需要借助"选课信息"表，如图 1-16 所示为转换后的关系。

图 1-16　转换多对多关系

提示： 为了保证设计的数据库能够有效、正确地运行，往往还需要对表进行规范，以消除数据库中的各种异常现象。

1.5　SQL Server 2008 的简介

SQL Server 是一个典型的关系型数据库管理系统，因其具有强大的功能，而且操作简便、安全可靠，因此得到很多用户的认可，应用也越来越广泛。

特别是 SQL Server 2008，它在 SQL Server 2005 的强大功能之上为用户提供了一个完整的数据管理和分析解决方案。

1.5.1 SQL Server 的发展历史

SQL Server 是目前最流行的关系型数据库管理系统，最初是由 Microsoft、Sybase 和 Ashton-Tate 三家公司共同开发的。1988 年，Microsoft、Sybase 和 Aston-Tate 公司把该产品移植到 OS/2 上。Microsoft 和 Sybase 公司则签署了一项共同开发协议，这两家公司共同开发的结果是发布了用于 Windows NT 操作系统的 SQL Server，1992 年将 SQL Server 移植到了 Windows NT 平台上。

1993 年，SQL Server 4.2 面世，它是一个桌面数据库系统，虽然其功能相对有限，但是采用了 Windows GUI，向用户提供了易于使用的用户界面。

在 SQL Server 4 版本发行以后，Microsoft 公司和 Sybase 公司的合作到期，各自开发自己的 SQL Server。Microsoft 公司专注于 Windows NT 平台上的 SQL Server 开发，重写了核心的数据库系统，并于 1995 年发布了 SQL Server 6.0，该版本提供了一个廉价的可以满足众多小型商业应用的数据库方案；而 Sybase 公司则致力于开发 UNIX 平台上的 SQL Server。

SQL Server 6.0 是第一个完全由 Microsoft 公司开发的版本。1996 年，Microsoft 公司推出了 SQL Server 6.5 版本，由于受到旧有结构的限制，微软再次重写 SQL Server 的核心数据库引擎，并于 1998 年发布了 SQL Server 7.0，这一版本在数据存储和数据库引擎方面发生了根本性的变化，提供了面向中、小型商业应用数据库功能支持，为了适应技术的发展还包括了一些 Web 功能。此外，微软的开发工具 Visual Studio 6 也对其提供了非常不错的支持。SQL Server 7.0 是该家族第一个得到了广泛应用的成员。

又经过两年的努力开发，2000 年年初，微软发布了其第一个企业级数据库系统——SQL Server 2000，其中包括企业版、标准版、开发版、个人版四个版本，同时包括数据库服务、数据分析服务和英语查询三个重要组成。此外，它还提供了丰富的管理工具，对开发工具提供全面的支持，对 Internet 应用提供很好的运行平台，对 XML 数据也提供了基础的支持。借助这个版本，SQL Server 成为最广泛使用的数据库产品之一。从 SQL Server 7.0 到 SQL Server 2000 的变化是渐进的，没有从 6.5 版到 7.0 版变化那么大，只是在 SQL Server 7.0 的基础上进行了增强。

2005 年，微软发布了新一代数据库产品——SQL Server 2005。

SQL Server 2005 为 IT 专家和信息工作者带来了强大的、熟悉的工具，同时减少了在从移动设备到企业数据系统的多平台上创建、部署、管理及使用企业数据和分析应用程序的复杂度。通过全面的功能集和现有系统的集成性，以及对日常任务的自动化管理能力，SQL Server 2005 为不同规模的企业提供了一个完整的数据解决方案。

2008 年，SQL Server 2008 正式发布，SQL Server 2008 是一个重大的产品版本，它推出了许多新的特性和关键的改进，使得它成为至今为止最强大和最全面的 SQL Server 版本。

2012 年，为了适应"大数据"和"云"时代的到来，微软发布了 SQL Server 2012。

1.5.2 SQL Server 2008 的新特性

在 SQL Server 2008 中，不仅对原有性能进行了改进，还添加了许多新特性，例如新添了数据集成功能，改进了分析服务、报表服务以及 Office 集成等等。下面简单介绍 SQL Server 2008 新增的重要特性。

1. SQL Server 集成服务

SQL Server 集成服务(SQL Server Integration Services，SSIS)是一个嵌入式应用程序，用于开发和执行 ETL(Extract-Transform-Load，解压缩、转换和加载)包。SSIS 代替了 SQL 2000 的 DTS(Data Transformation Services，数据转换服务)。整合服务功能既包含了实现简单的导入导出包所必需的 Wizard 导向插件、工具以及任务，也有非常复杂的数据清理功能。

> **注意**：SQL Server 2008 SSIS 的功能有很大的改进和增强，例如程序能够更好地并行执行；能够在多处理器机器上跨越两个处理器。而且在处理大数据包上面的性能得到了提高，SSIS 引擎更加稳定，锁死率更低，Lookup 功能也得到了改进。

2. 分析服务

SQL Server 分析服务(SQL Server Analysis Services，SSAS)得到了很大的改进和增强。IB 堆叠也有所改进，性能得到很大提高，而硬件商品能够为 Scale out(横向扩展)管理工具所使用。Block Computation(分块计算)也增强了立体分析的性能。

3. 报表服务

SQL Server 报表服务(SQL Server Reporting Services，SSRS)的处理能力和性能得到改进，使得大型报表不再耗费所有可用内存。另外，在报表的设计和完成之间有了更好的一致性。SSRS 还包含了跨越表格和矩阵的 TABLIX。Application Embedding(应用程序嵌入)允许用户单击报表中的 URL 链接调用应用程序。

4. Microsoft Office 2007

SQL Server 2008 能够与 Microsoft Office 2007 完美地结合。例如，SQL Server Reporting Server(报表服务器)能够直接报表导出为 Word 文档。而且使用 Report Authoring 报表制作工具、Word 和 Excel 都可以作为 SSRS 报表的模板。Excel SSAS 新添了一个数据挖掘插件，因此提高了性能。

1.6 实践案例：安装 SQL Server 2008

与 SQL Server 2005 安装过程相比，SQL Server 2008 拥有全新的安装体验。SQL Server 2008 使用安装中心将计划、安装、维护、工具和资源都集成在一个统一的页面。

下面以在 Windows XP 平台上安装 SQL Server 2008 为例进行介绍，主要步骤如下。

步骤 01　如果使用光盘进行安装，将 SQL Server 安装光盘插入光驱，然后打开光驱双击 setup.exe 文件。如果不使用光盘进行安装，则双击下载的可执行安装程序即可。

步骤 02　安装启动后，会首先检测是否有.NET Framework 3.5 环境。如果没有会弹出安装此环境的对话框，此时可以根据提示安装.NET Framework 3.5。

注意：SQL Server 2008 安装过程需要.NET Framework 3.5 的支持，否则不会执行安装过程。

步骤 03　.NET Framework 3.5 安装完成后，在打开的【SQL Server 安装中心】窗口中选择【安装】选项，如图 1-17 所示。

步骤 04　在【安装】选项中，单击【全新 SQL Server 独立安装或向现有安装添加功能】超链接启动安装程序，将进入【安装程序支持规则】页面，如图 1-18 所示。

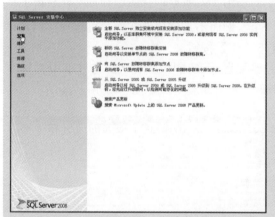
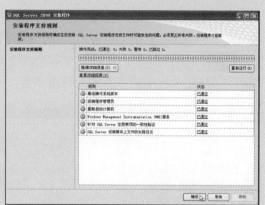

图 1-17　SQL Server 安装中心页面　　　　图 1-18　安装程序支持规则页面

注意：在图 1-18 所示的页面中，安装程序将检查安装 SQL Server 安装程序支持文件时可能会发生的问题。必须更正所有失败，安装才能继续。

步骤 05　单击【确定】按钮，进入【产品密钥】页面，选择要安装的 SQL Server 2008 版本，并输入正确的产品密钥。然后单击【下一步】按钮，在显示页面中选中【我接受许可条款】复选框后单击【下一步】按钮继续安装。

步骤 06　在显示的【安装程序支持文件】页面中，单击【安装】按钮开始安装，如图 1-19 所示。

步骤 07　安装完成后，重新进入【安装程序支持规则】页面，如图 1-20 所示。在该页面中单击【下一步】按钮，进入【功能选择】页面，根据需要从【功能】区域中选中要安装的组件，这里为全选。

步骤 08　单击【下一步】按钮指定实例配置，如图 1-21 所示。如果选择命名实例还需要指定实例名称。

图 1-19　安装程序支持文件

图 1-20　检查系统配置

在图 1-21 右下方的【已安装的实例】列表中，会显示运行安装程序的计算机上的
SQL Server 实例。如果要升级其中一个实例而不是创建新实例，可选择实例名称
并验证它显示在区域中，然后单击【下一步】按钮。

步骤 09　单击【下一步】按钮指定服务器配置。在【服务帐户】选项卡中为每个
SQL Server 服务单独配置用户名、密码以及启动类型，如图 1-22 所示。

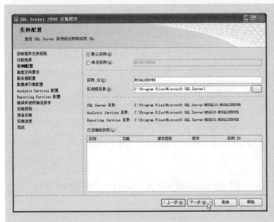

图 1-21　配置实例

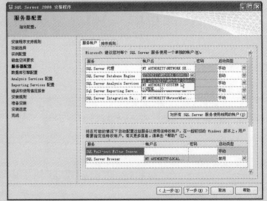

图 1-22　配置服务器

步骤 10　单击【下一步】按钮指定数据库引擎配置，在【帐户设置】选项卡中指定身
份验证模式、内置的 SQL Server 系统管理员账户和 SQL Server 管理员，如图 1-23
所示。

步骤 11　单击【下一步】按钮指定 Analysis Services 配置，在【帐户设置】选项卡中
指定哪些用户具有对 Analysis Services 的管理权限，如图 1-24 所示。

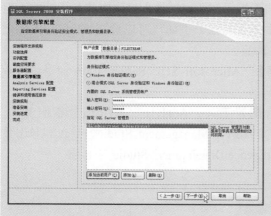

图 1-23 配置数据库引擎　　　　　　　　图 1-24 配置 Analysis Services

提示：上面的安装步骤是 SQL Server 2008 的核心设置。接下来的安装步骤取决于前面选择组件的多少。

步骤12 单击【下一步】按钮指定 Reporting Services 配置，这里使用默认值。然后单击【下一步】按钮，在打开的页面中通过选中复选框来选择某些功能，针对 SQL Server 2008 的错误和使用情况报告进行设置。

步骤13 单击【下一步】按钮进入【安装规则】页面，检查是否符合安装规则，如图 1-25 所示。

步骤14 单击【下一步】按钮，在打开的页面中显示了所有要安装的组件，确认无误后单击【安装】按钮开始安装。安装程序会根据用户对组件的选择将相应的文件复制到计算机上，并显示正在安装的功能名称、安装状态和安装结果，如图 1-26 所示。

步骤15 所有项安装成功后，单击【下一步】按钮完成安装。

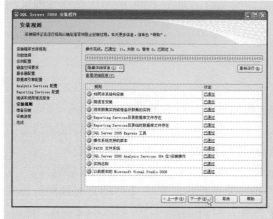

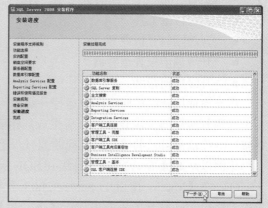

图 1-25 显示安装规则　　　　　　　　图 1-26 显示安装进度

通常情况下，如果安装过程中没有出现错误提示，即可以认为这次安装是成功的。但是，为了检验安装是否正确，也可以采用一些验证方法。例如，可以检查 Microsoft SQL Server 的服务和工具是否存在、是否能正常启动等。

安装之后，从【开始】菜单中选择【程序】| Microsoft SQL Server 2008 命令可以看到如图 1-27 所示的程序组。

在如图 1-27 所示的程序组中主要包含配置工具、Analysis Services(分析服务)、Integration Services(集成服务)、性能工具、SQL Server Management Studio、导入和导出数据、文档和教程以及 SQL Server Business Intelligence Development Studio 共 8 项。

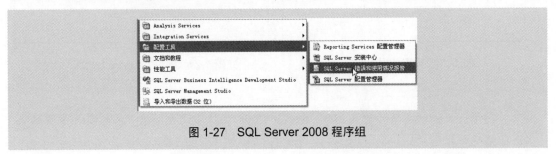

图 1-27　SQL Server 2008 程序组

1.7　实践案例：升级为 SQL Server 2008

除了全新安装 SQL Server 2008 之外，还可以将 SQL Server 2000 或 SQL Server 2005 升级为 SQL Server 2008。升级时需要用到 SQL Server 2008 提供的 SQL Server 升级顾问工具。

SQL Server 升级顾问可以帮助用户做好升级至 SQL Server 2008 的准备，它会分析早期版本的 SQL Server 中已安装的组件，然后生成报告，指出在升级之前或之后应解决的问题。

可以从【开始】菜单中执行【开始】|【所有程序】| Microsoft SQL Server 2008 |【SQL Server 2008 升级顾问】命令，打开升级顾问页面，如图 1-28 所示。在打开的页面中，可以运行以下工具。

● 升级顾问分析向导。
● 升级顾问报表查看器。
● 升级顾问帮助。

第一次使用升级顾问时，应运行升级顾问分析向导来分析 SQL Server 组件。完成分析后，使用升级顾问报表查看器查看生成的报表。每个报表中均有指向升级顾问帮助信息的链接，这些信息可帮助修复已知问题或减少已知问题的影响。

下面以从 SQL Server 2005 升级到 SQL Server 2008 为例来介绍如何使用升级顾问。

(1) 在【Microsoft SQL Server 2008 升级顾问】页面中，单击【启动升级顾问分析向导】超链接，在打开的页面中单击【下一步】按钮，打开如图 1-29 所示的【SQL Server 组件】页面，在该页面中通过单击【检测】按钮来确定希望分析的 SQL Server 组件。

 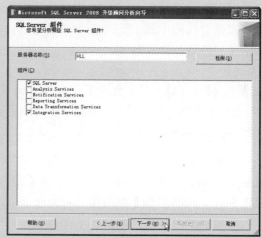

图 1-28　升级顾问页面　　　　　图 1-29　设置分析的 SQL Server 组件

提示：升级顾问会对以下 SQL Server 组件进行分析：数据库引擎、Analysis Services、Reporting Services、Integration Services 和 Data Transformation Services。升级顾问不扫描 Notification Services(通知服务)，因为它已从 SQL Server 2008 中删除。

(2) 单击【下一步】按钮，在打开的页面中设置连接的参数信息。然后单击【下一步】按钮，打开如图 1-30 所示的页面，在该页面中设置 SQL Server 分析的参数。

注意：该分析会检查可以访问的对象，例如脚本、存储过程、触发器和跟踪文件。升级顾问不能对桌面应用程序或加密的存储过程进行分析。

(3) 单击【下一步】按钮，在打开的页面中设置 SSIS 的参数，然后单击【下一步】按钮，确认升级顾问设置后，单击【运行】按钮进行分析。分析完成后显示分析结果，如图 1-31 所示。

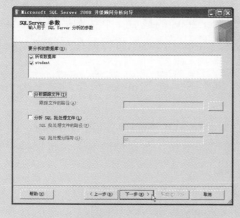

图 1-30　设置 SQL Server 分析的参数　　　图 1-31　升级顾问显示分析结果

(4) 可以通过单击图 1-31 中的【启动报表】按钮打开查看报表页面，查看报表信息。也可以通过在图 1-28 所示页面中单击【启动升级顾问报表查看器】超链接查看报表信息。升级顾问输出的格式为 XML 报表。

> 提示：报表可能包含有"其他升级问题"项，此项将链接至一个问题列表，其中列出的问题是升级顾问未检测到，却可能存在于服务器或应用程序中的问题。应查看无法检测的问题的列表，以确定是否由于这些无法检测的问题而必须更改服务器或应用程序。

如果升级顾问在分析升级过程中没有问题，接下来就可以执行安装程序，在打开的【SQL Server 安装中心】页面中选择【安装】选项，然后单击【从 SQL Server 2000 或 SQL Server 2005 升级】超链接完成升级。

1.8 卸载 SQL Server 2008

本节将详细介绍卸载前的准备以及具体的卸载过程。这里要手动卸载 SQL Server 2008 的独立实例。

1. 卸载前的准备

在卸载 SQL Server 2008 之前，需要注意以下事项。

- 最好使用【控制面板】中的【添加或删除程序】卸载 SQL Server。
- 在同时运行 SQL Server 和早期 SQL Server 版本的计算机上，企业管理器和其他依赖于 SQL-DMO(SQL Distributed Management Objects)的程序可能被禁用。如果要重新启用企业管理器和对 SQL-DMO 有依赖关系的其他程序，可以在命令提示符处运行 regsvr32.exe sqldmo.dll 以注册 SQL-DMO。
- 从内存大小为最小必需物理内存量的计算机中删除 SQL Server 组件前，应确保有足够大小的页文件。页文件大小必须等于物理内存量的两倍。虚拟内存不足会导致无法完整删除 SQL Server。
- 如果 SQL Server 2005 存在于具有一个或多个 SQL Server 2008 实例的系统上，SQL Server 2008 Browser 在卸载 SQL Server 2008 的最后一个实例后将不会自动删除。随 SQL Server 2008 一起安装的 SQL Server Browser 将保留在系统中，以方便与 SQL Server 2005 实例的连接。
- 如果有多个 SQL Server 2008 实例，则 SQL Server Browser 将在删除 SQL Server 2008 的最后一个实例后自动卸载。

  如果在 SQL Server 2005 命名实例存在时删除 SQL Server 2008 Browser，则 SQL Server 2008 到 SQL Server 2005 的连接可能中断。在这种情况下，可以通过下面的一种方法重新安装 SQL Server Browser。
- 使用【控制面板】中的【程序和功能】修复 SQL Server 2005 实例。
- 安装 SQL Server 2005 数据库引擎实例或 Analysis Services 实例。

　　注意：如果要卸载 SQL Server 2008 的所有组件，则必须在【控制面板】的【程序和功能】中手动卸载 SQL Server Browser 组件。

　　删除 SQL Server 之前，需要先执行以下步骤，以免丢失需要的数据。

　　(1) 备份数据。确保先备份数据，再卸载 SQL Server。或者，将所有数据和日志文件的副本保存在 MSSQL 文件夹以外的文件夹中。卸载时 MSSQL 文件夹将被删除。

　　(2) 删除本地安全组。卸载 SQL Server 之前，应先删除用于 SQL Server 组件的本地安全组。

　　(3) 保存或重命名 Reporting Services 文件夹。如果将 Reporting Services 与 SQL Server 安装在一起使用，应保存或重命名以下文件夹或子文件夹。

- <驱动器>\Microsoft SQL Server\Reporting Services
- <驱动器>\Microsoft SQL Server\MSSQL\Reporting Services
- <驱动器>\Microsoft SQL Server\<SQL Server instance name>\Reporting Services
- <驱动器>\Microsoft SQL Server\100\Tools\Report Designer

　　注意：如果以前是使用 SSRS 配置工具配置的安装，则名称可能会与以上列表中的名称有所不同。此外，数据库可能位于运行 SQL Server 的远程计算机上。

　　(4) 删除 Reporting Services 虚拟目录。使用 Microsoft Internet 信息服务管理器删除虚拟目录：ReportServer[$InstanceName] 和 Reports[$InstanceName]。

　　(5) 删除 ReportServer 应用程序池。使用 IIS 管理器删除 ReportServer 应用程序池。

　　(6) 停止所有 SQL Server 服务，因为活动的连接可能会使卸载过程无法成功完成。建议先停止所有 SQL Server 服务，然后再卸载 SQL Server 组件。

　　2．卸载

　　卸载 SQL Server 2008 的步骤如下。

步骤01 从【开始】菜单中执行【设置】|【控制面板】命令，然后双击【添加或删除程序】。

步骤02 选择要卸载的 SQL Server 组件，然后单击【更改/删除】按钮，打开如图 1-32 所示的对话框。

步骤03 单击【删除】超链接，将运行安装程序支持规则以验证计算机配置，如果要继续，单击【确定】按钮。

步骤04 在【选择实例】页面上，使用下拉列表框指定要删除的 SQL Server 实例，或者指定仅删除与 SQL Server 共享功能和管理工具相对应的选项，如图 1-33 所示。

步骤05 设置完成后，单击【下一步】按钮。在【选择功能】页面上指定要从指定的 SQL Server 实例中删除的功能，如图 1-34 所示。

步骤06 设置完成后，单击【下一步】按钮，运行删除规则以验证是否可以成功完成删除操作，如图 1-35 所示。

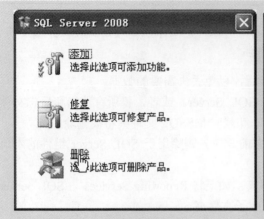

图 1-32　卸载 SQL Server 2008

图 1-33　卸载选择的实例

图 1-34　卸载所选择的功能

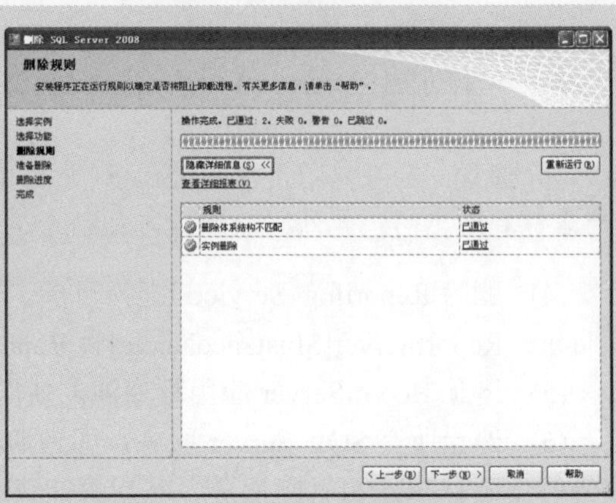

图 1-35　删除规则

步骤07 单击【下一步】按钮，在【准备卸载】页面上查看要卸载的组件和功能的列表，然后单击【删除】按钮。

步骤08 在【删除进度】页面查看删除状态，然后单击【下一步】按钮。

步骤09 在打开的页面上单击【关闭】按钮退出删除向导。

步骤10 重复步骤 2～9，直到删除所有 SQL Server 2008 组件。

1.9　思考与练习

一、填空题

1. 根据数据存储结构的不同，可将数据库分为层次模型、网状模型和_____。

2. _____的优点是层次分明，缺点是关联性比较复杂，尤其是当数据库变得越来越大时，关联性的维护会非常复杂。

3. 在关系型数据库中表中的一列即为一个_____。

4. 在关系数据库中，_____是关系模型的一个重要概念，是用来标识行(元组)的一个或几个列(属性)。

5. _____范式的目标是确保数据库表中的每一列都和主键相关，而不能只与主键的某一部分相关。

6. SQL Server 2008 升级顾问不会分析的 SQL Server 组件是_____。

二、选择题

1. 以下不是数据模型的是_____。
   A. 层次模型　　　　　B. 网状模型　　　　C. 关系模型　　　D. 概念模型

2. 下面关于数据库模型的描述，正确的是_____。
   A. 关系模型的缺点是这种关联错综复杂，维护关联困难
   B. 层次模型的优点是结构简单、格式唯一、理论基础严格
   C. 网状模型的缺点是不容易地反映实体之间的关联
   D. 层次模型的优点是数据结构类似金字塔，不同层次之间的关联性直接而且简单

3. 在一个数据库表中，_____是用于唯一标识一条记录的表关键字。
   A. 主关键字　　　　　B. 外关键字　　　　C. 公共关键字　　　D. 候选关键字

4. 下列关于 SQL Server 2008 的介绍不正确的是_____。
   A. 支持多种操作系统　　　　　　　B. 支持 Office 2007
   C. 支持报表服务　　　　　　　　　D. 支持分析服务

三、简答题

1. 在数据库设计过程中要经过哪几个阶段？
2. 描述一下主关键字和外关键字的区别。
3. 简述三大范式各自的特点和规则。
4. 简述 SQL Server 的发展过程。
5. 简述如何安装 SQL Server 2008。
6. 简述 SQL Server 2008 升级顾问的作用。

1.10　练 一 练

作业：设计进销存系统模型

在企业进销存系统中涉及的主要实体有 7 个，分别是：供应商表、商品信息表、库存表、销售表、销售人员表、进货表及顾客信息表。每个实体包含的主要属性分别如下。
- 供应商表：供应商编号、供应商名称、负责人姓名、联系电话。
- 商品信息表：商品编号、供应商编号、商品名称、商品价格、商品单位、详细描述。
- 库存表：库存编号、商品编号、库存数量。
- 销售表：销售编号、商品编号、客户编号、销售数量、金额、销售人员编号。

- 销售人员表：人员编号、姓名、家庭住址、电话。
- 进货表：进货编号、商品编号、进货数量、销售人员编号、进货时间。
- 客户信息表：客户编号、姓名、客户住址、联系电话。

根据上面的描述创建 E-R 模型并转换为关系模型。

第2章

使用 SQL Server 2008 的管理工具

工欲善其事，必先利其器。安装好 SQL Server 2008 后首先需要熟悉 SQL Server 2008 的管理工具，了解并掌握管理工具的使用将有助于读者更好地学习后面的知识。

在安装 SQL Server 2008 时，系统已经自动安装了所有相关的管理工具和程序。本章将详细介绍这些管理工具和程序，如 SQL Server 配置管理器、SQL Server Management Studio 以及 SQLCMD 等。

本章重点：

- 熟练 SQL Server 配置管理器的使用
- 掌握配置服务和协议的方法
- 熟悉 SQL Server Management Studio 的使用
- 掌握注册服务器和配置服务器的方法
- 掌握命令提示实用工具 sqlcmd 的使用
- 了解 Business Intelligence Development Studio
- 了解 Reporting Services 配置
- 了解 SQL Server Profiler
- 了解数据库引擎优化顾问
- 了解联机丛书的使用

2.1　SQL Server 配置管理器

　　SQL Server 配置管理器(界面图中显示为英文 Configuration Manager，为便于讲述，下面直接使用中文名称)是 SQL Server 2008 中最常用的工具之一，可以通过在【开始】菜单中选择【SQL Server 配置管理器】命令打开，或者输入 SQLServerManager10.msc 命令来打开。

2.1.1　管理服务

　　使用 SQL Server 配置管理器可以启动、停止、重新启动、继续或暂停服务，还可以查看或更改服务属性。

【示例 1】

　　使用 SQL Server 配置管理器启动 SQL Server 的默认实例，具体步骤如下。

步骤 01　在【开始】菜单中执行【程序】|Microsoft SQL Server 2008|【配置工具】|【SQL Server 配置管理器】命令，打开【SQL Server 配置管理器】窗口。

步骤 02　在【SQL Server 配置管理器】的左窗格中，单击【SQL Server 服务】节点。

步骤 03　在右窗格中右击 SQL Server(MSSQLSERVER)，执行【启动】命令，如图 2-1 所示。

　　提示： SQL Server(MSSQLSERVER)括号中的内容是当前服务运行的 SQL Server 实例名，根据各人不同的配置，可能不太一样。SQL Server 2008 默认的实例名是 MSSQLSERVER。

步骤 04　如果服务器名称旁的图标上出现绿色箭头，则表示服务器已成功启动，如图 2-2 所示。

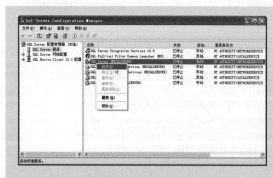

图 2-1　执行启动命令

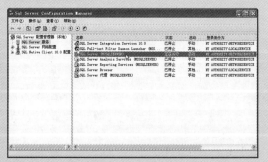

图 2-2　启动 SQL Server(MSSQLSERVER)

提示：按照上述的操作步骤，也可以执行【停止】命令，停止已经启动的 SQL Server 实例。但是应先暂停 SQL Server 实例并停止 SQL Server 代理服务，然后再停止 SQL Server 实例。如果在 SQL Server 代理正在运行时停止 SQL Server 实例，将提示 SQL Server 代理也将停止的通知。

【示例2】

在图 2-2 所示窗口中右击 SQL Server(MSSQLSERVER)服务，在弹出的快捷菜单中选择【属性】命令，即可查看和更改该服务的属性。在【登录】选项卡中可以设置登录身份和服务的运行状态，如图 2-3 所示。

在【服务】选项卡中可以设置 SQL Server 服务的启动模式，可用选项有【自动】、【手动】和【已禁用】，如图 2-4 所示。

图 2-3　设置登录身份

图 2-4　设置启动模式

2.1.2 管理服务器和协议

使用 SQL Server 配置管理器可以管理服务器和客户端网络协议，其中包括强制协议加密、启用/禁用协议、查看别名属性等功能。SQL Server 支持的网络协议有 Shared Memory(共享存储)协议、Named Pipes(命名管道)协议、TCP/IP 协议和 VIA 协议，各个协议的作用如下。

1. Shared Memory 协议

Shared Memory 协议仅用于本地连接，如果该协议被启用，任何本地客户都可以使用此协议连接服务器。如果不希望本地客户使用 Shared Memory 协议，则可以禁用它。

2. Named Pipes 协议

Named Pipes 协议主要用于 Windows 2000 及以前版本操作系统的本地连接以及远程连接。启用 Named Pipes 时，SQL Server 2008 会使用 Named Pipes 网络库通过一个标准的网络地址进行通信，默认的实例是 "\\.\pipe\sql\query"，命名实例是 "\\.\pipe\MSSQL$instacename\

sql\query"。另外，可以通过配置这个协议的属性来改变命名管道的使用。

3. TCP/IP 协议

TCP/IP 协议是本地或远程连接到 SQL Server 的首选协议。使用 TCP/IP 协议时，SQL Server 在指定的 TCP 端口和 IP 地址侦听以响应请求。默认情况下，SQL Server 会在所有的 IP 地址中侦听 TCP 端口 1433。每个在服务上的 IP 地址都能被立即配置，或者可以在所有的 IP 地址中侦听。

4. VIA 协议

如果同一计算机上安装有两个或多个 Microsoft SQL Server 实例，则 VIA 连接可能会不明确。VIA 协议启用后，将尝试使用 TCP/IP 设置，并侦听端口 1433。对于不允许配置端口的 VIA 驱动程序，两个 SQL Server 实例均将侦听同一端口。传入的客户端连接可能是到正确服务器实例的连接，也可能是到不正确服务器实例的连接，还有可能由于端口正在使用而被拒绝连接。因此，建议用户将该协议禁用。

【示例 3】

在【SQL Server 配置管理器】的左窗格中，右击【SQL Server 网络配置】节点下的【MSSQLSERVER 的协议】节点，在弹出的快捷菜单中选择【属性】命令，打开属性对话框并切换到【标志】选项卡，可以设置协议是否强制加密，如图 2-5 所示。

当然，在【SQL Server 配置管理器】中也可以启用/禁用协议。例如，更改服务器实例中的协议状态，可以右击要更改的协议名称，然后在弹出的快捷菜单中执行相应的命令即可，如图 2-6 所示。

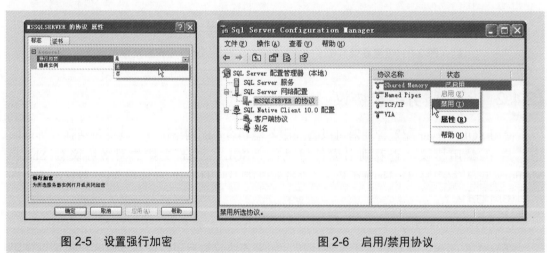

图 2-5　设置强行加密　　　　　　图 2-6　启用/禁用协议

2.1.3　本地客户端协议配置

通过 SQL Native Client(本地客户端协议)配置可以启用或禁用客户端应用程序使用的协议。查看客户端协议配置情况的方法是在图 2-7 所示的窗口中展开【SQL Native Client 配置】节点，在进入的信息界面中显示了协议的名称以及客户端尝试连接到服务器时使用的协议顺序，如图 2-8 所示。用户还可以查看协议是否已启用或已禁用(状态)并获得有关协议文件的详细信息。

图 2-7　查看本地客户端协议　　　　　图 2-8　【客户端协议属性】对话框

如图 2-7 所示，在默认的情况下 Shared Memory 协议总是首选的本地连接协议。要改变协议顺序可右击一个协议并在弹出的快捷菜单中选择【顺序】命令，在弹出的【客户端协议属性】对话框中进行设置，如图 2-8 所示。

2.2　实践案例：配置命名管道

命名管道使用的是 Named Pipes 协议，这是一种通信协议，一般用于局域网。使用命名管道可以提高速度，也可以增加安全性。

在 SQL Server 配置管理器中查看管道名称的服务器实例的步骤如下。

步骤01　打开【SQL Server 配置管理器】窗口，然后展开【SQL Server 网络配置】节点。

步骤02　单击服务器实例节点，如 MSSQLSERVER 协议，然后在右窗格中右击 Named Pipes 协议，在弹出的快捷菜单中选择【属性】命令，或者直接双击该协议。

步骤03　在【Named Pipes 属性】对话框的【协议】选项卡中，可以查看命名管道信息，如图 2-9 所示。

　注意：要使用命名管道配置别名，必须提供服务器名称和管道名称。

在客户机上配置服务器别名的步骤如下。

步骤01　打开【SQL Server 配置管理器】窗口，然后展开【SQL Native Client 10.0 配置】节点。

步骤02　右击【别名】节点，在弹出的快捷菜单中选择【新建别名】命令，在打开的对话框中输入别名和服务器名称 h 和 hll；在【协议】下拉列表框中选择 Named Pipes 选项。设置完成后，系统自动获得管道名称，如图 2-10 所示。

　提示：默认的管道名称为\\<computer_name>\pipe\sql\query。

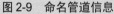

图 2-9　命名管道信息

图 2-10　使用 Named Pipes 设置别名

2.3　SQL Server Management Studio

　　SQL Server Management Studio(简称 SQLSMS)是一个集成环境，用于访问、配置、管理和开发 SQL Server 的所有组件。SQL Server Management Studio 组合了大量图形工具和丰富的脚本编辑器，使各种技术水平的开发人员和管理员都能访问 SQL Server。本书介绍的管理操作也是在此环境中完成的。

2.3.1　SQLSMS 简介

　　在【开始】菜单中，执行【程序】| Microsoft SQL Server SQL Server 2008 | SQL Server Management Studio 命令，系统首先会提示建立与服务器的连接。如果使用本地服务器，并且使用标准的 Windows 身份验证，那么使用默认的设置即可，单击【连接】按钮进行连接，如图 2-11 所示。

图 2-11　连接到服务器

　　SQLSMS 不仅将 SQL Server 中所包含的企业管理器、查询分析器和 Analysis Manager 功能整合到单一的环境中，还可以和 SQL Server 的所有组件协同工作，例如 Reporting

Services 和 Integration Services。开发人员可以获得熟悉的体验，而数据库管理员可获得功能齐全的单一实用工具，其中包含易于使用的图形工具和丰富的脚本撰写功能。图 2-12 所示为 SQLSMS 的操作界面。

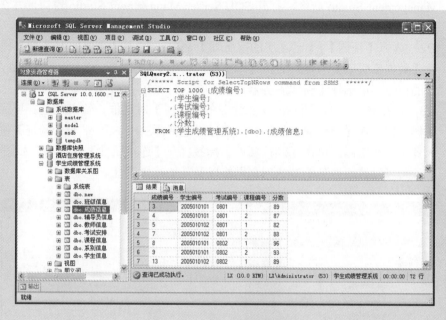

图 2-12　SQLSMS 集成环境

SQLSMS 的操作界面和 Visual Studio 非常相似。这是因为设计 SQLSMS 时是使用 Visual Studio 2008 的外壳作为界面的，SQL Server 2008 与 Visual Studio 2008 联合在一起开发，这样可以无缝地在两个环境之间交互。

以默认视图打开 SQL Server Management Studio，会看到一个停靠在左边的工具窗口，每个工具窗口的右上角都有三个图标(见图 2-12)，它的使用如下。

- 向下箭头：单击下箭头图标，系统会弹出菜单显示这个窗口的操作选项。
- 图钉图标：用于将窗口在垂直方向固定。
- 关闭按钮：用来完全关闭工具窗口。

技巧：对于经常使用的窗口建议使用自动隐藏功能，而不是关闭窗口，这样就能很容易地在需要的时候显示窗口。

2.3.2　注册服务器

注册服务器就是为客户机确定一台 SQL Server 数据库所在的机器，该机器作为服务器，可以为客户端的各种请求提供服务。

在本系统中运行的 SQL Server Management Studio 就是客户机，现在要做的是让它连接到本机启动的 SQL Server 服务。

【示例4】

步骤01 从【开始】菜单中选择【程序】| Microsoft SQL Server 2008 | SQL Server Management Studio 命令，打开 SQL Server Management Studio 窗口，并在弹出的【连接到服务器】对话框中单击【取消】按钮取消本次连接。

步骤02 选择【视图】|【已注册的服务器】命令，在【已注册的服务器】窗格中展开【数据库引擎】节点，右击【本地服务器组】(或者 Local Server Group)，在弹出的快捷菜单选择【新建服务器注册】命令，如图 2-13 所示。

步骤03 打开如图 2-14 所示的【新建服务器注册】对话框，输入或选择要注册的服务器名称；在【身份验证】下拉列表框中选择【SQL Server 身份验证】选项，输入登录名和密码。单击【连接属性】标签打开【连接属性】选项卡，如图 2-15 所示，可以设置连接到的数据库，网络以及其他连接属性。

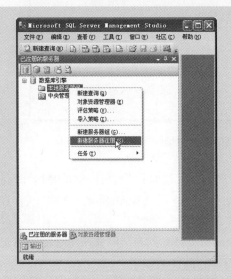

图 2-13　选择【新建服务器注册】命令

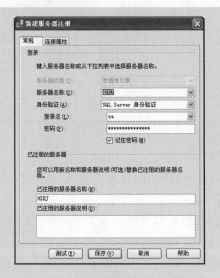

图 2-14　【新建服务器注册】对话框

步骤04 从【连接到数据库】下拉列表中指定当前用户将要连接到的数据库名称。其中，【默认值】选项表示连接到 Microsoft SQL Server 系统中当前用户默认使用的数据库。【浏览服务器】选项表示可以从当前服务器中选择一个数据库。当选择【浏览服务器】选项时，打开【查找服务器上的数据库】对话框，如图 2-16 所示，从中可以指定当前用户连接服务器时默认的数据库。

步骤05 设定完成后，单击【确定】按钮返回【连接属性】选项卡，单击【测试】按钮可以验证连接是否成功，如果成功会弹出提示对话框表示连接属性的设置正确。

步骤06 单击【确定】按钮返回【新建服务器注册】对话框，单击【保存】按钮完成注册服务器操作。

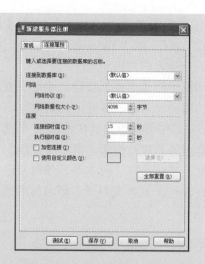

图 2-15 【连接属性】选项卡   图 2-16 【查找服务器上的数据库】对话框

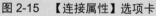

技巧：可以利用 SQLSMS 工具把许多相关的服务器集中在一个服务器组中，以方便对多服务器环境的管理操作。服务器组是多台服务器的逻辑集合。

2.3.3 配置服务器

配置服务器主要针对安装后的 SQL Server 2008 实例进行。在 SQL Server 2008 系统中，可以使用 SQLSMS、sp_configure 系统存储过程、SET 语句等方式设置服务器选项。其中使用 SQLSMS 在图形界面中配置最简单也最常用，下面以这种方法为例进行介绍。

【示例5】

步骤 01 从【开始】菜单中选择【程序】| Microsoft SQL Server 2008 | SQL Server Management Studio，打开 SQL Server Management Studio 窗口并弹出的【连接到服务器】对话框，如图 2-17 所示。

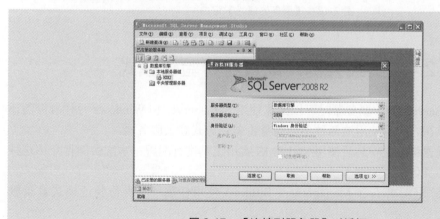

图 2-17 【连接到服务器】对话框

步骤02 在【服务器名称】文本框中输入本地计算机名称"HZKJ",设置【服务器类型】为"数据库引擎",选择使用 SQL Server 或 Windows 身份验证。如果使用的是 SQL Server 验证方式,还需要输入登录名和密码。

步骤03 选择完成后,单击图 2-17 所示对话框中的【连接】按钮。连接服务器成功后,右击【对象资源管理器】中要设置的服务器名称,在弹出的快捷菜单中选择【属性】命令。从打开的【服务器属性】窗口中可以看出共包含了 8 个选项。选择不同选项页中的不同选项,即可对当前服务器进行配置。其中【常规】选项页列出了当前服务产品名称、操作系统名称、平台名称、版本号、使用的语言、当前服务器的内存大小、处理器数量、SQL Server 安装的目录、服务器的排序规则以及是否已群集化等信息,如图 2-18 所示。

图 2-18 【服务器属性】窗口

2.4 实践案例:配置身份验证模式

在安装 SQL Server 2008 服务器时可以配置使用 SQL Server 和 Windows 两种身份验证模式,这样就可以在客户端使用这两种不同的身份验证方式登录服务器。

对于验证模式也可以在安装后使用 SQLSMS 实用工具进行配置,本次实例将介绍这种方式的配置过程,具体操作如下。

步骤01 运行 SQL Server Management Studio,使用任意一种身份验证模式登录服务器。

步骤02 登录成功以后，在【对象资源管理器】窗格右击要设置的服务器名称，在弹出的快捷菜单中选择【属性】命令，打开【服务器属性】对话框。

步骤03 在【服务器属性】对话框左侧选择【安全性】选项，打开 SQL Server 服务器安全性配置页面，如图 2-19 所示。

图 2-19 【服务器属性】对话框

步骤04 在【服务器属性】对话框的【安全性】页面中的【服务器身份验证】选项组里选择【Windows 身份验证模式】，然后单击【确定】按钮进行保存。

步骤05 在保存安全性设置的时，系统会提示修改安全性需要重新启动 SQL Server 服务器，关掉该提示框后回到 SQL Server Management Studio 中。重启 SQL Server 服务器以后安全验证方式即可生效。

2.5 sqlcmd 工具

sqlcmd 工具是作为 osql 和 isql 的替代工具而新增的，它通过 OLE DB 与服务器进行通信。使用 sqlcmd 工具可以在命令提示符窗口中输入 Transact-SQL 语句、调用系统过程和脚本文件。

2.5.1 连接到数据库

在使用 sqlcmd 之前，需要首先启动该实用工具，并连接到一个 SQL Server 实例。可以连接到默认实例，也可以连接到命名实例。

【示例 6】

启动 sqlcmd 实用工具并连接到 SQL Server 的默认实例的操作步骤如下。

步骤 01 在【开始】菜单中执行【运行】命令，在打开的对话框中输入"cmd"，然后单击【确定】按钮打开命令提示符窗口。

步骤 02 在命令提示符下输入"sqlcmd"后按 Enter 键，如图 2-20 所示。

步骤 03 当屏幕上出现"1>"行号的标记时，表示已经与计算机上运行的默认 SQL Server 实例建立连接。

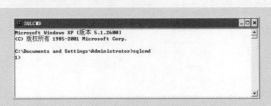

图 2-20   连接到 SQL Server 的默认实例

提示：1>是 sqlcmd 提示符，表示行号。每按一次 Enter 键，该数字就会加 1。如果要结束 sqlcmd 会话，在 sqlcmd 提示符处输入 exit 命令并按 Enter 键执行。

当然，使用 sqlcmd 也可以连接到 SQL Server 的命名实例。可以在命令提示符窗口中输入"sqlcmd -S myServer\instanceName"连接到指定计算机中的指定实例。使用计算机名称和 SQL Server 实例名称替换"myServer\instanceName"，然后按 Enter 键进入如图 2-20 所示的界面。

2.5.2 执行语句

使用 sqlcmd 命令连接到数据库后，就可以使用 sqlcmd 实用工具以交互方式在命令提示符窗口中执行 Transact-SQL 语句。

【示例 7】

例如，在 medicine 数据库中查询 ClientInfo 表中的所有信息，可以使用如下操作。

步骤 01 首先使用 use 命令将 medicine 数据库指定为当前的数据库，然后输入 go 命令并按 Enter 键后将该命令语句发送到 SQL Server，如图 2-21 所示。

步骤 02 使用查询语句查询 ClientInfo 表中的信息，如图 2-22 所示。

图 2-21   指定当前数据库

图 2-22   查询 ClientInfo 信息

提示：go 命令是将当前的 Transact-SQL 批处理语句发送给 SQL Server 的信号。

2.6 实践案例：使用输入和输出文件

使用 sqlcmd 还可以运行 Transact-SQL 脚本文件。Transact-SQL 脚本文件是一个文本文件，可以包含 Transact-SQL 语句、sqlcmd 命令以及脚本变量的组合。

例如，在 sqlcmd 中执行 Transact-SQL 脚本文本来查询 medicine 数据库中 EmployeerInfo 表的内容。

步骤01 使用 Windows 记事本创建一个简单的 Transact-SQL 脚本文件。

步骤02 将以下代码复制到该文件中，并将文件保存为 D:\medicine.sql。

```
USE medicine
GO
SELECT * FROM EmployeerInfo
GO
```

步骤03 打开命令提示符窗口，输入"sqlcmd -i D:\medicine.sql"命令并按 Enter 键，如图 2-23 所示。

步骤04 如果要将此输出保存到文本文件中，可以在提示符窗口中输入"sqlcmd -i D:\medicine.sql -o D:\result.txt"并按 Enter 键。

步骤05 此时命令提示符窗口中不会返回任何输出，而是将输出发送到 result.txt 文件。可以打开 result.txt 文件来查看本次输出操作，如图 2-24 所示。

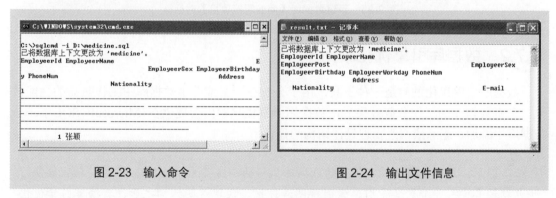

图 2-23 输入命令   图 2-24 输出文件信息

2.7 其他管理工具

除了上述介绍的一个配置工具、一个管理工具和一个命令行工具之外，SQL Server 2008 还提供了很多管理工具，像商业解决方案工具、性能工具、报表配置以及帮助文档等等。

2.7.1　Business Intelligence Development Studio

　　Business Intelligence Development Studio 是用于开发包括 Analysis Services、Integration Services 和 Reporting Services 项目在内的商业解决方案的主要环境。每个项目类型都提供了用于创建商业智能解决方案所需对象的模板，并提供了用于处理这些对象的各种设计器、工具和向导。如图 2-25 所示为使用 Business Intelligence Development Studio 新建数据库【商业智能项目】时的对话框。

图 2-25　新建数据库【商业智能项目】对话框

2.7.2　数据库引擎优化顾问

　　数据库引擎优化顾问是一种工具，用于分析在一个或多个数据库中工作负荷的性能效果。分析数据库的工作负荷效果后，数据库引擎优化顾问会提供在 Microsoft SQL Server 数据库中添加、删除或修改物理设计结构的建议。

　　提示：工作负荷是对要优化的数据库执行的一组 Transact-SQL 语句。物理性能结构包括聚集索引、非聚集索引、索引视图和分区，实现这些结构之后，数据库引擎优化顾问使查询处理器能够用最短的时间执行工作负荷任务。

　　从【开始】菜单中执行【程序】|Microsoft SQL Server 2008|【性能工具】|【数据库引擎优化顾问】命令，在打开的【连接到服务器】对话框中，单击【连接】按钮，可以打开【数据库引擎优化顾问】窗口，如图 2-26 所示。

　　数据库引擎优化顾问提供了两种界面。

- 独立图形用户界面：一种用于优化数据库、查看优化建议和报告的工具。
- 命令行实用工具程序 dta.exe：用于实现数据库引擎优化顾问在软件程序和脚本方

面的功能，同时还支持 XML 输入。

如果使用数据库引擎优化顾问优化数据库，用户界面对于在数据库结构设计方面经验不太丰富的用户而言是最佳选择。以下是使用用户界面完成优化数据库的步骤：

步骤 01 在打开的【数据库引擎优化顾问】窗口中，切换到【常规】选项卡。

步骤 02 在【工作负荷】选项组中选中【文件】单选按钮，单击【查找工作负荷】按钮选择工作负荷文件，并选择相关的数据库，然后选择要优化的数据库和表，如图 2-27 所示。

图 2-26 数据库引擎优化顾问

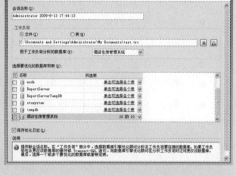

图 2-27 选择优化的数据库和表

注意：关于如何创建工作负荷文件，此处就不再介绍了，读者可以参考 SQL Server 2008 联机丛书。

步骤 03 切换到【优化选项】选项卡，设置信息如图 2-28 所示。

步骤 04 单击工具栏上的【开始分析】按钮，开始优化操作。优化成功后在【进度】选项卡中会显示信息，如图 2-29 所示。

图 2-28 设置优化选项

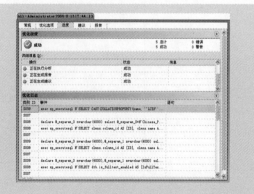

图 2-29 优化成功

2.7.3 SQL Server Profiler

SQL Server Profiler 是用于 SQL 跟踪的图形化实时监视工具。它可以用来监视数据库引擎或分析服务的实例，还可以捕获关于每个数据库事件的数据，并将其保存到文件或表中，供以后分析。

例如，为了监控数据库的运行异常，可以把应用程序运行中出现的死锁的数量、致命的错误、跟踪的 Transact-SQL 语句和存储过程、监视数据等存入表或文件中，并在以后某一时间根据这些事件来一步一步地进行分析。

通常使用 SQL Server Profiler 监视对数据库中的数据产生影响的某些事件，比如：

- 登录连接的失败、成功或断开。
- DELETE、INSERT、UPDATE 命令。
- 远程存储过程调用的状态。
- 存储过程的开始或结束，以及存储过程中的每一条语句。
- 写入 SQL Server 错误日志的错误信息。
- 打开的游标。
- 向数据库对象添加锁或释放锁。

下面介绍使用 SQL Server Profiler 创建 SQL 跟踪的一般步骤，如下所示：

步骤01 选择【开始】|【程序】| Microsoft SQL Server 2008 |【性能工具】| SQL Server Profiler 命令，打开 SQL Server Profiler 图形化界面。

步骤02 选择【文件】|【新建跟踪】命令，首先提示连接到服务器，这里选择服务器名称和身份验证类型进行连接。

步骤03 连接完成后打开【跟踪属性】对话框，在【常规】选项卡中设置跟踪的名称、使用的模板、跟踪保存位置和跟踪停止时间等选项，如图 2-30 所示。

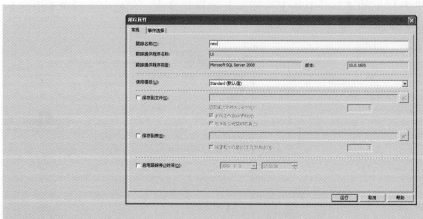

图 2-30 设置跟踪属性

步骤04 这里使用默认 Standard 模板，所以并不会跟踪异常。如果要跟踪异常则需要切换到【事件选择】选项卡进行配置，如图 2-31 所示。

图 2-31 选择跟踪事件

提示：在选择事件时，若鼠标移动到该事件上，在下方的文本区域中就会显示该事件相对应的文本说明。

步骤05 单击【运行】按钮，创建跟踪。然后对数据库进行相应的操作，SQL Server Profiler 就会监视并跟踪当前数据库的异常情况，并显示详细的异常信息，如图 2-32 所示。

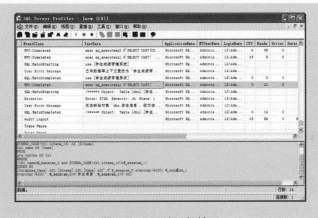

图 2-32 跟踪运行情况

2.7.4 Reporting Services 配置

SQL Server 2008 Reporting Services 配置工具程序提供了关于报表服务器的查看、设置与管理方式，在此页面中可以查看当前所连接的报表服务器实例的相关信息。

报表服务器数据库存储了报表定义、报表模型、共用数据来源、资源以及服务器管理的元数据。报表服务器实例通过 XML 格式的设置文件存储对该数据库的连接方式，这些设置在报表服务器安装过程中创建，也可以使用【Reporting Services 配置管理器】工具程序修改报表服务器安装之后的相关设置。

如图 2-33 所示为打开的【Reporting Services 配置管理器】工具窗口。

图 2-33　【Reporting Services 配置管理器】工具窗口

2.7.5　实用命令行工具

除了 sqlcmd 之外，还可以使用其他实用命令行工具，例如 bcp、dtexec、dtutil、rsconfig、sqlcmd 和 tablediff 等。

1. bcp 实用工具

bcp 实用工具可以在 SQL Server 2008 实例和用户指定格式的数据文件之间进行大容量的数据复制。也就是说，使用 bcp 实用工具可以将大量数据导入 SQL Server 2008 数据表中，或者将表中的数据导出到数据文件中。

2. dtexec 实用工具

dtexec 实用工具用于配置和执行 SQL Server 2008 Integration Services 包。用户通过使用 dtexec，可以访问所有 SSIS 包的配置信息和执行功能，这些信息包括连接、属性、变量、日志进度指示器等。

3. dtutil 实用工具

dtutil 实用工具的作用类似于 dtexec，也是执行与 SSIS 包有关的操作。但是，该工具主用于管理 SSIS 包，这些管理操作包括验证包的存在性以及对包进行复制、移动、删除等操作。

4. osql 实用工具

osql 实用工具用来输入和执行 Transact-SQL 语句、系统过程和脚本文件等。该工具通过 ODBC 与服务器进行通信，在 SQL Server 2008 中通常使用 sqlcmd 来代替 osql。

5. rsconfig 实用工具

rsconfig 实用工具是与报表服务相关的工具，可以用来对报表服务连接进行管理。例如，该工具可以在 RSReportServer.config 文件中加密并存储连接和账户，确保报表服务可以安全地运行。

6. sqlwb 实用工具

sqlwb 实用工具可以在命令提示符中打开 SQL Server Management Studio，并且可以与服务器建立连接，打开查询、脚本、文件、项目和解决方案等。

7. tablediff 实用工具

tablediff 实用工具用于比较两个表中的数据是否一致，对于排除复制中出现的故障非常有用，用户可以在命令提示符中使用该工具执行比较任务。

2.7.6 SQL Server 联机丛书

SQL Server 联机丛书可以帮助用户了解 SQL Server 2008 以及如何实现数据管理和商业智能项目。

SQL Server 2008 联机丛书主要在以下方面进行了增强和改进。

1. 新的帮助查看器

SQL Server 2008 联机丛书的帮助查看器基于 Visual Studio 2008 中引入的帮助查看器技术。这样，就将 SQL Server 2008 开发人员的帮助体验和他们在 Visual Studio 中的帮助体验整合在一起了。

2. 新教程

SQL Server 2008 联机丛书还包括一些新教程，以帮助新用户了解 SQL Server 功能并很快就可以高效地使用该产品。

3. 基于角色的导航

联机丛书的内容是针对五种不同角色的人群编写的，即结构设计员、管理员、开发人员、信息工作者和分析人员。

SQL Server 2008 联机丛书界面主要分为两大部分：数据筛选区和结果区。在筛选数据时，可以通过 SQL Server 2008 联机丛书提供的树型目录进行分类筛选，也可以通过直接输入关键字的方式进行精确筛选。

在数据筛选区切换到【目录】选项卡即可进行分类筛选，如图 2-34 所示。

图 2-34　目录

2.8 思考与练习

一、填空题

1. _____工具用于监视数据库引擎或者 SQL Server Analysis Services 的实例。

2. SQL Server 支持的网络协议有 Shared Memory、Named Pipes、_____和 VIA 协议。

3. 若要结束 sqlcmd 会话，在 sqlcmd 提示符处输入_____。

4. 数据库引擎优化顾问提供了两种界面：_____和独立图形用户界面。

5. 默认情况下，SQL Server 会在所有的 IP 地址中侦听 TCP 端口：_____。

6. Business Intelligence Development Studio 是用于开发商业解决方案的主要环境，其中包括_____、Integration Services 和 Reporting Services 项目。

二、选择题

1. SQL Server 2008 使用管理工具_____来启动/停止与监控服务。
   A. 数据库引擎优化顾问　　　　　　B. SQL Server 配置管理器
   C. SQL Server Profiler　　　　　　D. SQL Server Management Studio

2. 使用 SQL Server Profiler 不能执行的操作是_____。
   A. 创建基于可重用模板的跟踪
   B. 当跟踪运行时监视跟踪结果
   C. 创建数据库
   D. 根据需要启动、停止、暂停和修改跟踪结果

3. Business Intelligence Development Studio 中的解决方案不能包含的类型项目是_____。
   A. Analysis Services 项目　　　　　B. 报表模型项目
   C. 报表服务器项目　　　　　　　　D. 数据库模型项目

三、简答题

1. 简述 SQL Server Management Studio 的常用功能。
2. 如何隐藏 SQL Server 数据库引擎实例？
3. 在 sqlcmd 命令中，如何使用输入和输出文件？
4. 如何配置 SQL Server 2008 的 TCP/IP 端口？
5. 如何使用 sqlcmd 连接到数据？

2.9 练 一 练

作业：使用 SQL Server Management Studio 执行查询。

SQL Server Management Studio 是为 SQL Server 特别设计的管理集成环境，与早期版

本中的企业管理器相比，SQL Server Management Studio 提供了更多功能与更大的灵活性。本次拓展训练要求读者使用 SQL Server Management Studio 工具完成登录 SQL Server 2008 服务器，选择数据库，执行查询和查看查询结果等操作，如图 2-35 所示。

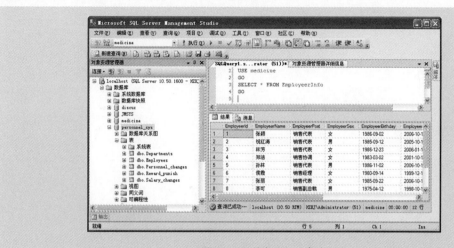

图 2-35　执行 SQL 查询

第3章

SQL Server 2008 入门操作

数据库是 SQL Server 2008 系统管理和维护的核心对象，它可以存储应用程序所需的全部数据。用户通过对数据库的操作可以实现对所需数据的查询和调用，从而返回不同的数据结果。如果要熟练地掌握和应用数据库，必须首先了解数据库的组成。

本章将介绍 SQL Server 2008 自带的系统数据库，分析数据库的构成部分，以及数据库的创建、重命名以及删除方法。

本章重点：

- ➥ 了解常用数据库元素
- ➥ 了解 SQL Server 2008 的系统数据库
- ➥ 熟悉数据库的文件组成及查看数据库和文件状态的方法
- ➥ 掌握管理器创建数据库的方法
- ➥ 掌握 CREATE DATABASE 语句创建数据库的方法
- ➥ 掌握删除数据库的两种方法

3.1 系统数据库

SQL Server 2008 中的数据库分为两种：系统数据库和用户数据库。用户数据库是由用户创建，保存用户应用程序数据的数据库；系统数据库是由系统自己创建和维护，用于提供系统所需要的数据的数据库。

SQL Server 2008 共有 4 个系统数据库，它们是 SQL Server 2008 运行的基础。

1. model 数据库

model 数据库用于在 SQL Server 2008 实例上创建所有数据库的模板。例如，若希望所有的数据库具有某些特定的信息，或者所有的数据库具有确定的初始值大小等等，就可以把这些类似的信息存储在 model 数据库中。

> 提示：model 数据库是 tempdb 数据库的基础，对 model 数据库的任何操作和更改都将反应在 tempdb 数据库中，所以在对 model 数据库进行操作时一定要小心。

2. tempdb 数据库

tempdb 数据库是一个临时的数据库，主要用来存储用户的一些临时数据信息。它仅仅存在于 SQL Server 会话期间，一旦会话结束则将关闭 tempdb 数据库，并且 tempdb 数据库丢失。当下次打开 SQL Server 时，将会建立一个全新的、空的 tempdb 数据库。

tempdb 数据库用作系统的临时存储空间，其主要作用是存储用户建立的临时表、临时存储过程和全局变量值。

3. master 数据库

master 数据库是 SQL Server 2008 的核心数据库，如果该数据库损坏，SQL Server 将无法正常运行。它主要包括以下重要信息。

- 所有的用户登录名及用户 ID 所属的角色。
- 数据库的存储路径。
- 服务器中数据库的名称及相关信息。
- 所有的系统配置设置(例如，数据排序信息、安全实现、恢复模式)。
- SQL Server 的初始化信息。

> 提示：master 数据库是 SQL Server 的核心数据库，因此对它进行定期备份非常重要，确保备份 master 数据库是备份策略的一部分。

4. msdb 数据库

msdb 数据库是 SQL Server 中十分重要的数据库，主要由 SQL Server 代理用于计划警报、作业和复制等活动。msdb 数据库适用于调度任务、作业或者故障排除，但不能对 msdb 数据库执行下列操作。

- 重命名主文件组或主数据文件。
- 删除主文件组、主数据文件或日志文件。
- 删除数据库。
- 更改排序规则。
- 从数据库中删除 Guest 用户。
- 将数据库设置为 OFFLINE。
- 将主文件组设置为 READ_OLNY。

3.2　数据库的组成

数据库是 SQL Server 2008 中用户进行操作的核心对象，其中包含所需的全部数据以及其他对象。因此，对初学者来说如何熟练地掌握和使用数据库是首要的任务，了解数据库的构成也是必要的。

3.2.1　数据库元素

数据库中主要存储了表、视图、索引、存储过程以及触发器等数据库对象。这些数据库对象存储在系统数据库和用户自定义的数据库中，用于保存 SQL Server 的相关数据信息以及用户对数据的相关操作。

图 3-1 所示为 SQL Server 2008 中一个数据库包含的对象，下面对其中常见的对象进行简单介绍。

图 3-1　查看数据库下的对象

1. 表

表是数据库中最基本的对象，主要用于存储实际的数据，用户对数据库的操作大多都依赖于表。表由行和列组成，其中，一列称为一个字段，用于显示相同类型的数据信息。一行通常称为一条记录，用于显示各个字段的相关信息。图 3-2 所示为"学生选课系统"

数据库中学生信息表的部分内容。

图 3-2   学生信息表

2. 视图

视图是从一个或多个基本表(视图)中定义的虚表。数据库中只存在视图的定义,而不存在视图相对应的数据,这些数据仍然存放在原来的数据表中。从某种意义上讲,视图就像一个窗口,通过该窗口可以看到用户所需要的数据。虽然视图只是一个虚表,但同样可以进行查询、删除和更改等操作。

图 3-3 所示为“学生选课系统”数据库中的一个视图,其中的数据来自三个表,分别是 Student、dept 和 Course。

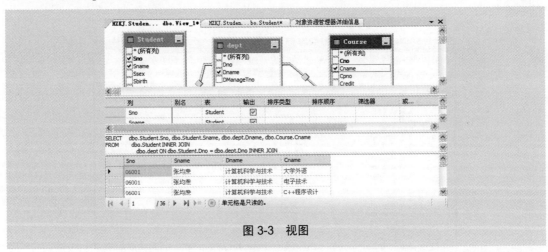

图 3-3   视图

3. 存储过程和触发器

存储过程和触发器是数据库中的两个特殊对象。在 SQL Server 2008 中,存储过程的存在独立于表,用户可以运用存储过程来完善应用程序,从而促使应用程序更加高效地运行。而触发器则与表紧密接触,用户可以使用触发器来实现各种复杂的业务规则,更加有效地实施数据完整性。

4. 索引

索引包含从表或视图中一个或多个列生成的键，以及映射到指定数据的存储位置的指针。通过设计良好的索引，可以显著提高数据库查询速度和应用程序的性能，减少为返回查询结果集而必须读取的数据量。常用的索引类型有聚集索引、非聚集索引以及 XML 索引。

5. 用户和角色

用户是指对数据库具有一定管理权限的使用者，而角色则是一组具有相同权限的用户集合。数据库中的用户和角色可以根据需要进行添加和删除，若将某一个用户添加到角色中，则该用户就具有了角色的所有权限。

另外，在 SQL Server 2008 中数据库元素还包括约束、规则、类型和函数等等。对于这些元素在以后的章节中将会详细讲解。

3.2.2 数据库文件

在 SQL Server 2008 中，一个数据库至少包括两个文件：数据文件和事务日志文件，并且数据文件和事务日志文件分别包含在独立的文件中。当然必要时还可以使用辅助数据文件。因此，一个数据库可以使用三类文件来存储信息。

- 主数据文件。主数据文件主要存储数据库的启动信息、用户数据和对象，如果有辅助数据文件引用信息也包含在内。一个数据库只能有一个主数据文件，默认扩展名为.mdf。
- 辅助数据文件。如果主数据文件超过了单个 Windows 文件的最大限制，可以使用辅助数据文件存储用户数据。辅助数据文件可以将数据分散到不同磁盘中，默认文件扩展名是.ndf。
- 事务日志文件。事务日志主要用于恢复数据库日志信息，每个数据库至少应该包括一个事务日志文件，默认文件扩展名为.ldf。

表 3-1 中列出了系统数据库在 SQL Server 2008 系统中的主文件、逻辑名称、物理名称和文件增长比例。

表 3-1 系统数据库

系统数据库	主文件	逻辑名称	物理名称	文件增长
master	主数据	master	master.mdf	按 10%自动增长，直到磁盘已满
	日志	mastlog	mastlog.ldf	按 10%自动增长，直到达到最大值 2TB
msdb	主数据	MSDBData	MSDBData.mdf	按 256KB 自动增长，直到磁盘已满
	日志	MSDBLog	MSDBLog.ldf	按 256KB 自动增长，直到达到最大值 2TB
model	主数据	modeldev	model.mdf	按 10%自动增长，直到磁盘已满
	日志	modellog	modellog.ldf	按 10%自动增长，直到达到最大值 2TB
tempdb	主数据	tempdev	tempdb.mdf	按 10%自动增长，直到磁盘已满
	日志	templog	templog.ldf	按 10%自动增长，直到达到最大值 2TB

3.2.3 文件和文件组

为了便于分配和管理，可以将多个数据文件集合起来形成一个文件组。每个数据库在创建时都会默认包含一个文件组，其中包含主数据文件和辅助数据文件。默认文件组又称为主文件组，一个数据库中只能有一个，且默认添加的数据文件都属于该组；当然用户也可以自定义文件组。

在使用文件和文件组时，应该注意以下几点。

- 一个文件或者文件组只能用于一个数据库，不能用于多个数据库。
- 一个文件只能是某一个文件组的成员，而不能是多个文件组的成员。
- 数据库的数据信息和日志信息不能放在同一个文件或者文件组中，因为数据文件和日志文件总是分开的。
- 日志文件永远不属于任何文件组的一部分。

3.2.4 数据库状态

在 SQL Server 2008 中，一个数据库都总是处于一个特定的状态中，这个状态可以随着当前发生的操作自动变化，数据库的文件也有状态。下面分别介绍数据库状态和文件状态。

在 SQL Server 中，数据库中的文件始终处于一个特定状态，并且独立于数据库状态，例如，ONLINE 状态、OFFLINE 状态等。

1. 数据库状态

数据库总是处于一个特定的状态中，例如，ONLINE 状态、OFFLINE 状态、RESTORING 状态等。表 3-2 中列出了这些数据库状态及其说明。

表 3-2　数据库状态

状　态	说　明
ONLINE	在线状态或联机状态，可以对数据库进行访问
OFFLINE	离线状态或脱机状态，数据库无法使用。数据库由于显式的用户操作而处于离线状态，并保持离线状态直至执行了其他的用户操作
RESTORING	还原状态，正在还原主文件组的一个或多个文件，或正在脱机还原一个或多个辅助文件。数据库不可用
RECOVERING	恢复状态，正在恢复数据库，这是一个临时性状态。如果恢复成功，数据库自动处于在线状态；如果恢复失败，数据库处于不能正常使用的可疑状态
RECOVERY PENDING	恢复未完成状态，恢复过程中缺少资源造成的问题状态。数据库未损坏，但是可能缺少文件，或系统资源限制可能导致无法启动数据库。数据库不可使用。必须执行其他操作来解决这种问题

续表

状　态	说　明
SUSPECT	可疑状态，主文件组可疑或可能被破坏。数据库不能使用。必须执行其他操作来解决这种问题
EMERGENCY	紧急状态，可以人工设置数据库为该状态。数据库处于单用户模式，可以修复或还原。数据库标记为 READ_ONLY，禁用日志记录，只能由 sysadmin 固定服务器角色成员访问。主要用于对数据库的故障排除

查看数据库及数据库文件状态的方法有很多，例如，可以使用目录视图、函数、存储过程等等。

每个数据库文件都有 5 个基本的属性，分别是逻辑文件名、物理文件名、初始大小、最大尺寸和每次扩大数据库时的增量。每一个文件的属性，以及该文件的其他信息都记录在 sysfiles 表里，组成数据库的每一个文件都在这个表中有一行记录。图 3-4 所示为 sysfiles 表中有关 master 数据库文件的信息。

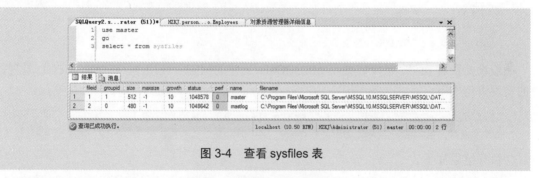

图 3-4　查看 sysfiles 表

图 3-4 所示 sysfiles 表中每一列的作用如表 3-3 所示。

表 3-3　sysfiles 表

列　名	作　用
fileid	每个数据库的唯一文件标识号
groupid	文件组标识号
size	文件大小(8 KB 页)
maxsize	最大文件大小(以 8 KB 为单位的页)。如果为 0 表示无增长，如果为-1 表示文件将一直增长到磁盘充满为止
growth	数据库的增长大小。根据 status 的值，可以是页数或文件大小的百分比。如果为 0 表示无增长
status	以兆字节(MB)或千字节(KB)为单位的 growth 值的状态位
perf	保留
name	文件的逻辑名称
filename	物理设备的名称。包括文件的完整路径

2. 文件状态

与数据库状态相比，文件状态中没有 RECOVERING 和 EMERGENCY 状态，而增加了一个 DEFUNCT 状态，表示当文件不处于在线状态时被删除。

如果要查看文件的当前状态，可以使用 sys.master_files 或者 sys.database_files 目录视图。

3.3 实践案例：查询数据库和文件状态

假设要查看系统数据库 msdb 的状态，使用 sys.databases 的实现语句如下。

```
SELECT name AS '数据库名',state_desc AS '状态'
FROM sys.databases WHERE name='msdb'
```

执行结果如下：

```
数据库名        状态
--------------------------------------
msdb          ONLINE
```

假设要查看 msdb 系统数据库 MSDBData 文件的状态，使用 sys.master_files 目录视图的实现语句如下。

```
SELECT name AS '数据库文件名',state_desc AS '状态'
FROM sys.master_files WHERE name='MSDBData'
```

执行结果如下：

```
数据库文件名          状态
--------------------------------------------------
MSDBData           ONLINE
```

使用 sp_helpdb 存储过程查看 medicine 数据库的信息，语句如下：

```
sp_helpdb medicine
```

执行结果如图 3-5 所示。

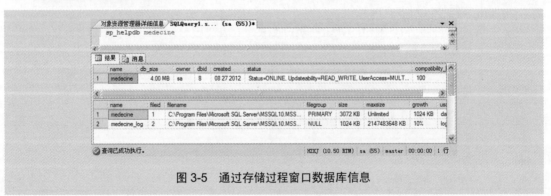

图 3-5   通过存储过程窗口数据库信息

从图 3-5 可以看出，结果集的 status 列显示数据库的状态。如果指定 name，结果集窗口以两部分显示结果，下面部分会显示指定数据库的文件分配信息。

使用 status 属性可以返回数据库的状态。例如，要查看 medicine 数据库的状态可用如下语句：

```
SELECT DATABASEPROPERTYEX('medicine','status')
AS '数据库状态'
```

执行结果如下所示。

```
数据库状态
ONLINE
```

3.4 创建数据库

SQL Server 2008 系统数据库有其特殊作用，因此在存储数据之前必须先创建用户自己的数据库。创建数据库时需要指定数据库名称、数据和日志文件位置、是否自动增长以及文件组等等。

在 SQL Server 2008 中创建数据库主要有两种方法，一种是通过 SQL Server 2008 图形界面 SQLSMS 管理器进行创建，第二种是使用 CREATE DATABASE 语句进行创建。下面详细介绍这两种方法的创建过程。

3.4.1 使用 SQLSMS 工具创建

这是创建数据库最简单、最直接的方法，非常适合初学者。具体方法就是指使用 SQL Server Management Studio 的向导进行创建。

【示例 1】

下面创建一个名为"酒店客房管理系统"的数据库，具体步骤如下。

步骤 01 使用 SQL Server Management Studio 连接到 SQL Server 2008，再打开【对象资源管理器】窗格。

步骤 02 展开服务器后右击【数据库】节点，在弹出的快捷菜单中选择【新建数据库】命令，如图 3-6 所示。

图 3-6 选择【新建数据库】命令

步骤03 此时将打开【新建数据库】窗口。在【常规】页的【数据库名称】文本框中输入名称"酒店客房管理系统",其他都采用默认值,如图 3-7 所示。

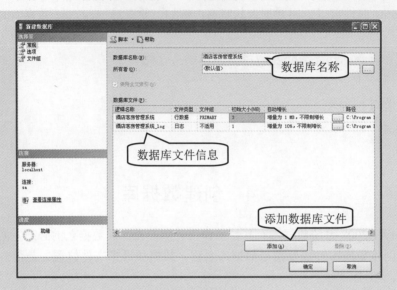

图 3-7 创建数据库

在图 3-7 中各个选项的含义如下。

- 所有者:指定要数据库所属于的一个用户。
- 逻辑名称:指定数据库所包含的数据文件和日志文件,默认时数据文件与数据库名相同,日志文件为"数据库名称_log",单击【添加】按钮可以增加数据和日志文件。
- 文件类型:指定当前文件是数据文件还是日志文件。
- 文件组:指定数据文件所属于的文件组。
- 初始大小:指定该文件对应的初始容量,数据文件默认为 3,日志文件默认为 1。
- 自动增长:用于设置在文件的初始大小不够时,文件使用何种方式进行自动增长。
- 路径:指定用于存放该文件的路径,默认为安装目录下的 data 子目录。

步骤04 在【数据库文件】下方的列表中显示了数据库文件和数据库日志文件,单击字段下面的单元按钮可以添加或删除相应的数据文件。

技巧:在创建大型数据库时,应尽量把主数据文件和事务日志文件存放在不同路径下,这样在数据库被损坏时可以利用事务日志文件进行恢复,同时也可以提高数据读取的效率。

步骤05 打开【选项】选项页,在此选项中可以设置所创建数据库的排序规则、恢复模式、兼容级别、恢复、游标等其他选项,如图 3-8 所示。

步骤06 打开【文件组】选项页可以设置数据库文件所属于的文件组,通过【添加】或者【删除】按钮可以更改数据库文件所属的文件组,如图 3-9 所示。

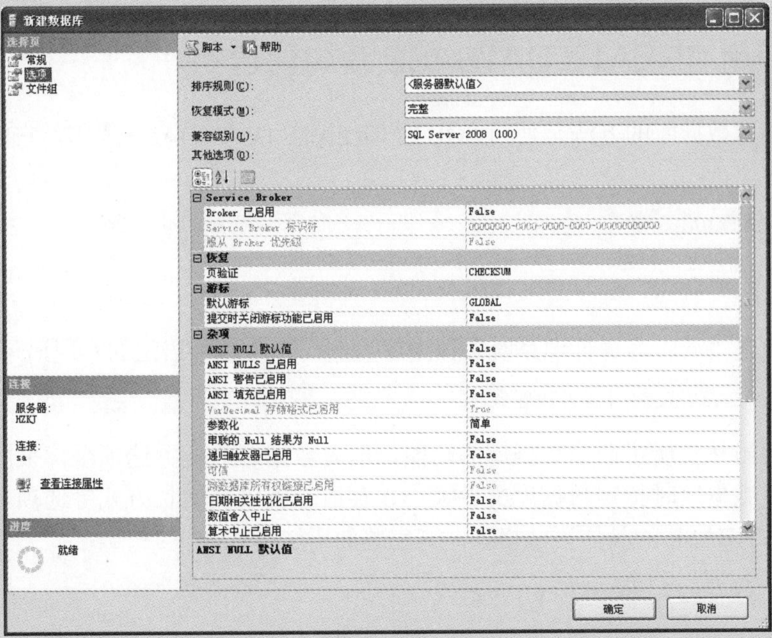

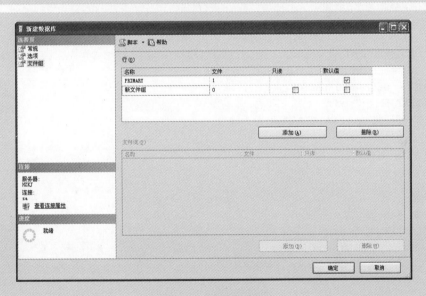

图 3-8　新建数据库【选项】页

图 3-9　设置文件组

步骤07 单击【确定】按钮关闭【新建数据库】窗口。完成"酒店客房系统"数据库的创建之后可以在【对象资源管理器】窗格中看到新建的数据库。

提示：在一个 SQL Server 2008 数据库服务器实例中最多可以创建 32 767 个数据库，这表明 SQL Server 2008 足以胜任任何数据库工作。

3.4.2 使用 CREATE DATBASE 语句创建

第二种创建数据库的方法是使用 SQL 的 CREATE DATABASE 语句，它的最简单语法格式如下：

```
CREATE DATABASE 数据库名称
```

【示例 2】

同样以创建"酒店客房管理系统"数据库为例，使用这种语法的实现语句如下：

```
CREATE DATABASE 酒店客房管理系统
```

上述语句虽然实现了创建数据库的功能，但对数据库的配置选项全部采用默认值。如果需要在创建数据库时指定数据库文件大小、存放位置以及增长方式等选项，则需要掌握 CREATE DATABASE 的具体语法格式，其完整的语法格式如下：

```
CREATE DATABASE database_name
[
ON [PRIMARY]
[(NAME = logical_name,
   FILENAME = 'path'
   [, SIZE = database_size]
   [, MAXSIZE = database_maxsize]
   [, FILEGROWTH = growth_ increment] )
[, FILEGROUP filegroup_name
[(NAME = datafile_name
   FILENAME = 'path'
   [, SIZE = datafile_size]
   [, MAXSIZE = datafile_maxsize]
   [, FILEGROWTH = growth_increment]) ] ]
]
[
LOG ON
[(NAME = logfile_name
   FILENAME = 'path'
   [, SIZE = database_size]
   [, MAXSIZE = database_maxsize]
   [, FILEGROWTH = growth_ increment] ) ]
]
```

在该语法中，ON 关键字用来创建数据文件，使用 PRIMARY 表示创建的是主数据文件。FILEGROUP 关键字用来创建辅助文件组，其中还可以创建辅助数据文件。LOG ON 关键字用来创建事务日志文件。NAME 为所创建文件的文件名称。FILENAME 指出各文件存储的路径，SIZE 定义初始化大小，MAXSIZE 指定文件的最大容量，FILEGROWTH 指定文件增长值。

【示例 3】

同样以创建"酒店客房管理系统"数据库为例，使用完整语法的实现语句如下：

```
CREATE DATABASE 酒店客房管理系统
ON(
    NAME=酒店客房管理系统_DATA,
    FILENAME='D:\sql 数据库\酒店客房管理系统.mdf',
    SIZE=3MB,
    MAXSIZE=5MB,
    FILEGROWTH=10%
)
LOG ON(
    NAME=酒店客房管理系统_LOG,
    FILENAME='D:\sql 数据库\酒店客房管理系统_LOG.ldf',
    SIZE=1MB,
    MAXSIZE=3MB,
    FILEGROWTH=5%
)
```

在上述语句中使用 CREATE DATABASE 指定数据库名称为"酒店客房管理系统"，NAME 指定数据库的逻辑文件名称，FILENAME 指定文件的存储路径，SIZE 指定文件的大小，MAXSIZE 指定文件的最大值，FILEGROWTH 指定文件的增长比例。

注意：在执行上述语句时指定的存放路径必须有"D:\sql 数据库"，否则将产生错误导致创建数据库失败；而且所命名的数据库名称必须唯一，否则也会导致创建数据库失败。

执行后输出"命令已成功完成"表示创建成功，然后刷新【对象资源管理器】窗格，展开【数据库】节点将会看到刚创建的"酒店客房管理系统"数据库，如图 3-10 所示。

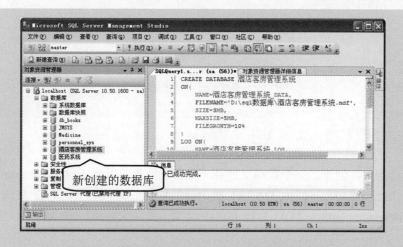

图 3-10　使用 CREATE DATABASE 语句创建数据库

【示例 4】

上面创建的数据库都只有一个数据文件和日志文件，在使用 CREATE DATABASE 语句创建数据库时还可以指定多个数据文件。

如果数据库中数据文件或日志文件多于一个，则各个数据文件或日志文件之间要用逗号隔开。当数据库中的存在两个或两个以上数据文件时，则需要指定哪个文件是主数据文件。默认情况下，第一个文件为主数据文件，当然也可以通过 PRIMARY 关键字来指定主数据文件。

例如，在创建酒店客房管理系统数据库时使用多个数据文件保存数据，具体语句如下：

```
CREATE DATABASE 酒店客房管理系统
ON(
    NAME=HotelManagementSys,
    FILENAME='D:\sql 数据库\HotelManagementSys_data.mdf',
    SIZE=10MB,
    MAXSIZE=50MB,
    FILEGROWTH=10%
),
(
    NAME=HotelManagementSys_DATA1,
    FILENAME='D:\sql 数据库\HotelManagementSys_data1.ndf',
    SIZE=3MB,
    MAXSIZE=5MB,
    FILEGROWTH=10%
),
(
    NAME=HotelManagementSys_DATA2,
    FILENAME='D:\sql 数据库\HotelManagementSys_data2.ndf',
    SIZE=3MB,
    MAXSIZE=5MB,
    FILEGROWTH=10%
)
LOG ON(
    NAME=HotelManagementSys_LOG,
    FILENAME='D:\sql 数据库\HotelManagementSys_LOG.ldf',
    SIZE=5MB,
    MAXSIZE=10MB,
    FILEGROWTH=5%
)
```

在上述语句中，创建了三个数据文件和一个日志文件，其中 HotelManagementSys 是主数据文件，HotelManagementSys_DATA1 和 HotelManagementSys_DATA2 是两个辅助数据文件，HotelManagementSys_LOG 是日志文件。

3.5　实践案例：使用多文件组创建数据库

3.2.3 节介绍了文件组的概念，将不同的数据文件存储在不同的文件组中，不仅可以优化数据存储，而且也可以提高数据的 I/O 读写性能。但使用文件组时需要注意以下几点。

- 只有数据文件具有文件组，日志文件不存在文件组。
- 主数据文件一定存放在主文件组中。
- 与系统相关的数据信息一定存放在主文件组中。
- 一个数据文件只能存放于一个文件组中，不能同时存放于多个文件组中。

在使用 CREATE DATABASE 语句创建数据库时，可通过 FILEGROUP 关键字来创建文件组，并且文件组名称必须在数据库中唯一。

下面创建一个"学生成绩管理系统"数据库并为该数据库指定一个默认文件组和两个辅助文件组。语句如下：

```
CREATE  DATABASE 学生成绩管理系统
ON
PRIMARY
(NAME=学生成绩管理系统_DATA,
FILENAME='D:\sql 数据库\学生成绩管理系统.mdf',
SIZE=10MB,
MAXSIZE=15MB,
FILEGROWTH=10%
),
 (NAME=学生成绩管理系统_DATA1,
FILENAME='D:\sql 数据库\学生成绩管理系统 1.ndf',
SIZE=8MB,
MAXSIZE=10MB,
FILEGROWTH=10%
),
 (NAME=学生成绩管理系统_DATA2,
FILENAME='D:\sql 数据库\学生成绩管理系统 2.ndf',
SIZE=8MB,
MAXSIZE=10MB,
FILEGROWTH=10%
),
FILEGROUP DBGROUP1
(NAME=学生成绩管理系统_GROUP1,
FILENAME='D:\sql 数据库\学生成绩管理系统_GROUP1.ndf',
SIZE=5MB,
MAXSIZE=10MB,
FILEGROWTH=10%
),
 (NAME=学生成绩管理系统_GROUP2,
```

```
FILENAME='D:\sql 数据库\学生成绩管理系统 GROUP2.ndf',
SIZE=5MB,
MAXSIZE=10MB,
FILEGROWTH=10%
),
FILEGROUP DBGROUP2
(NAME=学生成绩管理系统_GROUP3,
FILENAME='D:\sql 数据库\学生成绩管理系统_GROUP3.ndf',
SIZE=5MB,
MAXSIZE=10MB,
FILEGROWTH=10%
),
(NAME=学生成绩管理系统_GROUP4,
FILENAME='D:\sql 数据库\学生成绩管理系统 GROUP4.ndf',
SIZE=5MB,
MAXSIZE=10MB,
FILEGROWTH=10%
)
LOG ON
(NAME=学生成绩管理系统_LOG,
FILENAME='D:\sql 数据库\学生成绩管理系统_LOG.ldf',
SIZE=3MB,
MAXSIZE=8MB,
FILEGROWTH=5%
)
```

在上述语句中创建了三个文件组，即 PRIMARY、DBGROUP1 与 DBGROUP2。其中，PRIMARY 是默认文件组，包含的文件有：学生成绩管理系统_DATA、学生成绩管理系统_DATA1 和学生成绩管理系统_DATA2。DBGROUP1 文件组中包括：学生成绩管理系统_GROUP1 和学生成绩管理系统_GROUP2 两个数据文件；DBGROUP2 文件组中包括：学生成绩管理系统_GROUP3 和学生成绩管理系统_GROUP4 两个数据文件。

3.6 实践案例：修改数据库名称

在 SQL Server 2008 中要修改数据库的名称，最简单也是最直接的方式是使用 SQL Server Management Studio 图形管理界面。

1. 使用 SQLSMS 界面重命名

假设要修改"酒店客房管理系统"数据库的名称，方法如下。

步骤01 使用 SQL Server Management Studio 连接到 SQL Server 实例。

步骤02 在【对象资源管理器】窗格中展开【数据库】节点，右击"酒店客房管理系统"数据库，在弹出的快捷菜单中选择【重命名】命令，如图 3-11 所示。

步骤03 选择【重命名】命令以后，数据库的名称变为可编辑状态，然后直接输入新名称即可，如图 3-12 所示。

步骤 04　修改完以后按 Enter 键或者用鼠标单击窗体空白处取消输入焦点即可完成修改该数据库的名称。

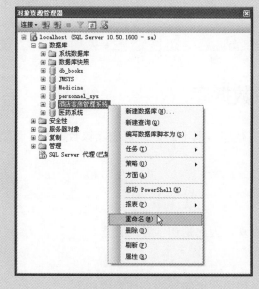

图 3-11　重命名数据库

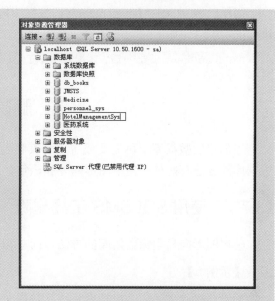

图 3-12　修改数据库名称

技巧：在【对象资源管理器】窗格中双击指定的数据库名称也可以进入修改数据库名称的状态。

2. 使用 ALTER DATABASE 语句重命名

使用 ALTER DATABASE 语句修改数据库名称的语法如下：

```
ALTER DATABASE old_database_name MODIFY NAME=new_database_name
```

例如，将"酒店客房管理系统"数据库修改为 HotelManagementSys，语句如下：

```
ALTER DATABASE 酒店客房管理系统 MODIFY NAME= HotelManagementSys
```

在上述语句中，**ALTER DATABASE** 指定源数据库名称"酒店客房管理系统"，而 MODIFY NAME 指定更改后的数据库名称。

提示：ALTER DATABASE 语句只是修改了数据库的逻辑名称，而对数据库的物理名称并没有影响

3. 使用 sp_renamedb 存储过程重命名

使用 sp_renamedb 存储过程也可以修改数据库名称。语法如下：

```
sp_renamedb [ @dbname = ] 'old_name' , [ @newname = ] 'new_name'
```

参数说明如下。

- [@dbname =] 'old_name'：数据库的当前名称。
- [@newname =] 'new_name'：数据库的新名称，要求必须遵循有关标识符的规则。

同样以将 Hotel ManagementSys 数据库修改为"酒店客房管理系统"为例，使用存储过程的实现语句如下：

```
EXEC sp_renamedb '酒店客房管理系统',' HotelManagementSys '
```

3.7 删除数据库

当创建的数据库不再需要或者已将其移到其他服务器上时，即可删除该数据库。删除数据库的方法有两种：使用图形向导和语句。

3.7.1 使用 SQLSMS 工具删除

使用图形向导删除数据库的方法最简单和直观，因此是初学者的首选。

【示例 5】

假设要删除"酒店客房管理系统"数据库，使用图形向导的实现步骤如下。

步骤01 在【对象资源管理器】中的【数据库】节点下右击【酒店客房管理系统】数据库，在弹出的快捷菜单中选择【删除】命令，如图 3-13 所示。

步骤02 在打开的【删除对象】窗口中根据需要可以启用不同的复选框，如图 3-14 所示。

图 3-13 执行【删除】命令

图 3-14 【删除对象】窗口

步骤03 如果选中第一个复选框，表示删除数据库备份和还原历史记录信息。如果选中第二个复选框，表示在删除数据库时关闭现有连接。

步骤04 设置完成后，单击【确定】按钮。

3.7.2 使用 DROP DATABASE 删除

删除数据库使用的是 DROP DATABASE 语句，该语句的语法如下：

```
DROP DATABASE database [,…n]
```

参数说明如下。

- database_name：表示要删除的数据库名称。
- [,…n]：表示可以有多个数据库名称，多个名称之间用逗号分隔。

【示例 6】

同样以删除酒店客房管理系统数据库为例，使用语句的实现如下：

```
DROP DATABASE 酒店客房管理系统
```

警告：使用 DROP DATABASE 删除数据库不会出现确认信息，因此使用这种方法时要小心谨慎。此外，千万不能删除系统数据库，否则会导致 SQL Server 2008 服务器无法使用。

3.8 思考与练习

一、填空题

1. SQL Server 2008 的 4 个系统数据库为 master、_____、model 和 tempdb。

2. SQL Server 2008 系统中主数据文件的扩展名为_____，日志文件的扩展名为 ldf。

3. 数据库文件的_____状态表示该数据库当前在线且可用。

4. 假设要将 test 数据库重名为"测试数据库"，使用 sp_renamedb 存储过程的实现语句是_____。

5. 删除 test 数据库的语句是_____。

二、选择题

1. 下列不属于 SQL Server 2008 中的数据库元素的是_____。
   A. 表　　　　　　B. 视图　　　　　　C. 关系图　　　　　　D. 备份设备

2. 下面_____不属于 SQL Server 2008 的系统数据库。
   A. master　　　　B. model　　　　　C. tempdb　　　　　D. pubs

3. 下面关于 SQL Server 2008 数据库的说法错误的是_____。
   A. 一个数据库中至少有一个数据文件，但可以没有日志文件
   B. 一个数据库中至少有一个数据文件和一个日志文件
   C. 一个数据库中可以有多个数据文件
   D. 一个数据库中可以有多个日志文件

4. 假设要查看 test 数据库的状态，下面语句不正确的是_____。

A. SELECT name , state_desc   FROM sys.databases WHERE name = 'test'

B. sp_helpdb test

C. SELECT DATABASEPROPERTYEX('test','status')

D. SELECT status FROM test

5. 在创建数据库时，系统会自动将_____系统数据库中的所有用户定义的对象复制到新建的数据库中。

A. master   B. msdb   C. model   D. tempdb

6. 下面对创建数据库说法正确的是_____。

A. 创建数据库时文件名可以不带扩展名

B. 创建数据库时文件名必须带扩展名

C. 创建数据库时数据文件可以不带扩展名，日志文件必须带扩展名

D. 创建数据库时日志文件可以不带扩展名，数据文件必须带扩展名

三、简答题

1. 简述 SQL Server 2008 中的 4 个系统数据库。

2. 一个 SQL Server 2008 数据库由哪些文件组成，如何查看这些文件？

3. 简述创建数据库的语句语法。

3.9　练　一　练

作业：创建酒店客房管理系统

酒店客房管理系统主要用于管理酒店客房的预定、入住、登记、退房、换房以及客房消费情况。通过本课的学习，要求读者创建用于保存客房信息的数据库。要求该数据库的名称为"酒店客房管理系统"，并且包含一个主数据文件、三个辅助数据文件和两个日志文件。

第**4**章

维护 SQL Server 2008 数据库

在 SQL Server 2008 中，数据库是数据和对象的集合，对象主要包括表、视图、存储过程、触发器和约束等等。在使用的过程中随着数据和对象的增加，创建数据库时指定的容量可能不能满足需求，或者是需要创建数据库快照，甚至是出于安全的考虑，需要将数据库文件移到其他位置、导出数据或者进行备份等等。此时就需要针对数据库和数据库文件进行管理，这也是数据库管理员的主要工作。本章将详细介绍 SQL Server 2008 中数据库管理的各种操作。

本章重点：

- ↳ 了解数据库快照的使用方法
- ↳ 掌握修改数据库名称的方法
- ↳ 掌握数据库的扩大、收缩和移动操作
- ↳ 了解数据库的分离和附加
- ↳ 熟悉导出数据的步骤
- ↳ 了解备份类型、备份设备和备份数据库
- ↳ 掌握恢复数据库的方法

4.1 数据库快照

数据库快照提供了一种恢复数据库的手段，当数据库损坏时，通过数据库快照可以将数据库还原到快照前的状态。

4.1.1 数据库快照简介

数据库快照就像是数据库在某一时刻的照片，提供了源数据库在某一时刻的一种只读、静态视图。它与源数据库相关，且必须与源数据库在同一服务器实例上。如果源数据库因某种原因不可用，则它的所有数据库快照也将不可用。

数据库快照运行在数据页级。在第一次修改源数据库页之前，应首先将原始页从源数据库复制到快照，此过程称为"写入时复制操作"。通过快照存储原始页，并保留它们在创建快照时的数据记录。对已修改页中的记录进行后续更新，将不会影响快照的内容，对要进行第一次修改的每一页重复此过程，这样，快照将保留自创建快照后经修改的所有数据记录的原始页。

快照使用一个或多个"稀疏文件"来存储复制的原始页。在最初创建时，稀疏文件实际上是空文件，不包含用户数据，并且没有被分配存储用户数据的磁盘空间。但是随着源数据库中更新的页的增多，文件的大小也会不断增长。

由于数据库快照的最终是作用在数据库上的，所以对于创建了快照的数据库来说，在使用时存在以下一些限制。

- 不允许删除、还原或分离源数据库。
- 不允许从源数据库或快照中删除任何数据文件。
- 源数据库的性能会降低。
- 源数据库必须处于在线状态。

4.1.2 创建和删除数据库快照

在创建数据库快照时，对数据库快照命名是十分重要的。同数据库一样，每一个数据库快照都需要唯一的一个名称，且任何能创建数据库的用户都可以创建数据库快照。

在 SQL Server 2008 中创建数据库快照的方式是使用 CREATE DATABASE 语句，其语法如下：

```
CREATE DATABASE database_snapshot_name
ON
(
NAME=logical_file_name,
FILENAME='os_file_name'
)[,...n]
AS SNAPSHOT OF source_database_name
```

语法说明如下。

- database_snapshot_name：要创建的数据库快照的名称。
- NAME 和 FILENAME：指定数据库快照的稀疏文件，该文件必须保存在 NTFS 文件系统的分区上。
- AS SNAPSHOT OF 子句：用于指定该数据库快照的源数据库名称。

【示例 1】

针对 HotelManagementSys 数据库创建一个名为"酒店快照 0901"的数据库快照，语句如下：

```
CREATE DATABASE 酒店快照0901
ON
(
NAME='HotelManagementSys',
FILENAME='D:\sql数据库\酒店快照0901_data.mdf'
)
AS SNAPSHOT OF HotelManagementSys
```

创建快照后，可以在【对象资源管理器】中依次展开【数据库】\【数据库快照】节点进行查看，创建的数据库快照名为"酒店快照 0901"，其内容与源数据库完全相同，如图 4-1 所示。

图 4-1 创建数据库快照

【示例 2】

与删除数据库的方法相同，也可以使用 DROP DATABASE 语句删除数据库快照。例如，删除"酒店快照 0901"数据库快照的语句如下：

```
DROP DATABASE 酒店快照0901
```

4.2 实践案例：使用数据库快照

当源数据库出错或被损坏时，可以通过数据库快照将源数据库恢复到创建快照时的状态，此时恢复的数据会覆盖原来的数据库。

具体的语法格式如下：

```
RESTORE DATABASE database_name FROM
DATABASE_SNAPSHOT=database_snapshot_name
```

例如，用"酒店快照 0901"数据库快照恢复 HotelManagementSys 数据库，语句如下：

```
RESTORE DATABASE HotelManagementSys
FROM DATABASE_SNAPSHOT=酒店快照 0901
GO
```

执行上述语句时，会话中不能使用当前要恢复的数据库，否则会出错，建议在执行时使用 master 数据库，或者选择除当前要恢复的数据库以外的其他数据库。

 提示：执行恢复操作要求对源数据库具有 RESTORE DATABASE 权限。

4.3 修改数据库

在使用数据库的过程中可能会需要对数据库进行修改，例如收缩数据库或者移动数据文件、增加数据文件等等。

4.3.1 收缩数据库

在 SQL Server 2008 中主要有 3 种收缩数据库的方法：自动数据库收缩、手动数据库收缩和图形界面数据库收缩。操作时要注意收缩后的数据库不能小于数据库的最小大小。最小大小是指在数据库最初创建时指定的大小，或是上一次使用文件大小更改操作设置的显式大小。

1. 自动数据库收缩

数据库的 AUTO_SHRINK 选项默认为 OFF，表示没有启用自动收缩功能。可以在 ALTER DATABASE 语句中，将 AUTO_SHRINK 选项设置为 ON，此时数据库引擎将自动收缩有可用空间的数据库，并减少数据库中文件的大小。该活动在后台进行，并且不影响数据库内的用户活动。

2. 手动数据库收缩

手动收缩数据库是指在需要的时候运行 DBCC SHRINKDATABASE 语句进行收缩。该语句的语法如下：

```
DBCC SHRINKDATABASE ( database_name | database_id | 0 [ ,
target_percent ] )
```

参数说明如下。

- database_name | database_id | 0：要收缩的数据库名称或 ID。如果指定 0，则使用当前数据库。
- target_percent：数据库收缩后的数据库文件中所需的剩余可用空间百分比。

【示例3】

使用 DBCC SHRINKDATABASE 语句对 HotelManagementSys 数据库进行手动收缩，实现语句如下：

```
DBCC SHRINKDATABASE (HotelManagementSys)
```

或者

```
USE HotelManagementSys
GO
DBCC SHRINKDATABASE (0 ,5)
```

3. 图形界面数据库收缩

除了可以使用上面介绍的两种收缩数据库的方法外，还可以使用图形界面完成收缩数据库。

【示例4】

下面以收缩 HotelManagementSys 数据库为例，介绍使用图形界面收缩数据库的方法：

步骤01　在【对象资源管理器】中的【数据库】节点下右击 HotelManagementSys 数据库，然后执行【任务】|【收缩】|【数据库】命令。

步骤02　在打开的对话框中选中【在释放未使用的空间前重新组织文件】复选框，然后为【收缩后文件中的最大可用空间】指定值(值介于 0～99 之间)，如图 4-2 所示。

图 4-2　收缩数据库

步骤03　设置后单击【确定】按钮即可。

注意：选中【在释放未使用的空间前重新组织文件】复选框的作用与执行 DBCC SHRINKDATABASE 语句时用的第二个参数的作用相同。

4.3.2 收缩数据库文件

在 SQL Server 2008 中不仅可以收缩数据库，还可以对数据库中的数据文件和日志文件进行收缩。SQL Server 2008 支持两种收缩数据库文件的方法，下面详细讲解。

1. 图形化界面数据库文件收缩

【示例5】

下面以对 HotelManagementSys 数据库的数据文件进行收缩为例，介绍使用图形界面的方法。

步骤01 在【对象资源管理器】中的【数据库】节点下右击 HotelManagementSys 数据库，然后执行【任务】|【收缩】|【文件】命令。

步骤02 在打开的对话框中选择【文件类型】为"数据"，如图 4-3 所示。

图 4-3 收缩数据库文件

步骤03 根据需要对图 4-3 中的选项进行设置，分别说明如下。

● 【释放未使用的空间】：如果选中该单选按钮，将为操作系统释放文件中所有未使用空间，并将文件收缩到创建时分配的区。这将减小文件的大小，但不移动任何数据。

● 【在释放未使用的空间前重新组织页】：如果选中该单选按钮，将为操作系统释放文件中所有未使用的空间，并尝试将行重新定位到未分配页。此时必须指定

【将文件收缩到】值(介于 0～99 之间)。默认情况下,不选中该选单选按钮。

- 【通过将数据迁移到同一文件组中的其他文件来清空文件】:选中此单选按钮后,将指定文件中的所有数据移至同一文件组中的其他文件中,然后就可以删除空文件了。此选项与执行包含 EMPTYFILE 选项的 DBCC SHRINKFILE 语句相同。

步骤 04 设置完成后,单击【确定】按钮即可。

2. 手动数据库文件收缩

手动收缩数据库文件需要使用 DBCC SHRINKFILE 语句,该语句的语法如下:

```
DBCC SHRINKFILE
(
{ file_name | file_id }
{ [ , EMPTYFILE ]
| [ [ , target_size ] [ , { NOTRUNCATE | TRUNCATEONLY } ] ]
}
)
[ WITH NO_INFOMSGS ]
```

语法说明如下。

- file_name:要收缩文件的逻辑名称。
- file_id:要收缩文件的标识(ID)号。
- target_size:用兆字节表示的文件大小(用整数表示)。如果没有指定,则 DBCC SHRINKFILE 将文件大小减少到默认文件大小。默认大小为创建文件时指定的大小。如果指定了 target_size,则 DBCC SHRINKFILE 尝试将文件收缩到指定大小。
- EMPTYFILE:将指定文件中的所有数据迁移到同一文件组中的其他文件。由于数据库引擎不再允许将数据放在空文件内,因此可以使用 ALTER DATABASE 语句来删除该文件。
- NOTRUNCATE:在指定或不指定 target_percent 的情况下,将已分配的页从数据文件的末尾移动到该文件前面的未分配页。
- TRUNCATEONLY:将文件末尾的所有可用空间释放给操作系统,但不在文件内部执行任何页移动。数据文件只收缩到最后分配的区。
- WITH NO_INFOMSGS:取消显示所有提示性消息。

【示例 6】

假设要收缩 HotelManagementSys 数据库的数据文件 HotelManagementSys,可用如下语句:

```
USE HotelManagementSys
GO
DBCC SHRINKFILE (HotelManagementSys)
```

4.3.3 移动数据库文件

在 SQL Server 2008 中使用 ALTER DATABASE 语句的 FILENAME 选项指定新的文件

位置来移动数据库文件。该语句的语法如下：

```
ALTER DATABASE database_name
MODIFY FILE ( NAME = logical_name, FILENAME = 'new_path\os_file_name' )
```

语法说明如下。

- database_name：要移动的数据库名称。
- logical_name：数据库文件的逻辑名称，可通过 sys.database_files 的 name 列查看。
- new_path：新路径。
- os_file_name：包括目录路径的物理文件名。

【示例 7】

假设要移动 HotelManagementSys 数据库的日志文件 HotelManagementSys_log，实现步骤如下。

步骤 01　首先需要将 HotelManagementSys 数据库设置为 OFFLINE 状态，语句如下：

```
ALTER DATABASE HotelManagementSys SET OFFLINE
```

步骤 02　将日志文件 HotelManagementSys_LOG.ldf 移动到 D:\sql 数据库，语句如下：

```
ALTER DATABASE HotelManagementSys
MODIFY FILE ( NAME = HotelManagementSys_LOG,
        FILENAME = 'D:\sql 数据库\HotelManagementSys_LOG' )
```

步骤 03　将 HotelManagementSys 数据库恢复到 ONLINE 状态，语句如下：

```
ALTER DATABASE HotelManagementSys SET ONLINE
```

注意：移动数据库文件的方法适用于在同一 SQL Server 实例中移动数据库文件。如果要将数据库移动到另一个 SQL Server 实例或另一台服务器上，需要使用备份和还原或分离和附加操作。

4.3.4　扩大数据库

随着数据量的不断增加，创建数据库文件时指定的大小不再能够满足用户的使用，这时需要通过扩大数据库文件的方式满足用户的需求。解决办法有两个，一个是使用图形界面的属性窗口实现，一个是使用语句实现。

1. 通过属性对话框扩大数据库

【示例 8】

假设要对 HotelManagementSys 数据库的大小进行扩充，步骤如下。

步骤 01　在【对象资源管理器】中右击 HotelManagementSys 数据库，选择【属性】命令，打开【数据库属性】对话框。

步骤 02　在【初始大小】列中输入需要修改的初始值，如图 4-4 所示。

步骤03　使用同样的方法修改日志文件的初始大小。

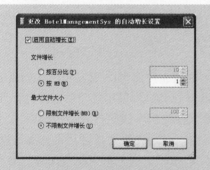

图 4-4　修改初始值

步骤04　单击【自动增长】列的按钮，在打开的更改自动增长设置对话框中可设置自动增长方式及大小，如图 4-5 与图 4-6 所示。

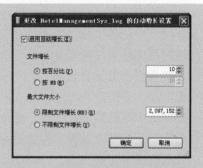

图 4-5　数据文件自动增长对话框　　　　图 4-6　日志文件自动增长对话框

步骤05　单击【确定】按钮关闭对话框，然后再次单击【确定】按钮完成操作。

2. 通过语句扩大数据库

通过 ALTER DATABASE 语句的 ADD FILE 选项可以为数据库添加数据文件或者日志文件来扩大数据库。

【示例 9】

假设要给 HotelManagementSys 数据库增加一个名为 HotelManagementSys_data1.ndf 的数据文件来扩大数据库。使用 ALTER DATABASE 的实现语句如下：

```
ALTER DATABASE HotelManagementSys
ADD FILE
(
NAME=HotelManagementSys_data1,
```

```
FILENAME = 'D:\sql 数据库\HotelManagementSys_data1.ndf',
SIZE = 10MB,
MAXSIZE = 20MB,
FILEGROWTH = 5%
)
```

技巧：如果要增加日志文件，可以使用 ADD LOG FILE 子句，在一个 ALTER DATABASE 语句中，一次可以增加多个数据文件或日志文件，多个文件之间需要用逗号分开。

4.4   分离和附加数据库

分离和附加是数据库管理员最常用的操作之一，可以将数据库移到其他 SQL Server 实例或者位置进行保存。

4.4.1   分离数据库

分离数据库是指将数据库从 SQL Server 实例中删除，但使数据库在其数据文件和事务日志文件中保持不变。

如果存在下列任何情况，则不能分离数据库。

● 该数据库是系统数据库。

● 该数据库已复制并发布。如果进行复制，则数据库必须是未发布的。如果要分离数据库，必须首先执行 sp_replicationdboption 存储过程禁用发布后，再进行分离。

● 数据库中存在数据库快照。必须首先删除所有数据库快照再分离数据库。

● 数据库正在某个数据库镜像会话中进行镜像。必须先终止该会话再分离数据库。

● 数据库处于可疑状态。在 SQL Server 2008 中，无法分离可疑数据库，必须将数据库设为紧急模式再分离数据库。

分离数据库最简单的方法是使用图形向导，分离数据库时可以看到当前数据库的详细信息。

【示例 10】

使用图形向导分离 HotelManagementSys 数据库的步骤如下。

步骤01   在【对象资源管理器】中的【数据库】节点下右击 HotelManagementSys 数据库，然后执行【任务】|【分离】命令。

步骤02   在打开的【分离数据库】对话框中显示了 HotelManagementSys 数据库的信息，如图 4-7 所示。

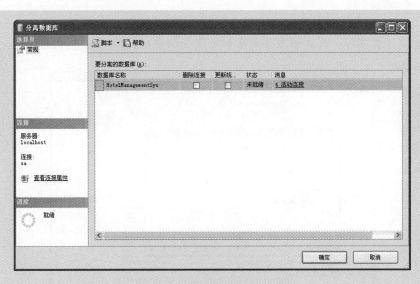

图 4-7 【分离数据库】对话框

图 4-7 所示对话框中包括以下信息。

- 【数据库名称】列：显示所选数据库的名称。
- 【更新统计信息】列：以复选框形式显示。默认情况下，分离操作将在分离数据库时保留过期的优化统计信息；如果要更新现有的优化统计信息，可选中该复选框。
- 【状态】列：显示"就绪"或者"未就绪"。如果状态是"未就绪"，在【消息】列将显示有关数据库的超链接信息。当数据库涉及复制时，【消息】列将显示 DatabaseReplicated。
- 【消息】列：如果数据库有一个或多个活动连接，该列将显示"<活动连接数>活动连接"。此时在分离时必须选中【删除连接】复选框断开所有活动的连接。

步骤03 以上信息设置完成后，单击【确定】按钮即可。

4.4.2 附加数据库

附加数据库的作用是将分离后的数据库文件添加到当前的 SQL Server 实例中。附加数据库时要注意，所有数据库的文件(.mdf 和.ndf 文件)都必须可用。如果任何数据文件的路径与创建数据库或上次附加数据库时的路径不同，则必须指定文件的当前路径。

与分离数据库一样，SQL Server 2008 提供了图形向导来实现附加数据库。

【示例 11】

下面以使用图形向导附加 HotelManagementSys 数据库为例进行介绍：

步骤01 在 SQL Server Management Studio 的【对象资源管理器】中右击【数据库】节点，选择【附加】命令打开【附加数据库】窗口。

步骤02 在【附加数据库】窗口中单击【添加】按钮，在弹出的【定位数据库文件】对话框中选择 HotelManagementSys 数据库主数据文件所在路径，如图 4-8 所示。

步骤 03 单击【确定】按钮此时将会看到要附加数据库的名称、MDF 文件位置和原始文件名等等。再次单击【确定】按钮关闭窗口完成附加过程。

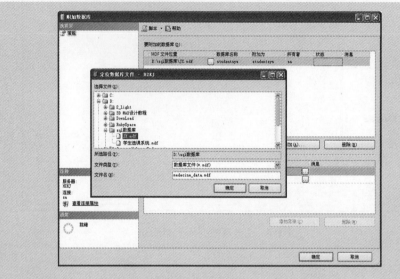

图 4-8 【附加数据库】窗口

4.5 实践案例：使用语句分离和附加数据库

在 4.4 节介绍了使用 SQL Server 2008 的图形界面进行数据库分离和附加操作的方法，其实 SQL Server 2008 还提供了分离和附加数据库的语句。

分离数据库使用的是 sp_detach_db 存储过程，该存储过程的简单语法如下：

```
sp_detach_db [ @dbname= ] 'database_name'
```

其中，[@dbname=] 'database_name'表示要分离的数据库名称。

例如，要分离 HotelManagementSys 数据库，使用 sp_detach_db 存储过程的语句如下：

```
EXEC sp_detach_db HotelManagementSys
```

附加数据库使用的是创建数据库的 CREATE DATABASE 语句，但是与创建数据库不同的是，附加时需要添加 FOR ATTACH 选项。

【示例 12】

例如，要使用 CREATE DATABASE 语句附加 HotelManagementSys 数据库，语句如下：

```
CREATE DATABASE HotelManagementSys
ON
(
FILENAME='D:\sql 数据库\HotelManagementSys.mdf'
)
LOG ON
(
```

```
FILENAME='D:\sql 数据库\HotelManagementSys log.ldf'
)
FOR ATTACH
```

在使用语句附加时要注意，必须指定数据库全部文件的位置，包括主数据文件、辅助文件和日志文件。而使用向导附加时只需指定主数据文件即可。

4.6　生成 SQL 脚本

除了可以使用分离和附加数据库来移动数据库之外，还可以将数据库及其内容生成语句保存到 SQL 脚本文本。因此通常会利用 SQL 脚本来创建数据库结构、重建数据库，或是将它作为移动数据库的工具。

4.6.1　将数据表生成 SQL 脚本

当多个数据库需要相同的表，或者当前数据表需要重建时，直接执行创建表的 SQL 脚本要比手动创建节省许多时间，还可以避免出错。在 SQL Server 2008 中支持数据表 CREATE、DROP、SELECT、INSERT、UPDATE 和 DELETE 语句的 SQL 脚本生成。

【示例 13】

要生成 HotelManagementSys 数据库中 Guest 表 CREATE 语句的 SQL 脚本，可按照以下步骤。

步骤01　在【对象资源管理器】中展开【数据库】\HotelManagementSys\【表】节点。

步骤02　右击要生成 SQL 脚本的 Guest 表，选择【编写表脚本为】|【CREATE 到】|【新查询编辑器窗口】命令。

步骤03　完成上述操作后将会创建一个新的窗口，同时显示针对 Guest 表的 CREATE 语句，如图 4-9 所示。

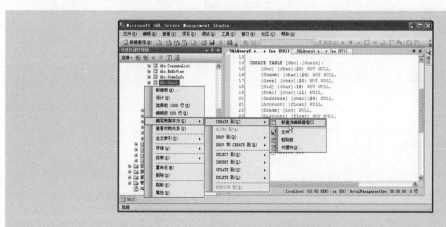

图 4-9　生成数据表脚本

步骤04　选择【文件】|【保存】命令，在弹出的对话框中指定一个 SQL 文件名即可。

经过上面的步骤，Guest 表的 SQL 语句就已经保存了，下次需要时直接打开该文件并执行即可。

试一试：右击表，选择【编写表脚本为】|【CREATE 到】|【文件】命令，可以直接将脚本保存到外部文件中。

4.6.2 将数据库生成 SQL 脚本

当有多个表需要生成 SQL 脚本时，可以使用 SQL Server 2008 的数据库生成脚本功能。这样生成的 SQL 脚本可以涵盖许多数据库对象，包含表、视图、存储过程、对象权限、用户、组和角色等，同时也可以将表的数据生成到 SQL 脚本。

【示例 14】

要将 HotelManagementSys 数据库的所有内容都生成 SQL 脚本，可使用以下步骤。

步骤 01　在【对象资源管理器】中右击 HotelManagementSys 节点，选择【任务】|【生成脚本】命令打开【生成和发布脚本】窗口。

步骤 02　在窗口第一页显示了生成脚本所需步骤简介。单击【下一步】按钮进入【选择对象】页，选择要包含在脚本中的对象，默认选中【编写整个数据库及所有数据库对象的脚本】单选按钮。也可以选中【选择特定数据库对象】单选按钮，然后在下面的列表中选择要在脚本中包含的对象，如图 4-10 所示。

步骤 03　单击【下一步】按钮设置脚本编写选项，包括脚本输出类型和保存文件位置等等，如图 4-11 所示。

图 4-10　选择脚本中包含的对象

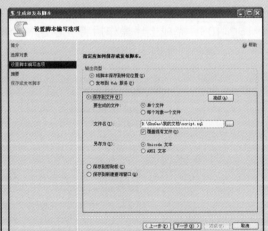
图 4-11　设置脚本编写选项

步骤 04　单击【高级】按钮，在弹出的【高级脚本编写选项】对话框中进行详细设置。选项为 TRUE 表示启用，为 FALSE 表示禁用。

如图 4-12 所示为表/视图选项的设置，图 4-13 所示为常规选项的设置。

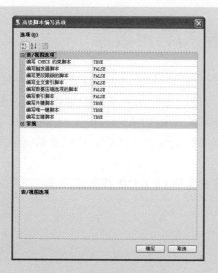

图 4-12 设置表/视图选项

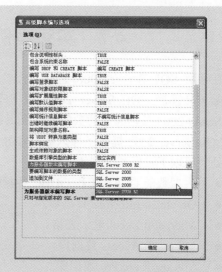

图 4-13 设置常规选项

注意： 在实际的操作中，如果从高版本导出的脚本到低版本运行可能会出现很多兼容性的问题。因此向低级版本导出脚本的时候需要在【为服务器版本编写脚本】列表中选择导出的数据库版本。

步骤 05 设置完成后单击【下一步】按钮，在进入的【摘要】页查看最终选择的结果，如图 4-14 所示。

步骤 06 单击【下一步】按钮开始生成所选对象的脚本。完成之后将看到图 4-15 所示的界面，单击【完成】按钮结束。

图 4-14 【摘要】页

图 4-15 【保存或发布脚本】页

4.7 实践案例：导入/导出数据

在使用 SQL Server 2008 之前，读者也许使用过其他数据库系统，并希望能将自己存储的数据转移到 SQL Server 2008 数据库中；同样，也许因为某些特殊的需要，希望将 SQL Server 2008 数据库中的数据转移到其他数据库系统中(如 Access)。

SQL Server 2008 提供了导入数据和导出数据向导实现这些功能，可以在数据源及数据目标处使用以下数据源类型。

- 大多数的 OLE DB 和 ODBC 数据源以及指定的 OLE DB 数据源。
- Oracle 和 Informix 数据库。
- Microsoft Excel 电子表格。
- Microsoft Access 数据库。
- Microsoft FoxPro 数据库。
- Dbase 数据库。
- Paradox 数据库(包括 Paradox 3.x、Paradox 4.x、Paradox 5.x)。
- 其他的 ODBC 数据源。
- 文本文件。

假设要将 HotelManagementSys 数据库的数据导出到 Access 数据库，保存名称为"酒店客房管理系统.mdb"，主要步骤如下。

步骤01 在【对象资源管理器】中的【数据库】下右击 HotelManagementSys 数据库，然后执行【任务】|【导出数据】命令，打开【SQL Server 导入和导出向导】对话框。

步骤02 在【SQL Server 导入和导出向导】对话框中显示了使用向导可以完成的功能，单击【下一步】按钮继续。

步骤03 在【选择数据源】页选择要导出数据库所在的服务器名称、登录方式以及数据库名称，如图 4-16 所示。

在【数据源】下拉列表框中包含向导所支持的各种类型的数据源，供用户选择；在【服务器】下拉列表框中可以选择数据源所在的服务器的名称；如果选择【使用 SQL Server 身份认证】，则必须分别在【用户名】和【密码】框中输入登录 SQL Server 的用户名和密码；【数据库】下拉列表框中是可选的数据库的名称，单击【刷新】按钮可使该对话框的内容恢复为系统的默认设置值。在这里使用 Windows 身份验证并选择 HotelManagementSys 数据库，再单击【下一步】按钮。

步骤04 在【选择目标】页中对数据导出的目的地进行设置，这里要导出到 Access 中，因此从【目标】下拉列表中选择 Microsoft Access，然后单击【浏览】按钮指定导出数据库的名称和保存位置。完成之后，还可以单击【高级】按钮在弹出对话框中单击【测试连接】按钮进行测试，如图 4-17 所示。

图 4-16　【选择数据源】页面

图 4-17　【选择目标】页面

步骤 05　单击【下一步】按钮进入【指定表复制或查询】页，设置从表、视图或者查询结果中进行复制。在这里选中【复制一个或多个表或视图的数据】单选按钮，单击【下一步】按钮，如图 4-18 所示。

步骤 06　在进入的【选择源表和视图】页面中列出了当前库中的所有表和视图，通过复选框来选择要复制的表或者视图。单击【编辑映射】按钮可以修改源表和目标表之间的复制关系，也可以修改复制时目标表的名称。单击【预览】按钮可以查看表中的数据，如图 4-19 所示。

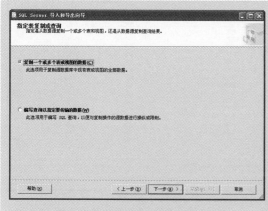

图 4-18　【指定表复制或查询】页面

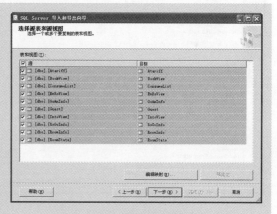

图 4-19　【选择源表和源视图】页面

步骤 07　单击【下一步】按钮查看具体每个源表与目标表的数据类型映射关系，如图 4-20 所示。

步骤 08　单击【下一步】按钮在进入的页面中设置是立即执行导出，还是保存到 SSIS 稍后导出。在这里选中【立即运行】复选框，如图 4-21 所示。

图 4-20　【查看数据类型映射】页面

图 4-21　【保存并运行包】页面

步骤 09　单击【下一步】按钮在进入的页面中查看要导出数据的细节，如图 4-22 所示。

步骤 10　如果没有需要修改的设置，可以单击【完成】按钮执行导出功能。执行完成后将看到图 4-23 所示的效果，最后单击【关闭】按钮结束。

图 4-22　【完成该向导】页面

图 4-23　【执行成功】页面

步骤 11　完成之后打开 d:\sql 数据库目录下的 Access 数据库 "酒店客房管理系统.mdb"。在其中可以看出各个数据表的内容均与源数据库相同，如图 4-24 所示。

　试一试：导入数据与导出数据的过程类似，都是在向导的提示下完成，读者可以自己试试。

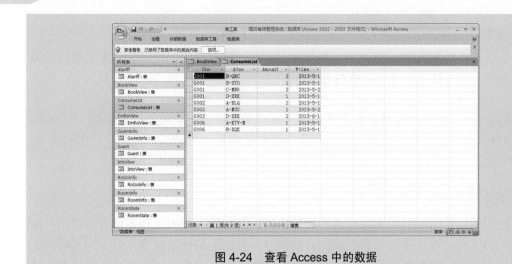

图 4-24　查看 Access 中的数据

4.8　备份数据库

作为一个数据库管理员，对数据库进行备份以防止发生意外和数据丢失是最基本的职责。SQL Server 2008 支持多种备份类型和备份操作，下面进行详细介绍。

4.8.1　SQL Server 备份类型

SQL Server 2008 提供了 4 种数据库备份类型：完整备份、差异备份、事务日志备份、文件和文件组备份。

1. 完整备份

完整备份是指备份所有数据文件和日志文件。完整备份是在某一时间点对数据库进行备份，以这个时间点作为恢复数据库的基点。不管采用何种备份类型或备份策略，在对数据库进行备份之前，必须首先对其进行完整备份。

在完整备份过程中，不允许执行下列操作。

● 创建或删除数据库文件。

● 在收缩操作过程中截断文件。

如果备份时上述某个操作正在进行，则备份将等待该操作完成，直到会话超时。如果在备份操作执行过程中试图执行上面任一操作，该操作将失败，而备份操作继续进行。

2. 差异备份

差异备份仅捕获自上次完整备份后发生更改的数据，这称为差异备份的"基准"。差异备份仅包括建立差异基准后更改的数据，在还原差异备份之前，必须先还原其基准备份。

对于频繁修改的数据库又需要最小化备份时可以使用差异备份。

3. 事务日志备份

事务日志备份包括在前一个日志备份中没有备份的所有日志记录。只有在完整恢复模式和大容量日志恢复模式下才会有事务日志备份。

> 注意：如果上一次完整数据库备份后，数据库中的某一行被修改了多次，那么事务日志备份包含该行所有被更改的历史记录，这与差异备份不同，差异备份只包含该行的最后一组值。

4. 文件和文件组备份

文件和文件组备份可以用来备份和还原数据库中的文件。使用文件备份可以使用户仅还原已损坏的文件，而不必还原数据库的其余部分，从而提高恢复速度，减少恢复时间。利用文件组备份，每次可以备份这些文件当中的一个或多个文件，而不是同时备份整个数据库。

4.8.2 SQL Server 备份设备

备份设备就是用来存储数据库、事务日志或者文件和文件组备份的存储介质。常见的备份设备有磁盘备份设备、磁带备份设备和逻辑备份设备。

1. 磁盘备份设备

磁盘备份设备就是存储在硬盘或者其他磁盘媒体上的文件，引用磁盘备份设备与引用任何其他操作系统文件一样。可以在服务器的本地磁盘上或者共享网络资源的远程磁盘上定义磁盘备份设备，如果磁盘备份设备定义在网络的远程设备上，则应该使用统一命名方式(UNC)来引用该文件，以"\\Servername\Sharename\Path\File"格式指定文件的位置。在网络上备份数据可能会受到网络错误的影响。因此，在完成备份后应该验证备份操作的有效性。

> 警告：不要将数据库事务日志备份到数据库所在的同一物理磁盘上的文件中，因为如果包含数据库的磁盘设备发生故障，则备份也将无法使用。

2. 磁带备份设备

磁带备份设备的用法与磁盘设备相同，不过磁带设备必须物理连接到运行 SQL Server 2008 实例的计算机上。如果磁带备份设备在备份操作过程中已满，但还需要写入一些数据，SQL Server 2008 将提示更换新磁带并继续备份操作。

3. 逻辑备份设备

物理备份设备名称主要用来供操作系统对备份设备进行引用和管理，如 D:\Backups\Full.bak。逻辑备份设备是物理备份设备的别名，通常比物理备份设备更能简单、有效地描述备份设备的特征。逻辑备份设备名称被永久保存在 SQL Server 的系统表中。

【示例 15】

例如要创建一个 HotelManagementSys 数据库的备份设备，可使用以下步骤。

步骤 01 在【对象资源管理器】中展开【服务器对象】节点，然后右击【备份设备】，在弹出的快捷菜单中选择【新建备份设备】命令，如图 4-25 所示。

步骤 02 在打开的窗口中指定备份设备的名称以及保存的文件路径，如图 4-26 所示。

步骤 03 单击【确定】按钮完成创建永久备份设备。

图 4-25　选择【新建备份设备】命令

图 4-26　指定设备名称和保存文件

创建备份设备的语句是调用 sp_addumpdevice 存储过程，语法格式如下：

```
SP_ADDUMPDEVICE [ @devtype = ] 'device_type'
    , [ @logicalname = ] 'logical_name'
    , [ @physicalname = ] 'physical_name'
  [ , { [ @cntrltype = ] controller_type |
    [ @devstatus = ] 'device_status' }
  ]
```

语法说明如下。

- [@devtype =] 'device_type'：指定备份设备的类型。
- [@logicalname =] 'logical_name'：指定在 BACKUP 和 RESTORE 语句中使用的备份设备的逻辑名称。
- [@physicalname =] 'physical_name'：指定备份设备的物理名称，名称包含路径且路径必须存在。
- [@cntrltype =] 'controller_type'：如果 cntrltype 的值是 2，则表示是磁盘；如果 cntrltype 的值是 5，则表示是磁带。
- [@devstatus =] 'device_status'：devicestatus 如果是 noskip，表示读 ANSI 磁带头，如果是 skip，表示跳过 ANSI 磁带头。

【示例 16】

例如下面的语句创建了一个名称为"酒店数据库备份设备"的备份设备。

```
EXEC sp_addumpdevice 'disk','酒店数据库备份设备','D:\Backup\酒店数据库备份设
备.bak'
```

【示例 17】

与 sp_addumpdevice 存储过程相对应的 sp_dropdevice 存储过程可以删除一个备份设备。例如删除上面的备份设备，可用语句如下：

```
EXEC sp_dropdevice 酒店数据库备份设备,delfile
```

 试一试：在 SQL Server Management Studio 中使用图形化工具查看和删除备份设备。

4.8.3 通过图形向导备份数据库

在了解了备份类型和备份设备之后，本节将介绍如何使用 SQLSMS 提供的向导执行数据库的备份操作。

【示例 18】

下面对 HotelManagementSys 数据库创建完整备份，备份到前面创建的永久备份设备"酒店数据库备份设备"上，具体步骤如下。

步骤01 在【对象资源管理器】中展开【服务器】\【数据库】节点，右击数据库 HotelManagementSys，选择【任务】|【备份】命令，打开【备份数据库】对话框。

步骤02 在【备份类型】下拉列表框中选择【完整】选项，保留【名称】文本框的内容不变。

步骤03 在【目标】区域通过单击【删除】按钮删除已存在的目标。然后单击【添加】按钮打开【选择备份目标】对话框，选中【备份设备】单选按钮后从下拉菜单中选择备份"酒店数据库备份设备"，如图 4-27 所示。

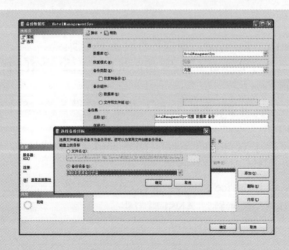

图 4-27 执行完整备份

步骤04 设置好以后，单击【确定】按钮返回【备份数据库】对话框。打开【选项】页面，选中【覆盖所有现有备份集】单选按钮和【完成后验证备份】复选框。

技巧： "覆盖所有现有备份集"用来初始化新的设备或者覆盖现在的设备，"完成后验证备份"用来核对实际数据库与备份副本，并确保在备份完成之后的一致性。

步骤05 完成设置后单击【确定】开始备份，完成备份后将弹出备份完成提示信息框，如图 4-28 所示。

图 4-28　设置【选项】页面

步骤06 现在已经对 HotelManagementSys 数据库执行了一个完整备份。在【对象资源管理器】中，展开【服务器】\【服务器对象】\【备份设备】节点，右击备份设备"酒店数据库备份设备"，在弹出的快捷菜单中选择【属性】命令，打开【备份设备】对话框。

步骤07 打开【介质内容】页面可以看到刚刚创建的 HotelManagementSys 数据库的完整备份，如图 4-29 所示。

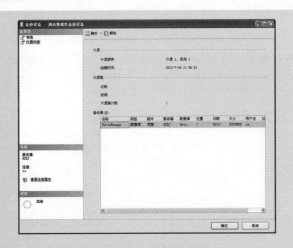

图 4-29　验证完整备份

4.8.4　使用 BACKUP 语句备份数据库

使用 BACKUP 命令进行完整数据库备份的语法格式如下：

```
BACKUP DATABASE database_name
TO <backup_device> [    n]
[WITH
[[,] NAME=backup_set_name]
[ [,] DESCRIPTION='TEXT']
[ [,] {INIT | NOINIT } ]
[ [,]{ COMPRESSION | NO_COMPRESSION }
]
```

语法说明如下。

- database_name：指定备份的数据库名称。
- backup_device：指定备份设备名称。
- WITH 子句：指定备份选项。
- NAME=backup_set_name：指定备份的名称。
- DESCRIPTION='TEXT'：指定备份的描述。
- INIT|NOINIT：INIT 表示新备份的数据覆盖当前备份设备上的每一项内容，NOINIT 表示新备份的数据追加到备份设备上已有的内容后面。
- COMPRESSION|NO_COMPRESSION：COMPRESSION 表示启用备份压缩功能，NO_COMPRESSION 表示不启用备份压缩功能。

【示例 19】

使用 BACKUP 语句创建一个 HotelManagementSys 数据库的完整备份，语句如下：

```
BACKUP DATABASE HotelManagementSys
TO 酒店数据库备份设备
WITH INIT,
NAME='酒店数据库完整备份'
```

在上述语句中，将 HotelManagementSys 数据库完整备份到"酒店数据库备份设备"。INIT 选项使新备份的数据覆盖当前备份设备上的每一项内容，执行后的结果如图 4-30 所示。

图 4-30　使用 BACKUP DATABASE 语句

4.8.5 执行差异备份

当数据量十分庞大时，执行一次完整备份会耗费非常多的时间和空间，因此完整备份不能频繁进行，创建了数据库的完整备份以后，如果数据库从上次备份以来只修改了很少的数据时，比较适合使用差异备份。

差异备份与完整备份使用相同的界面，唯一不同的是需要选择【备份类型】为"差异"，并指定一个差异备份的名称。图 4-31 就是为 HotelManagementSys 数据库执行差异备份的界面。

这里将差异备份的结果也保存到"酒店数据库备份设备"，然后在【选项】页面中选中【追加到现有备份集】复选框，如图 4-32 所示。

图 4-31　选择差异备份　　　　图 4-32　差异备份的【选项】页面

单击【确定】按钮开始备份。备份完成后，在【对象资源管理器】\【服务器对象】\【备份设备】中双击备份设备"酒店数据库备份设备"，在弹出对话框的【介质内容】页中可以看到差异备份内容，如图 4-33 所示。

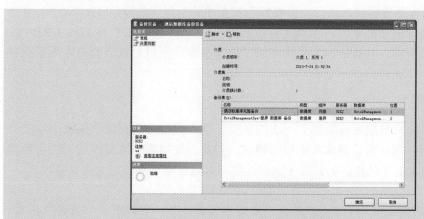

图 4-33　验证差异备份

创建差异备份与创建完整备份的语法基本相同，只是多了一个 WITH DIFFERENTIAL 子句，该子句用于指明本次备份是差异备份。

同样为 HotelManagementSys 数据库创建差异备份，语句如下：

```
BACKUP DATABASE HotelManagementSys
TO 酒店数据库备份设备
WITH NOINIT,
DIFFERENTIAL,
NAME='HotelManagementSys 差异备份'
```

在上述语句中，将 HotelManagementSys 数据库差异备份到"酒店数据库备份设备"备份设备中，并且使用 NOINIT 选项，使新备份的数据追到备份设备上已有的内容后面。

 试一试：对于其他两种备份类型的具体备份操作，这里不再详解，可以参考差异备份。

4.9　恢复数据库

恢复数据库是指将数据库还原到备份时的状态。当恢复数据库时，SQL Server 会自动将备份文件中的数据全部复制到数据库，并回滚任何未完成的事务，以保证数据库中数据的完整性。

4.9.1　SQL Server 恢复模式简介

SQL Server 2008 有三种恢复模式：完全恢复模式、简单恢复模式和大容量日志记录恢复模式。每种恢复模式都能够在不同程度上恢复相关数据，且在恢复方式和性能方面存在差异。

1. 完全恢复模式

完全恢复模式是 SQL Server 2008 的默认模式，在故障还原中具有最高的优先级。这种恢复模式使用数据库备份和日志备份，能够较为安全地防范媒体故障。SQL Server 事务日志记录了对数据进行的全部更改，包括大容量数据操作，如 SELECT INTO、CREATE INDEX、大批量装载数据。并且，因为日志记录了全部事务，所以可以将数据库还原到特定即时点。

2. 简单恢复模式

简单恢复模式可以将数据库恢复到上一次的备份。优点是日志的存储空间较小，能够提高磁盘的可用空间，而且也是最容易实现的模式。但是，使用简单恢复模式无法将数据库还原到故障点或特定的即时点。如果要还原到这些即时点，则必须使用完全恢复模式。

提示：在简单恢复模式下可以执行完整备份和差异备份，它适用于小型数据库或者数据更改频度不高的数据库。

3. 大容量日志记录恢复模式

与完全恢复模式相似，大容量日志记录恢复模式使用数据库和日志备份来恢复数据库。使用该模式对某些大规模或大容量数据操作(比如 INSERT INTO、CREATE INDEX、大批量装载数据、处理大批量数据)时可以提供最佳性能和最少的日志使用空间。

在这种模式下，日志只记录多个操作的最终结果，而并非存储操作的过程细节，所以日志尺寸更小，大批量操作的速度也更快。如果事务日志没有受到破坏，则除了故障期间发生的事务以外，SQL Server 能够还原全部数据，但是，由于使用最小日志的方式记录事务，所以不能恢复数据库到特定即时点。

注意：在大容量日志恢复模式下，备份包含大容量日志操作的日志需要访问数据库中的所有数据文件。如果数据文件不可访问，则无法备份最后的事务日志，而且该日志中所有已提交的操作都会丢失。

4.9.2　配置恢复模式

SQL Server 2008 中的 master、msdb 和 templdb 数据库使用简单恢复模式，model 数据库使用完整恢复模式。因为 model 数据库是所有新建数据库的模板数据库，所以用户数据库默认也是使用完整恢复模式。

【示例 20】

系统数据库的恢复模式不能修改。但是，允许根据实际需求自定义用户数据库的恢复模式。例如，要更改 HotelManagementSys 数据库的恢复模式可通过如下步骤：

步骤 01　在【对象资源管理器】中展开【数据库】节点，右击 HotelManagementSys 数据库。

步骤 02　选择【属性】命令打开 HotelManagementSys 数据库的【数据库属性】对话框。

步骤 03　打开【选项】页面，从【恢复模式】下拉列表框中选择合适的恢复模式，如图 4-34 所示。

图 4-34　选择恢复模式

步骤04 选择完成后单击【确定】按钮，即可完成恢复模式的配置。

4.9.3 使用图形化向导恢复数据库

恢复数据库可以有两种方式，一种是使用图形化向导，另一种是使用 RECOVERY 语句。

【示例 21】

例如，要使用图形化向导从上节创建的完整备份恢复 HotelManagementSys 数据库，步骤如下。

步骤01 在【对象资源管理器】中展开【数据库】节点，右击 HotelManagementSys 数据库，选择【任务】|【还原】|【数据库】命令，打开【还原数据库】对话框。

步骤02 在【还原数据库】对话框中选中【源设备】单选按钮，打开【指定备份】对话框。在【备份介质】下拉列表框中选择【备份设备】选项，然后单击【添加】按钮选择之前创建的"酒店数据库备份设备"备份设备，如图 4-35 所示。

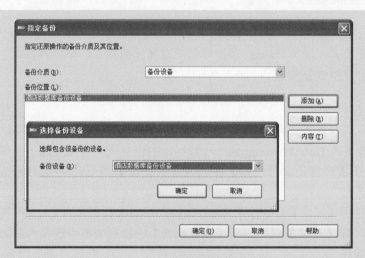

图 4-35 添加备份设备

步骤03 单击【确定】按钮返回。在【还原数据库】对话框中选中名称为"酒店数据库完整备份"的复选框，这将使数据库恢复到完整备份时的状态，如图 4-36 所示。

步骤04 在【选项】页面中选择 RESTORE WITH RECOVERY 选项，如图 4-37 所示。如果还需要恢复别的备份文件，需要选择 RESTORE WITH NORECOVERY 选项，恢复完成后，数据库会显示处于正在还原状态，无法进行操作，必须到最后一个备份还原为止。

步骤05 单击【确定】按钮，完成对数据库的还原操作。还原完成后会弹出还原成功消息对话框。

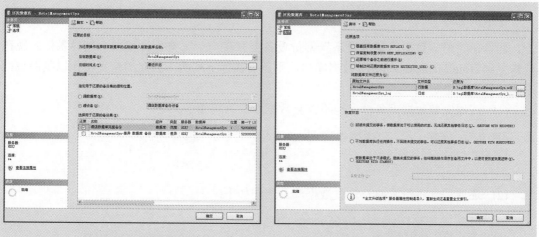

图 4-36　选择备份集　　　　　　　　　图 4-37　设置恢复状态

4.9.4　使用 RESTORE 语句恢复数据库

恢复数据库使用的是 RESTORE 语句，它用于还原 BACKUP 语句创建的数据库备份。RESTORE 语句的语法格式如下：

```
RESTORE DATABASE { database_name | @database_name_var }
[FROM <backup_device> [ ,…n ] ]
[WITH
{
[ RECOVERY | NORECOVERY | STANDBY =
{standby_file_name | @standby_file_name_var }
]
|, <general_WITH_options>[ ,…n ]
|, <replication_WITH_option>
|, <change_data_capture_WITH_option>
|, <service_broker_WITH options>
|,<point_in_time_WITH_options—RESTORE_DATABASE>
}[ ,…n ]
]
[;]
```

语法说明如下。

- database_name：指定还原的数据库名称。
- backup_device：指定还原操作要使用的逻辑或物理备份设备。
- WITH 子句：指定备份选项。
- RECOVERY|NORECOVERY：当还有事务日志需要还原时，应指定 NORECOVERY，如果所有的备份都已还原，则指定 RECOVERY。
- STANDBY：指定撤销文件名以便可以取消恢复效果。

【示例 22】

假设在"酒店数据库备份设备"备份设备上存在一个完整备份和一个差异备份。现在要恢复到 HotelManagementSys 数据库中，则需要执行下列两个独立的恢复操作以确保数据库的一致性。语句如下：

(1) 还原完整数据库备份，但不恢复数据库。语句如下：

```
RESTORE DATABASE HotelManagementSys
FROM 酒店数据库备份设备
WITH FILE=1, NORECOVERY
```

(2) 还原差异备份，并且恢复数据库。语句如下：

```
RESTORE DATABASE HotelManagementSys
FROM 酒店数据库备份设备
WITH FILE=2, RECOVERY
```

4.10 思考与练习

一、填空题

1. 使用 ALTER DATABASE 语句的_____选项可以为数据库添加数据文件。

2. 在下面的空白处填写语句，使其可以实现创建一个 test 数据库的快照"test 快照"。

```
CREATE DATABASE _____
ON
(
NAME='test_data',
FILENAME='D:\数据库\test_data.mdf'
)
AS OF test
```

3. SQL Server 2008 中将数据库恢复到某个时间点的备份类型是_____。

4. SQL Server 2008 中数据库的默认恢复模式是_____。

二、选择题

1. 下列关于分离数据库的描述不正确的是_____。
   - A. 数据库有快照时不能进行分离
   - B. 数据库处于可疑状态时不能进行分离
   - C. 分离数据库有两种方法
   - D. 可以分离系统数据库

2. 下列选项中属于修改数据库的语句是_____。
   - A. CREATE DATABASE
   - B. ALTER DATABASE
   - C. DROP DATABASE
   - D. 以上都不是

3. 下列不属于 SQL Server 2008 恢复模式的是_____。

　A. 完全恢复模式　　　　　　　　　B. 差异恢复模式

　C. 简单恢复模式　　　　　　　　　D. 大容量日志记录恢复模式

4. 在备份过程中，可以允许执行以下哪项操作_____。

　A. 创建数据库文件　　　　　　　　B. 创建索引

　C. 执行一些日志操作　　　　　　　D. 手工缩小数据库文件的大小

三、简答题

1. 简述什么是数据库快照和数据库快照的作用。

2. 简述使用向导和语句扩大数据库的方法。

3. 在分离数据时应该注意哪些问题？

4. 简述分离和附加数据库与备份和恢复数据库的区别。

4.11　练　一　练

作业：维护人事管理系统数据库

在本章介绍针对数据库的管理操作时介绍了图形界面和语句两种方式。本次上机要求读者选择熟悉的方式实现针对 "人事管理系统" 数据库进行如下维护操作。

(1) 查看 "人事管理系统" 数据库有哪些文件组成以及状态。

(2) 将数据库名称修改为 "Personnel_sys"。

(3) 向数据库中增加一个辅助数据文件。

(4) 创建一个名为 "人事系统_快照" 的数据库快照。

(5) 为人事管理系统数据库创建一个完整备份。

(6) 分离人事管理系统。

(7) 删除数据库快照。

(8) 从完整备份中恢复人事管理系统数据库。

第5章

操作数据表

有关数据库的操作中几乎都与表息息相关，因为表中存储了关系型数据库中使用的所有数据。表是其他对象的基础，没有数据表，关键字、主键、索引等也就无从谈起。因此对数据库中的表的管理非常重要。

本章首先介绍了 SQL Server 2008 中表的两种类型：临时表和系统表，然后罗列了列的数据类型及自定义数据类型的创建；接下来详细介绍创建表的两种方式，管理表数据的方法，以及修改表名、表列和删除表的操作。

本章重点：

- 了解 SQL Server 2008 中表的特点
- 了解临时表和系统表的定义
- 熟悉列的各种数据类型
- 掌握创建自定义数据类型的方法
- 掌握创建数据表的两种方式
- 掌握 SQLSMS 对表的操作
- 掌握重命名表、添加列以及删除表操作

5.1 SQL Server 表

SQL Server 2008 数据库中的所有数据都存储在表中,在表中按照行与列的表格结构存储数据。因此,表是 SQL Server 数据库中最重要、最基本的数据库对象。

5.1.1 什么是表

表是用于存储数据的逻辑结构,是关系模型中实体的表示方式。行是组织数据的单位,列是用于描述数据的属性,每一行都表示一条完整的信息记录,而每一列表示记录中相同的元素属性值。在使用数据库时,大多数的操作都与表有关。

图 5-1 所示为 HotelManagementSys 数据库中的 RoomInfo 表,该表包括 5 列信息,每一行显示了各列的具体数据值。

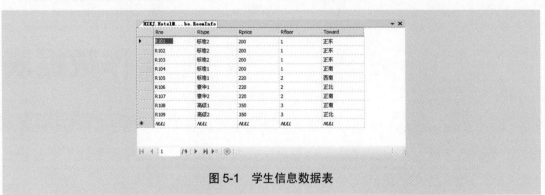

图 5-1 学生信息数据表

在 SQL Server 数据库中,表通常具有以下几个特点。

1. 表通常代表一个实体

表是将关系模型转换为实体的一种表示方式,该实体具有唯一名称。

2. 表由行和列组成

每一行代表一条完整的记录,例如:Rno 为 R101 的这一行记录就显示了该房间的完整信息。同时,每一行也代表了该表中的一个实例。列称为字段或域,每一列代表了具有相同属性的列值,例如:Rno 表示每个房间的编号,Rtype 则表示每个房间的类型。

3. 行值在同一个表中具有唯一性

在同一个表中不允许具有两行或两行以上的相同行值,这是由表中的主键约束所决定的。同时,在实际应用过程中,同一个表中两个相同的行值也无意义。

4. 列名在同一个表中具有唯一性

在同一个表中不允许有两个或两个以上的相同列名。但是,在不同的两个表中可以具有相同的列名,这两个相同的列名之间不存在任何影响。

5. 行和列的无序性

在同一个表中，行的顺序可以任意排列，通常按照数据插入的先后顺序存储。在使用过程中，经常对表中的行按照索引进行排序，或者在检索时使用排序语句。列的顺序也可以任意排列，但对于同一个数据表，最多可以定义 1024 列。

5.1.2　临时表

临时表是非常有用的工作空间，可以用临时表来处理中间数据或者用临时表与其他连接共享进行当中的工作。用户可以在任何数据库中创建临时表，但是这些临时表只能放在 tempdb 数据库中。因为每次 SQL Server 2008 重启时 tempdb 数据库就将被重新创建。

在 SQL Server 2008 中有两种方式来使用临时表：私有的和全局的。

1. 私有临时表(#)

在表名前加一个 "#" 符号就可以在任何数据库中创建一个私有临时表。只有创建该表的连接能访问该表，使得该表真正成为私有临时表，而且这种特权还不能授予另一个连接。作为一个临时表，它的生命周期是与创建它的连接的生命周期一致的，也可以使用 DROP TABLE 语句删除临时表。

因为临时表只属于创建它的连接，因此即使选择了在另一个连接里使用的表名作为私有临时表名，也不会有名字冲突问题。私有临时表与程序设计中的局部变量非常类似，每个连接都有自己的私有版本，而且属于不同连接的私有临时表是无关的。

2. 全局临时表(##)

如果一个表名使用 "##" 符号作为前缀，表示该表是一个全局临时表。与私有临时表不同，所有连接都可以访问该表中的数据，并进行查询和更新。因此，如果有一个连接已经创建一个同名的全局临时表，再次创建时就会遇到名字冲突的问题，导致创建失败。

在全局临时表的创建连接终止之前或对全局临时表的所有当前使用完成之前，全局临时表都存在。在创建连接终止之后，无论如何只有那些已经访问了全局临时表但访问还没有完成的连接允许继续运行，而绝对不允许进一步使用全局临时表。

3. 临时表上的约束

大多数用户认为约束不能创建在临时表上。实际上，所有的约束都可以在显式建立于 tempdb 的临时表上工作。除了 FOREIGN KEY 以外，所有的约束都可以与使用#和##为前缀的临时表一起工作。私有和全局临时表的 FOREIGN KEY 参照被设计为非强制性的，因为这样的参照可能会阻止临时表在关闭连接时被删除(针对私有临时表)，或者是当参照表首先被删除，表超出范围时也会阻止临时表被删除(针对全局临时表)。

5.1.3　系统表

SQL Server 2008 通过一系列表来存储所有对象、数据类型、约束、配置选项可利用资源的相关信息，这一系列表被称为系统表。在本节前面已经介绍了部分系统表，例如

sysfiles。一些系统表只存在于 master 数据库，它们包含系统级的信息；而其他系统表则存在于每一个数据库，它们包含属于这个特定数据库的对象和资源的相关信息。

表 5-1 列出了常用的系统表、出现位置及其功能说明。

表 5-1 常用系统表

表　名	出现位置	说　明
sysaltfiles	主数据库	保存数据库的文件
syscharsets	主数据库	字符集与排序顺序
sysconfigures	主数据库	配置选项
syscurconfigs	主数据库	当前配置选项
sysdatabases	主数据库	服务器中的数据库
syslanguages	主数据库	语言
syslogins	主数据库	登录账号信息
sysoledbusers	主数据库	链接服务器登录信息
sysprocesses	主数据库	进程
sysremotelogins	主数据库	远程登录账号
syscolumns	每个数据库	列
sysconstrains	每个数据库	限制
sysfilegroups	每个数据库	文件组
sysfiles	每个数据库	文件
sysforeignkeys	每个数据库	外部关键字
sysindexs	每个数据库	索引
sysmembers	每个数据库	角色成员
sysobjects	每个数据库	所有数据库对象
syspermissions	每个数据库	权限
systypes	每个数据库	用户定义数据类型
sysusers	每个数据库	用户

通过以下几个方面可判断一个表是否是系统表。

● 所有的系统表是否都是以 sys 三个字母开头。

● 所有系统表的 object_id 是否总是小于 100。

● 所有系统表的名称在 Sysobjects 表中 type 列的值是否总是 S。

5.2 定义列的数据类型

无论使用哪种方式创建表，都需要指定表中包含的列名以及对应的数据类型。每种类型都对应一种特定格式的数据，SQL Server 2008 系统内置了 36 种数据类型。本节将详细介绍 SQL Server 2008 系统中的各种数据类型。

5.2.1　基本数据类型

SQL Server 2008 系统中提供了非常多的数据类型，主要包括精确数字类型、近似数字类型、Unicode 字符类型、二进制类型、时间和日期类型、字符串类型等几类。

当为字段指定数据类型时，不仅需要指定数据种类，而且应指定数据的大小或长度。当字段指定为数字类型时，需要指定数字的精度和小数的位数。

下面来介绍 SQL Server 2008 中的这几种数据类型。

1. 精确数字类型

标识数字数据的数据类型称为数字数据类型。根据计算机可表示的数据精度的不同，可将数字数据类型分为精确数字类型和近似数字类型。

精确数字类型主要用于表示无小数位的精确数字，SQL Server 2008 支持的几种精确数据类型如表 5-2 所示。

表 5-2　精确数字类型

支持的数据类型	范　　围	字节数
Bigint	$-2^{63} \sim 2^{63}-1$	8
int	$-2^{31} \sim 2^{31}-1$	4
smallint	$-2^{15} \sim 2^{15}-1$	2
tinyint	$0 \sim 255$	1
bit	0 或 1	1
money	$-2^{63} \sim 2^{63}-1$	8
smallmoney	$-2^{31} \sim 2^{31}-1$	4

2. 近似数字类型

系统可以定义一些类型的数据精确到哪一位，这些数据类型称为近似数字类型。SQL Server 2008 系统中提供了多种近似数字类型，如表 5-3 所示。

表 5-3　近似数字类型

支持的数据类型	范　　围	最大精度	语法格式	字节数
Float	$-1.79E-308 \sim 1.79E+308$	15	Float(n)	8
real	$-3.40E-38 \sim 3.40E+38$	7	real(n)	4
decimal	$-10^{38}+1 \sim 10^{38}-1$	38	decimal(p,s)	17
numeric	$-10^{38}+1 \sim 10^{38}-1$	38	numeric (p,s)	17

 提示：当 decimal 数据的小数位数为 0 时，可以作为 int 类型来对待。

3. Unicode 字符类型

在 SQL Server 2008 系统中，Unicode 字符串主要包括三种数据类型：nchar、nvarchar 和 ntext 数据类型，如表 5-4 所示。

表 5-4　Unicode 字符串

支持的数据类型	长　度	语法格式
nchar	$1\sim4000$	nchar(n)
nvarchar	$0\sim2^{31}-1$	nvarchar[(n|max)]
ntext	$1\sim2^{30}-1$	

4. 二进制类型

二进制类型主要用于存储二进制数据。在 SQL Server 2008 中，二进制数据类型包括 binary、varbinary 和 image 三种，具体如表 5-5 所示。

表 5-5　二进制字符串

支持的数据类型	长　度	语法格式
binary	$0\sim8000$	binary[(n)]
varbinary	$0\sim2^{31}-1$	varbinary[(n|max)]
image	$0\sim2^{31}-1$	

提示：同使用字符类型的方法一样，如果某个数据的值超过了数据定义时规定的最大长度，则多于的长度会被服务器自动截去。如果使用 binary 数据类型，则数据长度不够时服务器会自动补充 0。

5. 日期和时间类型

在 SQL Server 2008 以前的版本中，对日期和时间的支持仅限于 datetime 和 smalldatetime 两种数据类型。在 SQL Server 2008 中，增加了 4 种新的日期时间数据类型，即 date、time、datetimeoffset 和 datetime2，如表 5-6 所示。

表 5-6　日期和时间

支持的数据类型	范　围		语法格式
date	$0001\text{-}01\text{-}01\sim9999\text{-}12\text{-}31$		Data
time	$00:00:00.0000000\sim23:59:59.9999999$		Time
datetimeoffset	日期	$0001\text{-}01\text{-}01\sim9999\text{-}12\text{-}31$	datetimeoffset [(fractional seconds precision)]
	时间	$00:00:00\sim23:59:59.9999999$	
datetime2	日期	$0001\text{-}01\text{-}01\sim9999\text{-}12\text{-}31$	datetime2 [(fractional seconds precision)]
	时间	$00:00:00\sim23:59:59.9999999$	

6. 字符串类型

字符串数据类型是 SQL Server 中最常用的数据类型之一。在 SQL Server 2008 中，提供了 char、varchar 和 text 三种数据类型，如表 5-7 所示。

表 5-7 字符串类型

支持的数据类型	长　度	语法格式
char	1～8000	char(n)
varchar	0～8000	varchar(n)
text	$0～2^{31}-1$	

注意：在定义字符型常量或为字符数据类型赋值时，必须使用单引号将字符型常量引起来。

7. 其他数据类型

除了上述的几种数据类型外， SQL Server 2008 系统还提供了 6 种特殊用途的数据类型，说明如表 5-8 所示。

表 5-8 其他数据类型

数据类型	作　用
sql_variant	用于存储各种数据类型
timestamp	用于反映数据库中数据修改的相对顺序
uniqueidentifier	用于存储一个 16 字节长的二进制数据
xml	用来保存整个 XML 文档
table	用于存储对表或者视图查询后的结果集
cursor	用于对记录进行逐条处理

一般来说，只有在不能明确确定要存储的数据类型时，才会使用 sql_variant 类型。因为在使用这种数据类型之前，首先要判断其实际的数据类型，所以使用 sql_variant 类型时应用程序的性能会受到一定影响。

注意：timestamp 数据类型与日期时间无关。

5.2.2　创建用户定义的数据类型

所谓用户定义数据类型，是指用户基于系统的数据类型而设计并实现的数据类型。用户定义的数据类型并不是真正的数据类型，只是提供了一种加强数据库内部元素和基本数据类型之间一致性的机制。

创建用户定义的数据类型必须提供三个参数：数据类型的名称、所基于的系统数据类

型和是否允许空。

【示例 1】

要创建一个用户自定义数据类型，最简单的方法是使用 SQLSMS 工具的图形界面向导。例如，创建一个表示手机号码的数据类型 phone，并且不允许为 NULL 值。

具体步骤如下。

步骤 01 打开 Microsoft SQL Server Management Studio 窗口，并连接到数据库引擎实例。

步骤 02 在【对象资源管理器】中，依次展开【数据库】\ HotelManagementSys \【可编程性】节点，然后右击【类型】节点，执行【新建】|【用户定义数据类型】命令。

步骤 03 在打开的对话框中，在【名称】字段中输入 phone；在【数据类型】下拉列表框中选择 varchar 数据类型。

步骤 04 在【长度】文本框中输入 11，如图 5-2 所示。

步骤 05 设置完成后，单击【确定】按钮。

步骤 06 在【对象资源管理器】中，依次展开【数据库】\HotelManagementSys\【可编程性】\【类型】\【用户定义数据类型】节点，就可以看到刚才创建的 phone 数据类型，如图 5-3 所示。

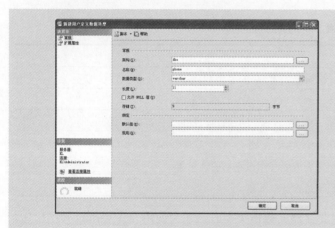

图 5-2 创建用户定义数据类型

图 5-3 查看用户定义数据类型

5.3 实践案例：使用系统存储过程
管理自定义类型

创建自定义类型可以使用系统存储过程 sp_addtype，需要提供三个参数：名称、新数据类型所依据的系统数据类型、数据类型是否允许空值。语法格式如下：

```
sp_addtype [ @typename = ] type,
[ @phystype = ] system_data_type
[ , [ @nulltype = ] 'null_type' ];
```

语法说明如下。

- [@typename =] type：自定义数据类型的名称。自定义数据类型名称必须遵循标识符规则，并且在每个数据库中必须惟一。type 的数据类型为 sysname，没有默认值。

- [@phystype =] system_data_type：自定义数据类型所基于的系统数据类型。system_data_type 的数据类型为 sysname，没有默认值。

- [@nulltype =] 'null_type'：用于指示自定义数据类型处理空值的方式。默认值为 NULL，并且必须用单引号引起来(例如'NULL'、'NOT NULL'或者'NONULL')。如果 @phystype 的数据类型为 bit，并且未指定 @nulltype，则默认值为 NOT NULL。

使用系统存储过程 sp_addtype 来创建用户定义数据类型，可以使用如下语句：

```
EXEC sp_addtype sc,'float','NOT NULL'
```

当然，也可以使用存储过程 sp_droptype 来删除上面创建的用户定义数据类型。语句如下：

```
EXEC sp_droptype sc
```

警告：当表中的列还正在使用用户定义的数据类型时，或者在其上面还绑定有默认或者规则时，这种用户定义的数据类型不能删除。

5.4　创建数据表

与创建数据库一样，在 SQL Server 2008 中可以使用管理器和语句两种方式来创建表，下面进行详细介绍。

5.4.1　使用 SQLSMS 创建

在 SQLSMS 中创建数据库表是一件非常容易的事情，因为它提供了一个非常简单的表设计器来完成数据库表的创建工作。

【示例 2】

在酒店客户管理系统的数据库 HotelManagementSys 中创建一个表保存房间信息，该数据表的结构如表 5-9 所示。

表 5-9　房间信息表

列　名	数据类型	最大长度	是否允许为空
房间编号	字符串	10	否
房间类型	字符串	20	否
价格	浮点数		否

续表

列　名	数据类型	最大长度	是否允许为空
所在楼层	整数		否
朝向	字符串	10	否

(1) 使用 SQL Server Management Studio 连接到 SQL Server 2008，在【对象资源管理器】窗格中展开【数据库】节点下的 HotelManagementSys 节点。

(2) 右击【表】节点，在弹出的快捷菜单中选择【新建表】命令。在进入的表设计器中对列名、数据类型和是否允许 null 进行设置，如图 5-4 所示。

图 5-4　表设计器

(3) 根据表 5-9 的要求，在打开的表设计器窗口中输入列名，选择相应的数据类型，并设置其是否允许为空。

(4) 设置完成后单击工具栏中的 按钮，或按 Ctrl+S 组合键打开【选择名称】对话框，输入表名称"房间信息"即可保存该表，如图 5-5 所示。

(5) 此时展开 HotelManagementSys 数据库下的【表】节点可以看到刚创建的"房间信息"数据表，如图 5-6 所示。

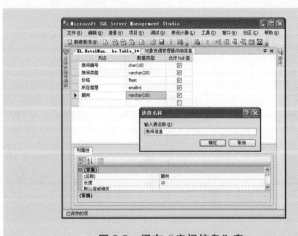

图 5-5　保存"房间信息"表

图 5-6　创建后的"房间信息"表

5.4.2 使用语句创建

除了可以通过 SQL Server Management Studio 的图形化界面创建表之外，还可以使用 Transact-SQL 语言提供的 CREATE TABLE 语句来创建表。

CREATE TABLE 语句的基本语法格式如下：

```
CREATE TABLE table_name
(
column_name  data_type
[ INDENTITY [ (seed,increment ) ][< column_constraint >] ]
[ ,…n ]
)
```

上述语法格式中各参数的含义如下。

- table_name：用于指定数据表的名称。
- column_name：用于定义数据表中的列名称。
- data_type：用于指定数据表中各个字段的数据类型。
- IDENTITY：用于指定该字段为标识字段。
- seed：用于定义标识字段的起始值。
- increment：用于定义标识增量。
- column_constraint：用于指定该字段所具有的约束条件。

【示例 3】

同样以创建"房间信息"表为例，使用 CREATE TABLE 语句的创建语句如下。

```
CREATE TABLE 房间信息
(
    房间编号 char(10),
    房间类型 varchar(20),
    价格 float,
    所在楼层 smallint,
    朝向 varchar(10)
)
```

如上述语句所示，使用 CREATE TABLE 语句创建表的方法非常简单，只需指定表名、列名、列数据类型即可，多个列之间用逗号分隔。但是实际上 CREATE TABLE 语句的功能非常强大，语法也很复杂，在这里仅介绍该语句的最简单用法，在本书后面会对该语句进行详解。

5.5 实践案例：使用 SQLSMS 操作表

本节前面介绍了如何在数据库中创建一个数据表。当表创建完成之后，还需要向表中录入数据才有意义，另外也可以对数据进行修改和删除。

本节详细介绍 SQLSMS 对数据表中数据的添加、修改和删除等操作。

5.5.1 添加数据

SQLSMS 提供了一个图形界面的查询设计器，可以让用户很方便地完成对表中数据的编辑操作。

查询设计器以二维表格的形式列出了表中的所有列，用户可以在表中添加数据行(记录)，或修改行中的数据，或删除选中的数据行。

【示例 4】

如果要向数据库 HotelManagementSys 中的"房间信息"表中添加一些房间信息，可以执行以下操作。

步骤 01 在 SQL Server Management Studio 中连接到包含 HotelManagementSys 数据库的 SQL 实例。

步骤 02 在【对象资源管理器】中展开【数据库】\HotelManagementSys\【表】节点。

步骤 03 右击表名【房间信息】，在弹出的快捷菜单中选择【编辑前 200 行】命令。

步骤 04 执行过【编辑前 200 行】命令以后，系统将打开查询设计器，并返回数据库表中的前 200 条记录，如图 5-7 所示。当然如果数据库中的记录不足 200 行，则返回所有记录。

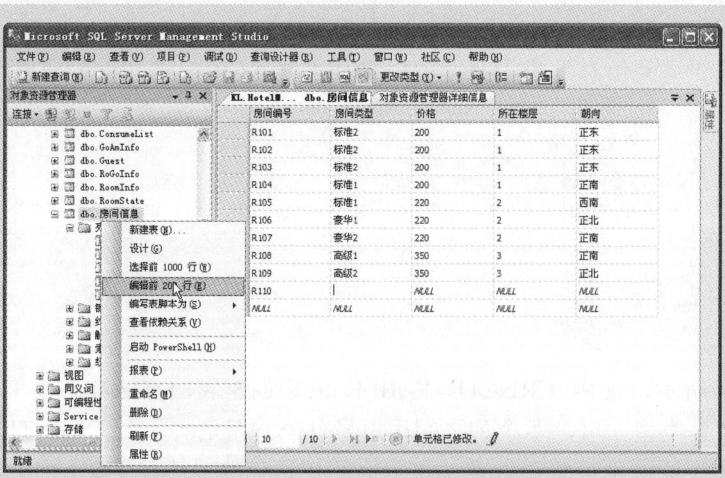

图 5-7　编辑房间信息表

步骤 05 如果要在房间信息表中添加记录，可以直接在表中最后一行的相应列中输入数据即可。

步骤 06 所有的数据添加以后，为确保数据正确保存，可以单击【查询设计器】工具栏中的【执行 SQL】按钮来保存对数据库表的操作。

5.5.2 修改数据

修改表数据和添加操作非常相似，也是在 SQLSMS 查询设计器中修改相应记录的相应字段即可，如图 5-8 所示。

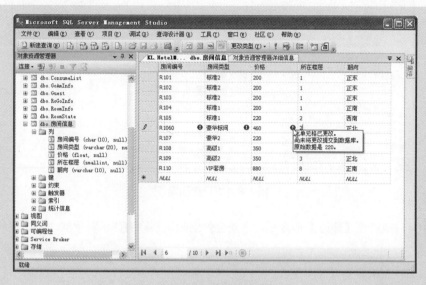

图 5-8 修改表数据

所有被修改的字段后面都带有一个 ❶ 符号，将鼠标指针移到上面可以看到提示单元格的原始数据。执行完修改操作以后，最好使用【查询设计器】工具栏中的【执行 SQL】按钮 ❗ 来保存对数据库表的操作。

5.5.3 删除数据

使用 SQLSMS 查询设计器还可以删除表中指定行的数据。方法是首先在查询设计器中选中指定的数据行，然后使用右键快捷菜单中的【删除】命令即可删除选中的行。

【示例 5】

假设要删除"房间信息"表中的"房间编号"为 R101 和 R105 的两行数据，可以执行以下步骤。

步骤01 在 SQL Server Management Studio 中打开房间信息表的查询设计器。

步骤02 单击"房间编号"值为 R101 和 R105 的两行数据第一列左侧的选择按钮 ▶ ┃，选中这两行数据。

技巧：按下键盘中的 Ctrl 键可以选中数据库表中多个不连续的数据行。

步骤03 在选中的数据行上右击，在弹出的快捷菜单中选择【删除】命令，如图 5-9 所示。

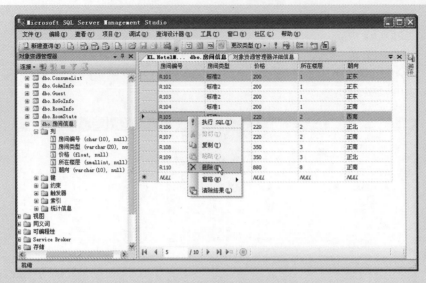

图 5-9　执行删除操作

步骤04 执行完【删除】命令后，系统会弹出确认删除的提示对话框，如图 5-10 所示。

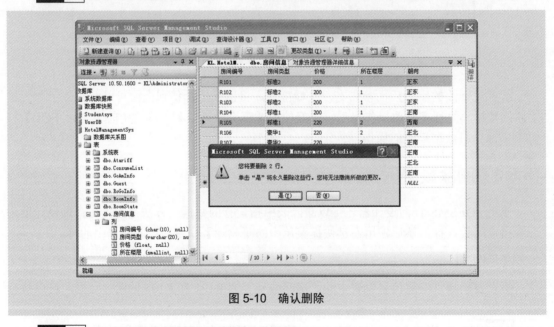

图 5-10　确认删除

步骤05 单击【是】按钮即可删除选中数据。

5.6 修 改 表

　　除了可以使用 SQLSMS 操作表中的数据之外，还可以修改表的各个属性，如修改表名称、添加列以及更新列的数据类型等。下面详细介绍在使用过程中对数据表的这些维护操作。

5.6.1 表名

修改表其实和创建表一样，既可以通过 SQLSMS 管理器修改，也可以通过 Transact-SQL 语句修改。

【示例6】

1. 使用 SQLSMS 管理器重命名

要将 HotelManagementSys 数据库中的"房间信息"表重命名为"房间基本信息"表，使用管理器的操作步骤如下。

步骤01 使用 SQL Server Management Studio 连接到数据库服务器实例。

步骤02 在【对象资源管理器】中展开服务器，然后展开【数据库】节点。

步骤03 展开 HotelManagementSys 数据库节点下的【表】节点，可以看到数据库中所有的表。

步骤04 右击表名【房间信息】，在弹出的快捷菜单中执行【重命名】命令，如图 5-11 所示。

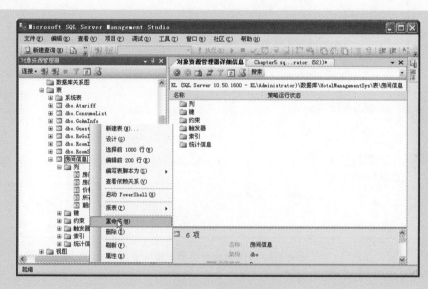

图 5-11 重命名表

步骤05 当"房间信息"表名变为可编辑状态时，输入新的表名"房间基本信息"并按 Enter 键，即可实现对该表的重命名操作。

2. 使用 Transact-SQL 语句重命名

在 SQL Server 2008 中可以使用系统存储过程 sp_rename 对表进行重命名。

【示例 7】

要将 HotelManagementSys 数据库中的"房间信息"表重命名为"房间基本信息"表，使用 sp_rename 的实现语句如下。

```
USE HotelManagementSys
GO
EXEC sp_rename '房间信息' , '房间基本信息'
```

5.6.2 表属性

表的属性可以通过属性窗口进行修改，打开方法是右击表名，在弹出的快捷菜单中选择【属性】命令。如图 5-12 所示为查看 HotelManagementSys 数据库中"房间信息"表属性的对话框，在这里可以根据需要对常规、权限、更改跟踪、存储、扩展属性等选项页面中的相关属性进行修改。

图 5-12   "房间信息"表的属性窗口

【示例 8】

对 HotelManagementSys 数据库中"房间信息"表添加 public 角色的修改、删除、插入、选择和更新操作，具体步骤如下。

步骤01 使用 SQL Server Management Studio 连接到数据库服务器实例。

步骤02 在【对象资源管理器】中，依次展开【数据库】\HotelManagementSys\【表】节点，列出数据库中所有的表。

步骤03 右击表名【房间信息】，在弹出的快捷菜单中选择【属性】命令，打开图 5-12 所示的对话框。

步骤 04　切换到【权限】选项卡，在【权限】页面中单击【搜索】按钮，打开【选择用户或角色】对话框，如图 5-13 所示。可以在其中输入要选择的对象名称，也可以通过单击【浏览】按钮打开【查找对象】对话框，选择 public，如图 5-14 所示，单击【确定】按钮。

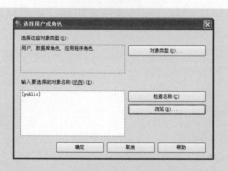

图 5-13　【选择用户或角色】对话框　　　　图 5-14　【查找对象】对话框

步骤 05　在【权限】页面中可以对表的各种操作设置权限，如图 5-15 所示。

步骤 06　设置完成之后在【属性】对话框中单击【确定】按钮，完成表权限属性的修改操作。

步骤 07　如果希望设置 public 角色对表中列的操作权限，可以单击【列权限】按钮，在弹出的【列权限】对话框中进行设置，如图 5-16 所示。

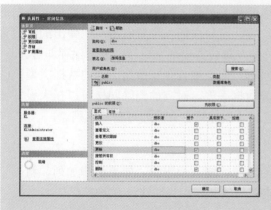
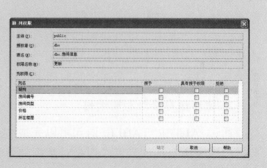

图 5-15　【权限】页面　　　　　　　　图 5-16　【列权限】对话框

5.6.3　列

在使用数据表的过程中可以根据需要添加新列，也可以删除无用的列。本节详细介绍对列进行添加、删除和修改的方法。

1. 在表设计器中修改和删除列

【示例 9】

在创建表的设计器中可以对列进行修改和删除。例如要修改"房间信息"表中的列，步骤如下。

步骤 01 在 SQL Server Management Studio 中展开"房间信息"表所在的数据库。

步骤 02 展开表并右击表名【房间信息】，在弹出的快捷菜单中选择【设计】命令打开表设计器。

步骤 03 在图 5-17 所示的设计器页面中可以对列进行修改或者删除，也可以增加新列，以及更新列的数据类型。

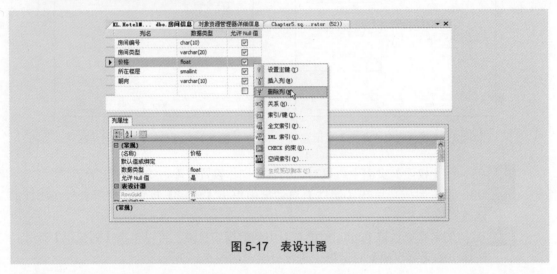

图 5-17　表设计器

在下面的空白行中可以直接添加新的列名及相关属性。列的顺序对表的操作、数据的查询等没有影响，但如果一定要插入到某个位置，可以在插入位置右击，在弹出的快捷菜单中选择【插入行】命令。此时原来的行下移并在该位置出现空白行，编辑保存即可。

在表设计器中可以直接修改列名和列的属性。但表中若存在数据，列的数据类型修改就必须兼容表中已有的数据，否则可能会造成数据丢失。对列的删除同样可以在表设计器中进行，只需右击列，在弹出的快捷菜单中选择【删除列】命令即可删除该列。

2. 使用语句修改和删除列

通过 ALTER TABLE 语句可以完成列的添加、修改和删除。如果是添加列，新列一般会出现在所有列的最后，但是对数据的查询、修改和删除等操作没有影响。

【示例 10】

向 HotelManagementSys 数据库的"房间信息"表中增加一个 createdat 列，语句如下：

```
ALTER TABLE 房间信息 ADD createdat datetime
```

【示例 11】

将【房间信息】表中的 createdat 列删除，语句如下：

```
ALTER TABLE 房间信息 DROP COLUMN createdat
```

5.7　删　除　表

在 SQLSMS 中删除一个表的操作非常简单，只需要右击该表执行【删除】命令，并在弹出的【删除对象】对话框中单击【确定】按钮即可。图 5-18 所示为删除"房间信息"表的对话框。

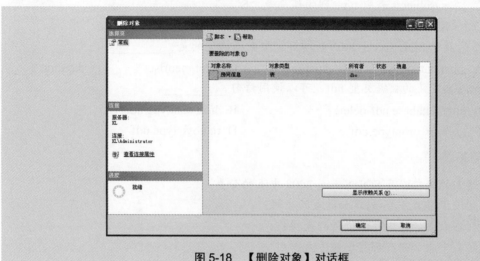

图 5-18　【删除对象】对话框

【示例 12】

使用 DROP TABLE 语句也可以删除表。同样是删除"房间信息"表，实现语句如下：

```
DROP TABLE 房间信息
```

5.8　思考与练习

一、填空题

1. 如果一个表名使用_____符号作为前缀，表示该表是一个全局临时表。
2. 假设要将 Product 表重命名为商品信息表，应该使用语句_____。
3. 删除 Product 表的语句是_____。
4. 假设要向 Product 表中增加一个 float 类型的 price 列，语句应该的是_____。

二、选择题

1. 下列有关表特点描述错误的是_____。
   A. 表由行和列组成　　　　　　　　B. 表通常代表一个实体
   C. 表中每行的值可以重复　　　　　D. 表中的行和列有顺序

2. 用户可以在任何数据库中创建临时表，但是这些临时表只能放在_____数据库中。

    A. tempdb   B. msdb   C. model   D. master

3. 下列不是判断系统表标准的是_____。

    A. 以 sys 字母开始

    B. object_id 小于 100

    C. 在 sysobjects 表中 type 列的值总是 "S"

    D. 使用 sql 或者 sys 字母开始

4. 下列属于 SQL Server 2008 新增日期型数据类型的是_____。

    A. smalldatetime   B. datetime   C. datetimeoffset   D. daytime

5. 删除自定义的数据类型 udf，可以使用语句_____。

    A. alter database udf-delete   B. drop datatype udf

    C. exec sp_droptype udf   D. remove type udf

三、简答题

1. 简述表的概念以及 SQL Server 2008 中表的分类。

2. 简述使用 SQLSMS 创建数据表的步骤。

3. 罗列在表设计器中可以进行的表操作。

4. 要向表中添加列有哪些实现方式？

5. 如何删除一个表？

5.9 练 一 练

作业 1：创建图书信息表

使用本章所学的内容，设计一个数据表来保存与图书相关的信息，这些信息如表 5-10 所示，表名为 Books。

表 5-10 图书信息表 Books

列　名	说　明	数据类型	最大长度	是否允许为空
BookNumber	图书编号	字符串	10	否
BookName	图书名称	字符串	60	否
Classify	分类	字符串	20	是
Author	作者	字符串	60	是
ISBN	ISBN	字符串	30	否
Publisher	出版社	字符串	20	否
PubTime	出版时间	日期	10	是
Pages	页数	整数		是
Price	价格	数字		否
Details	说明	文本	不限	是

作业 2：操作图书信息表

使用本章所学的内容对作业 1 创建的图书信息表进行如下操作。

(1)　将 Books 表重命名为"图书信息"表。

(2)　添加一个 HasDisc 列，类型为 bit，表示该本图书是否带有光盘。

(3)　创建一个表示图书内容摘要的自定义类型 BookDesc，该类型基于 varchar 类型，长度为 200，并且允许为空。

(4)　使用 SQLSMS 向表中填充 5 行数据。

(5)　添加 Public 角色对表的删除权限。

第**6**章

表的完整性约束

　　数据库不仅要能存储数据，它也必须能够保证所保存的数据的正确性。如果数据不准确或不一致，那么该数据的完整性可能会受到破坏，从而给数据库本身的可靠性带来问题。为了维护数据库中数据的完整性，在创建表时常常需要定义一些约束，即通过对表中的一个或多个列增加限制条件来控制表中数据的正确性和完整性。对约束的定义既可以在 CREATE TABLE 语句中进行，也可以在 ALTER TABLE 语句中进行。

　　本章将详细介绍默认值和规则的应用，以及 SQL Server 2008 中应用于列的各种约束，如不能为空、不能重复，等等。

本章重点：

- ↳ 了解数据完整性约束的作用及其分类
- ↳ 掌握默认值对象的创建、绑定以及删除
- ↳ 掌握规则对象的创建、绑定以及删除
- ↳ 掌握主键和外键约束的使用
- ↳ 掌握自动编号约束中起始值和增量的设置
- ↳ 理解空和非空的概念及约束方法
- ↳ 掌握唯一性约束的使用
- ↳ 熟悉默认值约束和验证约束的使用

6.1　约 束 概 述

在创建数据库和表之后便可以向表中存储数据。但是由于数据是从外界输入的，而数据的输入由于种种原因，会发生输入无效或错误信息。为了保证输入的数据符合规定，SQL Server 2008 提供了大量的完整性约束。这些约束应用于基表，基表使用约束确保表中值的正确性。

6.1.1　约束简介

维护数据完整性约束归根到底就是要确保数据的准确性和一致性，即表内的数据不相矛盾，表之间的数据不相矛盾，关联性不被破坏。为此可以从如下几个方面检查完整性约束。

- 对列的控制，即主键约束、唯一性约束和标识列。
- 对列数据的控制，有数据验证约束、默认值约束和规则。
- 对表之间及列之间关系的控制，外键约束、数据验证约束、触发器和存储过程。

满足完整性约束要求的数据必须具有以下三个特点。

- 数据值正确无误：首先数据类型必须正确，其次数据的值必须处于正确的范围内。例如，"学生成绩管理系统"数据库的"成绩"表中的"分数"列必须满足小于等于100，且大于等于0。
- 数据的存在必须确保同一表格数据之间的和谐关系：例如，"学生信息表"的"学生编号"列中的每一个编号对应一个学生，不可能将其编号对应多个学生。
- 数据的存在必须能确保维护不同表之间的和谐关系：例如，在"成绩"表中"课程编号"列对应"课程"表中的"课程编号"列。在"课程"表中"教师编号"列对应"教师"表中的教师编号及相关信息。

6.1.2　约束的分类

在 SQL Server 2008 中根据约束用途的不同，可以分为 4 类：实体完整性(Entity Integrity)、域完整性(Domain Integrity)、参照完整性(Referential Integrity)和用户定义的完整性(User Defined Integrity)。

1. 实体完整性

实体完整性规定表的每一行在表中是唯一的实体，实体就是数据库所要表示的一个实际的物体或事件。实体完整性要求主键的组件不能为空值，即单列主键不接受空值，复合主键的任何列也不能接受空值。

实体完整性约束来源于关系模型，而不是来源于任何特殊的应用程序的要求。实体完整性不同于其他数据库管理模型中域约束的方式，这种对于主键不能包含空值的要求，其原因是真实的实体通过用作唯一标识符的主键相互区分。

实体完整性的完整性问题在于设计问题，用户在设计数据库时，应该通过指定一个主键来保证实体的完整性，该主键在设计数据库时不能接受空值。例如，在"学生成绩管理"数据库的"学生信息表"中是以"学生编号"列为主键来约束其完整性的。

2. 域完整性

域完整性是指数据库表中的列必须满足某种特定的数据类型或约束，其中约束又包括取值范围、精度等规定。表中的 CHECK、FOREIGN KEY 约束和 DEFAULT、NOT NULL 定义都属于域完整性的范畴。

3. 参照完整性

参照完整性是指两个表的主键和外键的数据应对应一致。它可以确保有主键的表中对应其他表的外键的行存在，即保证了表之间的数据的一致性，防止了数据丢失或无意义的数据在数据库中扩散。参照完整性是建立在外键和主键之间或外键和唯一性关键字之间的关系上的。

在 SQL Server 中，参照完整性的作用表现在以下几个方面。

- 禁止在从表中插入包含主表中不存在的关键字的数据行。
- 禁止会导致从表中的相应值孤立的主表中外键值的改变。
- 禁止删除在从表中的有对应记录的主表记录。

4. 用户定义的完整性

这种类型完整性由用户根据实际应用中的需要自行定义。可以用来实现用户定义完整性的方法有规则(Rule)、触发器(Trigger)、存储过程(Stored Procedure)和创建数据表时可以使用的所有约束(Constraint)。

6.2 默认值对象

在 SQL Server 2008 中，当有多个列需要设置相同的值时，可以将该值作为默认值对象，然后绑定到表的列上。这样一来，默认值可以重复使用，且方便维护和修改。下面详细介绍默认值对象的创建、绑定、查看及删除操作。

6.2.1 创建默认值语法格式

创建默认值对象使用的是 CREATE DEFAULT 语句，具体语法如下：

```
CREATE DEFAULT 默认值名称
AS 常量表达式
```

【示例 1】

在 HotelManagementSys 数据库中创建名为 DefaultPhone 的默认值表示手机号，使用 000-0000-0000 作为常量表达式，实现语句如下：

```
USE HotelManagementSys
GO
CREATE DEFAULT DefaultPhone
AS '000-0000-0000'
```

创建完成之后在【对象资源管理器】中展开 HotelManagementSys 数据库节点，再展开【可编程性】\【默认值】节点，可以看到已经创建的默认值，如图 6-1 所示。

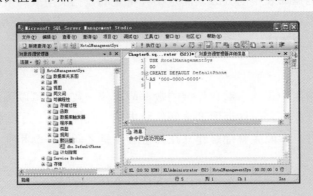

图 6-1　创建默认值

注意：创建的默认值定义不能包含列名，而且需要绑定到字段或是其他数据库对象才能使用。一个列只能绑定一个默认值，且该列最好不是唯一性列。

6.2.2　绑定默认值

默认值创建之后还必须绑定到列才能生效，可以使用系统存储过程 sp_bindefault 实现默认值的绑定，具体语法如下：

```
sp_bindefault 默认值名称,列名.字段名
```

【示例 2】

在 HotelManagementSys 数据库中将 DefaultPhone 默认值绑定到 Guest 表的 telPhone 字段，语句如下：

```
sp_bindefault DefaultPhone,'Guest.telPhone'
```

【示例 3】

若某列不再需要默认值，可以使用系统存储过程 sp_unbindefault 解决绑定。下面的语句解除了 Guest 表上 telPhone 字段的默认值绑定。

```
sp_unbindefault'HotelManagementSysBigClass.ParentId'
```

6.2.3　查看默认值

在【对象资源管理器】中展开数据库下的【可编程性】\【默认值】节点，然后在要查

看的默认值名称上右击，在弹出的快捷菜单中选择【编写默认值脚本为】子菜单中的【CREATE 到】、【DROP 到】和【DROP 和 CREATE 到】三个选项中的一个。

将鼠标指针放在它们任意一个上面，选择【新查询编辑器窗口】命令，接着在新创建的查询编辑器窗口便可以看到已经建好的 DefaultPhone 默认值，如图 6-2 所示。

图 6-2　界面查看默认值

【示例 4】

使用 sp_help 存储过程查询 HotelManagementSys 数据库中的 DefaultPhone 默认值，实现语句如下：

```
sp_help DefaultPhone
```

查询结果如图 6-3 所示。

【示例 5】

使用 sp_helptext 存储过程查询 HotelManagementSys 数据库中的 DefaultPhone 默认值，实现语句如下：

```
sp_help text DefaultPhone
```

查询结果如图 6-4 所示。

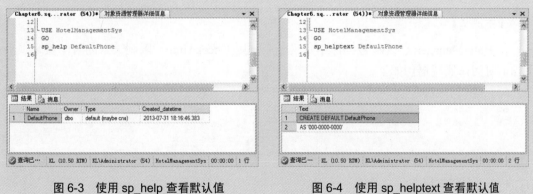

图 6-3　使用 sp_help 查看默认值　　　　图 6-4　使用 sp_helptext 查看默认值

6.2.4　删除默认值

默认值不再需要时，可以使用 DROP DEFAULT 语句删除。删除时要保证默认值没有被绑定，如果默认值尚在使用中，将无法删除。

【示例6】

使用 DROP DEFAULT 语句删除 HotelManagementSys 数据库中的 DefaultPhone 默认值，实现语句如下。

```
DROP DEFAULT DefaultPhone
```

6.3　规　则　对　象

规则是独立的 SQL Server 对象，它跟表和视图一样是数据库的组成部分。规则可以关联到多个表，在数据库中有数据插入和修改时，验证新数据是否符合规则，是实现域完整性的方式之一。

规则的作用和 CHECK 约束类似，用于完成对数据值的检验。它与 CHECK 约束的主要区别在于一列只能绑定一个规则，但却可以设置多个 CHECK 约束。

6.3.1　创建规则的语法格式

使用 CREATE RULE 语句创建规则的语法如下：

```
CREATE RULE 规则名称
AS
条件表达式
```

这里的条件表达式同样使用逻辑表达式，不同于 CHECK 条件表达式的是：

● 表达式不能包含列名或其他数据库对象名。
● 表达式中要有一个以@开头的变量，代表用户的输入数据，可以看作是代替 WHERE 后面的列名。

【示例7】

在 HotelManagementSys 数据库中定义一个规则 CheckTime，限制输入的时间值必须小于当前时间，实现语句如下：

```
USE HotelManagementSys
GO
CREATE RULE CheckTime
AS
@value <getdate()
```

6.3.2　绑定规则

规则和默认值对象一样，必须在绑定之后才起作用。绑定之后的数据库对象，就如同定义了 CHECK 约束一样，在插入或修改数据时检验新数据。

规则的绑定需要使用系统存储过程 sp_bindrule，具体语法如下：

```
USE 数据库名
GO
sp_bindrule 规则名表名.列名
[,@futureonly=<futureonly_flag>]
```

在上述语法中，"[,@futureonly=<futureonly_flag>]" 参数在将规则绑定到用户自定义数据类型时使用。如果 futureonly_flag 为空，该数据类型已有的数据将不受限制。如果不指定 futureonly，则该规则将绑定到所有使用该数据类型的列上并对已有数据进行验证。

【示例 8】

将 HotelManagementSys 数据库中的 CheckTime 规则绑定到 RoomState 表的 Atime 字段，实现语句如下：

```
sp_bindruleCheckTime,'RoomState.Atime'
```

执行上述语句后会在【消息】区域显示"已将规则绑定到表的列"字样，如图 6-5 所示。绑定完成后，在列属性中也可以查看到。

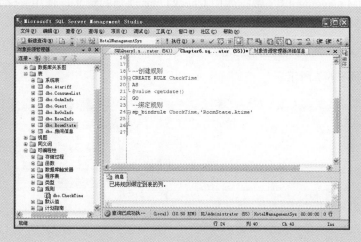

图 6-5　规则绑定

因为规则不是针对某一列或某个用户自定义数据类型，所以在该数据库对象不再需要使用规则的时候，可以取消对规则的绑定而不需要直接删除规则。取消对规则的绑定需要使用系统存储过程 sp_unbindrule，语法如下：

```
sp_unbindrule 表名.字段名
[,@futureonly=<futureonly_flag>]
```

【示例 9】

将 HotelManagementSys 数据库中 RoomState 表的 Atime 字段解除规则绑定，实现语句如下：

```
sp_unbindrule'RoomState.Atime'
```

6.3.3 查看规则

使用存储过程 sp_help 可以查看规则，如规则名称、所有者和创建时间等，具体语法如下：

```
sp_help [规则名]
```

在不写规则名的情况下，系统会将指定数据库中的所有规则、索引、约束等查询出来，这个结果里面没有创建时间。

【示例 10】

查询 HotelManagementSys 数据库中 CheckTime 规则的信息，实现语句如下。

```
sp_help CheckTime
```

执行结果如图 6-6 所示。

【示例 11】

查询 HotelManagementSys 数据库中 CheckTime 规则的定义，使用存储过程 sp_helptext 的实现语句如下：

```
sp_helptext CheckTime
```

执行结果如图 6-7 所示。

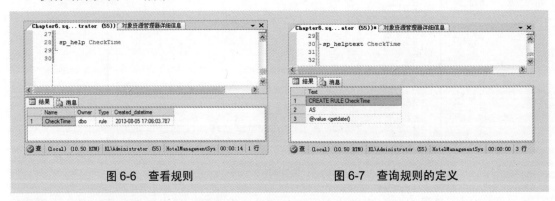

图 6-6　查看规则　　　　　　　　　　　图 6-7　查询规则的定义

6.3.4 删除规则

使用 DROP RULE 语句可以删除不再使用的规则，具体语法如下：

```
DROP RULE 规则名
```

【示例 12】

删除 HotelManagementSys 数据库中的 CheckTime 规则，实现语句如下：

```
DROP RULE CheckTime
```

6.4　实现列的基本约束

约束是 SQL Server 2008 提供的自动保持数据库完整性的一种方法，它通过限制字段中的数据、记录中的数据和表之间的数据来保证数据的完整性。

在 SQL Server 中约束是定义在表和列上面的，该约束可以被定义为列定义的一部分，或者被定义为表定义中的一个元素。本节详细介绍对列的各种约束及其实现方法。

6.4.1　主键约束

使用主键约束(PRIMARY KEY)的列必须唯一标识一条记录。也就是说，在一个数据表中不能存在主键完全相同的两条记录，而且位于主键中的数据必须是确定的数据，不可以为 NULL。

每个表中只能有一个列(或组合)被定义为主键约束，所以该列不能含有空值，并且 IMAGE 和 TEXT 类型的列不能定义为主键。

【示例 13】

在 SQL Server Management Studio 中管理主键的方法是：在【表设计器】窗口中右击要设置为主键的列，在弹出的快捷菜单中选择【设置主键】命令，如图 6-8 所示；对于已经是主键的列右击，在弹出的快捷菜单中选择【删除主键】命令移除主键，如图 6-9 所示。

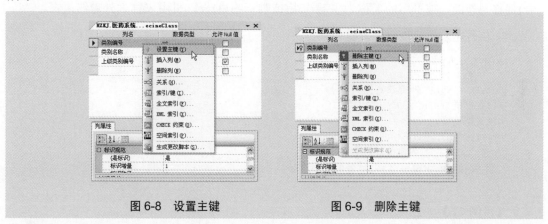

图 6-8　设置主键　　　　　图 6-9　删除主键

> 注意：对于创建好的表，选择主键列时要确定该列没有重复数据且没有空值，否则会出错。

【示例 14】

在使用 CREATE TABLE 创建表时，可以使用 PRIMARY KEY 关键字设置主键列。例如，下面语句在创建 Guest 表时将 Gno 列设置为主键。

```
CREATE TABLE Guest
(
Gno int PRIMARY KEY,
Gname varchar(50),
Gsex varchar(4)
)
```

【示例 15】

对于现有表可以使用 ALTER TABLE 语句来设置列为主键，这里也要保证主键列中没有重复值和空值。

例如，下面语句将 Guest 表的 Gno 列设置为主键。

```
ALTER TABLE Guest
ADD CONSTRAINT PKGno PRIMARY KEY(Gno)
```

【示例 16】

将 Guest 表中 Gno 列的主键删除，语句如下：

```
ALTER TABLE Guest
DROP CONSTRAINT PKGno
```

6.4.2 外键约束

外键约束(FOREIGN KEY)保证了数据库中各个表中数据的一致性和正确性。若将一个表的一列(或列组合)定义为引用其他表的主键或唯一约束列，则引用表中的这个列(或列组合)就称为外键。被引用的表称为主键约束(或唯一约束)表，引用表称为外键约束表。

1. 在创建表的时候创建外键约束

使用语法如下：

```
CREATE TABLE 外键表名称(
字段数据类型 PRIMARY KEY,
字段数据类型,
CONSTRAINT 约束名
FOREIGN KEY (外键表外键字段名)
REFERENCES 主键表名(主键表主键字段名)
)
```

【示例 17】

在 Guest 表中 Gno 列是主键。现在要创建 RoomLoan 表，且要求表中的 Gno 列作为外键关联 Guest 表中的 Gno 列，使用语句如下：

```
CREATE TABLE RoomLoan
(
RoomID int not null,
Gno int not null,
Atime datetime,
CONSTRAINT FK_Gno
```

```
FOREIGN KEY (Gno)
REFERENCES Guest(Gno)
)
```

2. 对现有表创建外键约束

使用查询语句如下：

```
ALTER TABLE 外键表名
WITH CHECK
ADD FOREIGN KEY(外键字段名) REFERENCES 主键表名(主键)
```

【示例 18】

修改现有的 RoomLoan 表，将 Gno 列作为外键关联 Guest 表的 Gno 列，实现语句如下：

```
ALTER TABLE RoomLoan
WITH CHECK
ADD FOREIGN KEY(Gno)
REFERENCES Guest(Gno)
```

3. 删除外键约束

使用 DROP 关键字删除约束，语法如下：

```
ALTER TABLE 表名称
DROP
CONSTRAINT 外键约束名
```

【示例 19】

假设要删除 RoomLoan 表中的外键约束 FK_Gno，语句如下。

```
ALTER TABLE RoomLoan
DROP
CONSTRAINT FK_Gno
```

6.4.3 自动编号约束

自动编号(IDENTITY)约束又称作标识列，它会采取数字编号的方式依次增加一个增量，例如第一个录入的列是 1，第二个录入的是 2，依次类推。IDENTITY 约束就是为那些数值顺序递增的列准备的约束，以自动完成数值添加。

在使用 IDENTITY 时需要注意以下几点。

- 标识数据不能由用户输入，用户只需要填写【标识种子】和【标识增量】，系统将自动生成数据并填入表。
- 标识列的第一条记录称为【标识种子】，依次增加的数称为【标识增量】。
- 每个表只能有一个标识列。
- 【标识种子】和【标识增量】都是非零整数，位数等于或小于 10。

● 标识列的数据类型只能是 tinyint、smallint、int、bigint、numeric、decimal，并且当数据类型为 numeric 和 decimal 时，不能有小数位。

【示例 20】

在创建表或者修改表时，通过【表设计器】窗口可以很方便地将某列设置为标识列。方法是：先选定某列，然后在【列属性】区域将【标识规范】节点展开，第一行用于决定是否将列设为标识。单击该行，右侧会出现下拉菜单标记，单击 ✓ 按钮展开下拉菜单并选择【是】选项。

此时【标识规范】节点下的【标识增量】属性、【标识种子】属性和【不用于复制】属性显示为可编辑状态，直接编辑相关属性即可，如图 6-10 所示。

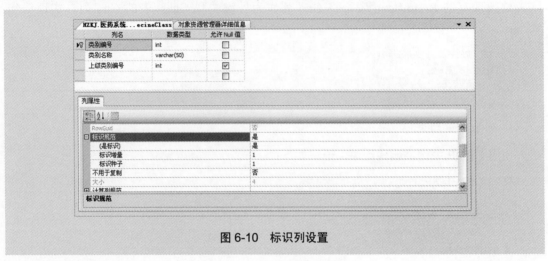

图 6-10　标识列设置

【示例 21】

使用 CREATE TABLE 指定标识符的方法是使用 IDENTITY 关键字，并同时指定标识增量和标识种子属性或者同时不指定。不指定的情况下，默认两者均为 1。

例如，对于图 6-10 所示类别编号列，使用 CREATE TABLE 的实现语句如下。

```
CREATE TABLE MedicineSysClass
(
类别编号 int IDENTITY(1,1),
类别名称 varchar(50),
上级类别编号 int
)
```

6.4.4　非空约束

非空约束是指限制一个列不允许有空值，与它对应的是空值约束，即 NULL 与 NOT NULL 约束。NULL 表示允许列为空，NOT NULL 表示不允许列为空。

列的为空性决定了表中的行是否可包含空值。出现 NULL 通常表示值未知或未定义。

空值(或 NULL)不同于零、空白或者长度为零的字符串。NULL 的意思是没有输入。NOT NULL 则表示不允许为空值，即该列必须输入数据。

如果使用 NULL 约束，需要注意以下几点。

- 如果插入了一行，但没有为允许 NULL 值的列指定值，除非存在 DEFAULT 定义或 DEFAULT 对象，否则数据库引擎将提供 NULL 值。
- 用关键字 NULL 定义的列也接受用户的 NULL 显式输入，不论它是何种数据类型，或者是否有默认值与之关联。
- NULL 值不应放在引号内，否则会被解释为字符串"NULL"而不是空值。

📖 **技巧**：指定某一列不允许空值有助于维护数据的完整性，因为这样可以确保行中的列永远包含数据。如果不允许空值，用户向表中输入数据时必须在列中输入一个值，否则数据库将不接受该表行。

【示例 22】

指定一个列是否可以为空最简单的方法是在 SQL Server Management Studio 的【表设计器】窗口中进行设置。如图 6-11 所示为 Atariff 表的【表设计器】窗口。

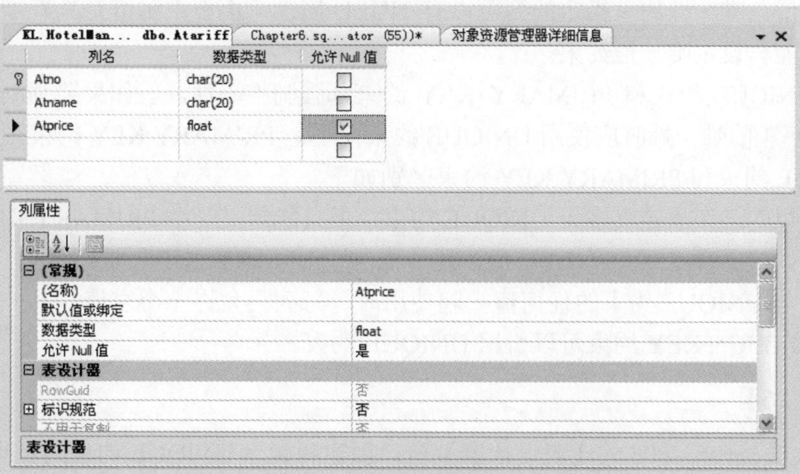

图 6-11　创建非空列

在该窗口中表的每个列都对应一个【允许 Null 值】复选框，选中【允许 Null 值】复选框表示该列允许为空，否则表示不允许为空。

【示例 23】

在使用 CREATE TABLE 语句创建表时也可以指列的非空性。例如，要创建如图 6-11 所示的 Atariff 表，CREATE TABLE 实现语句如下：

```
CREATE TABLE Atariff
(
Atno char(20) NOT NULL,
```

```
Atname char(20) NOT NULL,
Atprice float NULL
)
```

如上述语句所示，通过在列数据类型后使用 NOT NULL 关键字，可以指定列不能为空，使用 NULL 关键字则指定列允许为空。

【示例 24】

假设 Atariff 表已经存在，现在要将 Atprice 列修改为不允许为空，语句如下：

```
ALTER TABLE Atariff
ALTER
COLUMN Atprice NOT NULL
```

 注意：将 NULL 修改为 NOT NULL 时，必须保证该列数据没有空值，否则会出错。

6.4.5 唯一性约束

唯一性约束(UNIQUE)用于指定一个或多个列的组合的值具有唯一性，以防止在列中输入重复的值。唯一性约束指定的列可以有 NULL 属性。由于主键值是具有唯一性的，因此主键列不能再设定唯一性约束。

尽管 UNIQUE 约束和 PRIMARY KEY 约束都强制唯一性，但如果要强制一列或多列组合(不是主键)的唯一性时应使用 UNIQUE 约束而不是 PRIMARY KEY 约束。

UNIQUE 约束和 PRIMARY KEY 约束区别如下。

- 可以对一个表定义多个 UNIQUE 约束，但只能定义一个 PRIMARY KEY 约束。
- UNIQUE 约束允许 NULL 值，这一点与 PRIMARY KEY 约束不同。不过，当与参与 UNIQUE 约束的任何值一起使用时，每列只允许一个空值。
- FOREIGN KEY 约束可以引用 UNIQUE 约束。

【示例 25】

使用 SQL Server 2008 的【表设计器】窗口创建和删除 UNIQUE 约束的步骤如下。

步骤01 在【表设计器】窗口上单击工具栏中的【管理索引和键】按钮，或者右击选定列，在弹出的快捷菜单中选择【索引/键】命令打开【索引/键】对话框，如图 6-12 所示。

步骤02 这个对话框的左边显示了列表中存在的主键约束。单击【添加】按钮创建一个 UNIQUE 约束。

步骤03 在右侧编辑新建约束的属性。单击右侧列表中【列】设置项右侧的 按钮，在打开的【索引列】对话框中进行设计。

步骤04 删除 UNIQUE 约束的方法是：同样打开【索引/键】对话框，在列表中选择要删除的约束，单击【删除】按钮即可删除约束。

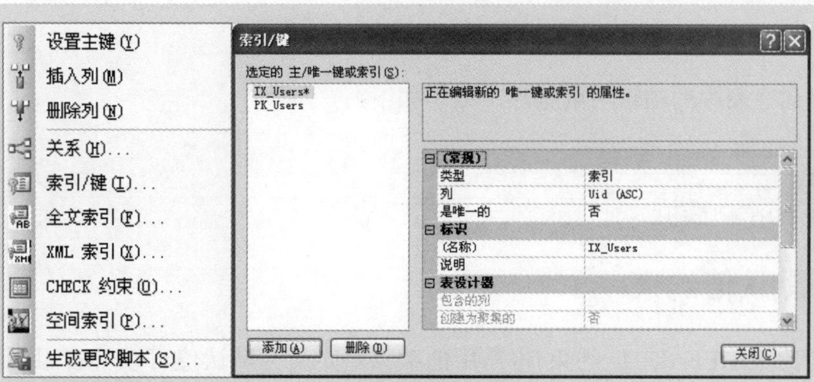

图 6-12　唯一性设置

【示例 26】

在使用语句创建表时，定义唯一性约束的语法如下：

```
CREATE TABLE 表名(
字段名1 字段类型,
字段名2 字段类型,
CONSTRAINT 约束名
UNIQUE(字段名1,字段名2)
)
```

创建一个学生信息表，包含的列有学生编号、姓名、性别、出生日期、身份证号码、家庭地址和邮箱，并将姓名和身份证号码设置为 UNIQUE 约束。

```
CREATE TABLE 学生信息
(
学生编号 int PRIMARY KEY,
姓名 varchar(50) ,
性别 varchar(4) ,
出生日期 datetime,
身份证号码 varchar(18) ,
家庭地址 varchar(50),
邮箱 varchar(50)
CONSTRAINT UNIQUE 约束
UNIQUE(姓名,身份证号码)
)
```

【示例 27】

为已经存在的表设置唯一性索引，这里必须保证被选择设置 UNIQUE 约束的列或列的集合上没有重复值。

例如，将学生信息表中的邮箱字段设置 UNIQUE 约束，查询语句如下：

```
ALTER TABLE 学生信息
ADD
CONSTRAINT 邮箱约束
UNIQUE NONCLUSTERED (邮箱)
```

【示例 28】

将学生信息表中的邮箱约束删除，语句如下：

```
ALTER TABLE EmployeeInfo
DROP
CONSTRAINT 邮箱约束
```

6.4.6 默认值约束

默认值约束(DEFAULT 约束)将常用的数据值定义为默认值可以节省用户输入时间，在非空的字段中定义默认值可以减少错误的发生。

默认值可以像约束一样针对一个具体对象，也可以像数据库对象一样单独定义并绑定到其他对象。在向表中插入数据时，若没有指定某一列字段的数值，则该字段的数值有以下几种情况。

● 如果该字段定义有默认值，则系统将默认值插入字段。

● 如果该字段定义没有默认值，但允许空，则插入空值。

● 如果该字段定义没有默认值，又不允许空，则报错。

如果使用 DEFAULT 约束，需要注意以下几种情况。

● DEFAULT 约束定义的默认值仅在执行 INSERT 操作插入数据时生效。

● 一列最多有一个默认值，其中包括 NULL 值。

● 具有 IDENTITY 属性或 TIMESTAMP 数据类型属性的列不能使用默认值，text 和 image 类型的列只能以 NULL 为默认值。

【示例 29】

设置默认值最简单的方法是在【表设计器】窗口中进行操作。方法是在【列属性】区域展开【常规】节点，然后在【默认值或绑定】选项所在行单击，然后在右边单元格编辑常量表达式，如图 6-13 所示。

图 6-13 字段默认值

技巧：这里的常量表达式可以是具体数据值，也可以是有返回值的函数等，例如函数 GETDATE()用来返回当前时间，但是要符合该字段的数据类型及定义在该字段上的约束。

【示例 30】

创建一个账号表，使账号的默认级别为普通，使用 DEFAULT 约束的实现语句如下：

```
CREATE TABLE 账号表(
编号 int IDENTITY(1,1),
用户名 varchar(50) NOT NULL,
密码 varchar(50) NOT NULL,
级别 int DEFAULT '普通' NOT NULL
)
```

【示例 31】

为账号表添加 DEFAULT 约束，使密码默认为"123456"，实现语句如下：

```
ALTER TABLE 账号表
ADD
CONSTRAINT 默认密码
DEFAULT '123456' FOR 密码
```

【示例 32】

将账号表中的默认密码约束删除，实现语句如下：

```
ALTER TABLE 账号表
DROP
CONSTRAINT 默认密码
```

6.4.7 验证约束

数据验证约束又称作 CHECK 约束，它通过给定条件(逻辑表达式)来检查输入数据是否符合要求，以此来维护数据的完整性。例如限制用户注册的用户名必须由字母和数字组成并以字母开头。

1. 界面操作表的 CHECK 约束

在 SQL Server Management Studio 中打开【表设计器】窗口，单击工具栏中的【管理 Check 约束】按钮，打开【CHECK 约束】对话框。第一次创建时这里是空的，单击【添加】按钮系统将自动命名并添加一个 CHECK 约束，如图 6-14 所示。

在对话框中编辑【表达式】、【名称】等并单击【关闭】按钮。这里的【表达式】是一个逻辑表达式。例如，性别必须是"男"或者"女"，可以写为"性别 in ('男', '女')"。

添加完约束以后，再向 EmployeeInfo 表中插入记录时将会执行该约束检查，如图 6-15 所示。

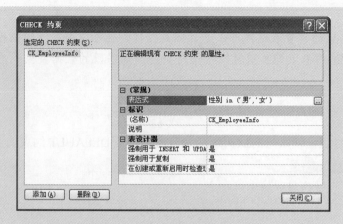

图 6-14 【CHECK 约束】对话框

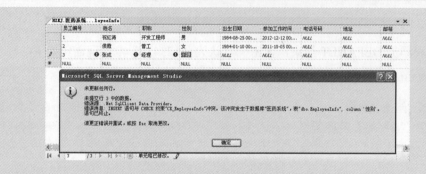

图 6-15 检查数据合法性

 提示：一个表或列可以存在多个 CHECK 约束，但是要保证这些验证不矛盾。

2. 使用查询语句管理 CHECK 约束

创建表时可以给表定义表级别 CHECK 约束，语法如下：

```
CREATE TABLE 表名
(
字段1 字段类型
CONSTRAINT 约束名
CHECK 验证表达式
)
```

这里的 CHECK 验证表达式可以有一个或多个。使用多个的时候可以用 AND 或 OR 连接，也可以用多个 CHECK 约束语句表达。

【示例 33】

创建一个用户表，使用 CHECK 约束使年龄必须在 18～45 岁之间，语句如下：

```
CREATE TABLE 用户表(
用户编号 int PRIMARY KEY,
姓名 varchar(50) NOT NULL,
```

```
年龄 int NOT NULL
CONSTRAINT 检查年龄约束
CHECK (年龄>=18 AND 年龄<=45)
)
```

上述语句定义的是表级 CHECK 约束，也可以直接将 CHECK 约束写在列之后，语句如下：

```
CREATE TABLE 用户表(
用户编号 int PRIMARY KEY,
姓名 varchar(50) NOT NULL,
年龄 int NOT NULL CHECK (年龄>=18 AND 年龄<=45)
)
```

【示例 34】

为用户表添加 CHECK 约束，使【用户编号】列必须大于 0。

```
ALTER TABLE 用户表
WITH CHECK
ADD
CONSTRAINT 用户编号 Check
CHECK (用户编号>0)
```

6.5　实践案例：设计图书信息表约束规则

通过对本章内容的学习，相信读者一定了解了如何更加规范地约束表。本次案例将通过与图书相关的两个表来介绍约束的实际应用。

在图书馆管理系统数据库中包含了图书分类表和图书信息表，表结构分别如表 6-1 和表 6-2 所示。

表 6-1　图书分类表

列　名	数据类型	是否允许为空	备　注
分类 ID	int	否	自动编号
分类名称	varchar(50)	否	
上级分类	int	否	默认为 0

表 6-2　图书信息表

列　名	数据类型	是否允许为空	备　注
编号	int	否	主键、自动编号
ISBN 号	varchar(14)	否	主键
图书名称	varchar(100)	否	
所属分类	int		外键
作者	varchar(20)		

列　名	数据类型	是否允许为空	备　注
价格	float		大于 0
出版日期	datetime		默认为当前日期
状态	varchar(10)		已借|未借|缺货|正常

(1)　根据表 6-1 的描述创建图书分类表，并同时对列进行约束。如下所示为图书分类表的创建语句：

```
CREATE TABLE 图书分类表
(
分类编号 int IDENTITY(1,1),
分类名称 varchar(50) NOT NULL,
上级分类 int DEFAULT 0
)
```

(2)　由于图书分类表比较简单，所以在创建时对约束进行了设置。图书信息表包含的列比较多，如果约束也写到创建语句中，将非常复杂。因此，这里先创建图书信息表，再对表的列进行约束，如下所示为创建语句：

```
CREATE TABLE 图书信息表
(
编号 int IDENTITY(1,1),
ISBN 号 char(14) NOT NULL,
图书名称 varchar(100) NOT NULL,
所属分类 int,
作者 varchar(20) NULL,
价格 float,
出版日期 datetime,
状态 varchar(10)
)
```

(3)　将 ISBN 号设置为主键，语句如下：

```
--设置为主键
ALTER TABLE 图书信息表
ADD CONSTRAINT 图书信息表主键 PRIMARY KEY(ISBN 号)
```

(4)　将所属分类列关联到图书分类表的分类编号列，语句如下：

```
--设置外键
ALTER TABLE 图书信息表
WITH CHECK
ADD FOREIGN KEY(所属分类)
REFERENCES 图书分类表(分类编号)
```

(5)　创建一个规则用于验证值必须大于 0，语句如下：

```
--必须大于 0
CREATE RULE MoreThanZero
```

```
AS
@Number>0
```

(6) 将上面创建的 MoreThanZero 规则绑定到价格列，语句如下：

```
sp_bindrule MoreThanZero,'图书信息表.价格'
```

(7) 创建一个表示当前日期和时间的默认值 Today，再绑定到出版日期列，语句如下：

```
--指定默认日期
CREATE DEFAULT Today
AS getdate()
sp_bindefault Today,'图书信息表.出版日期'
```

(8) 最后为状态列添加 CHECK 约束，验证值只能为已借、未借、缺货或者正常，语句如下：

```
--CHECK 约束
ALTER TABLE 图书信息表
WITH CHECK
ADD
CONSTRAINT 图书状态约束
CHECK (状态 in('已借','未借','缺货','正常'))
```

(9) 完成上面语句的执行之后，整个实例就完成了。接下来可以向表中添加数据以验证各个约束的有效性。

6.6　思考与练习

一、填空题

1. 约束可以分为_____、域完整性、参照完整性和用户定义的完整性。
2. 假设要绑定默认值 Zero 到 User 表的 score 列，应该使用语句_____。
3. 创建规则的语句是_____。
4. 主键约束包含了_____约束和唯一性约束。
5. 删除约束的语句是_____。

二、选择题

1. 下列约束不属于域完整性的是_____。
   A. 自动编号　　　　B. 外键约束　　　　C. 验证约束　　　　D. 默认值
2. 关于约束，下列说法中正确的是_____。
   A. UNIQUE 约束列可以为 NULL
   B. 自动编号的列数据都是有固定差值的
   C. 一个列只能有一个 CHECK 约束
   D. 表数据的完整性用表约束就足够了

3. 下列说法中正确的是_____。

    A. 规则的修改需要先删除，再重新创建

    B. 新建的列默认为 NOT NULL

    C. 默认值可以是任意有返回值的函数

    D. CHECK 约束修改需要先删除，再重建

三、简答题

1. 罗列 PRIMARY KEY 约束所受到的限制。

2. 罗列创建 FOREIGN KEY 约束时应遵循的基本原则。

3. 结合具体表谈谈在列中使用空值和非空值的意义。

4. 描述规则与 CHECK 约束有哪些不同？

6.7 练 一 练

作业：设计会员注册表约束规则

在会员注册信息表 Members 中包含的字段有 id、name、password、email、phone、address、addTime、sums 和 comment_num。

对表设计如下约束。

(1) 将 id 字段作为主键，设为标识列并自动编号，从 1 开始一次加 1。Name 字段、password 字段和 email 字段不能为空。

(2) email 字段创建唯一性约束。

(3) sums 字段和 comment_num 字段使用默认值 1。

(4) 创建默认值，常量表达式使用 GETDATE()获取当前时间，并绑定到 addTime 字段。

(5) 对 sums 字段和 comment_num 字段使用验证约束验证两个字段不小于 0。

(6) 创建 phoneNum 规则验证手机号为第一个数字不为 0 的 11 位数字并绑定到 phone 字段。

第**7**章

T-SQL 语言编程入门

    T-SQL(Transact-SQL)是在 SQL Server 中使用的查询语言，它是对结构化查询语言 SQL 的扩展，具有功能强大、易于掌握等优点。

    T-SQL 是唯一可以和 SQL Server 2008 数据库管理系统进行交互的语言。使用 T-SQL 可以完成所有的数据库管理工作。在本章前面介绍的所有语句都是该语言的成员。

    本章将详细介绍使用 T-SQL 语言进行编程所需掌握的基础知识，包括 T-SQL 语言的分类、常量、变量、注释、各类运算符及优先级，以及流程语句的使用。

本章重点：

➡ 了解 SQL 与 T-SQL 的关系，以及 T-SQL 的分类

➡ 掌握局部变量的声明和赋值

➡ 熟悉 T-SQL 语言中提供的各类运算符

➡ 掌握改变 T-SQL 运算符优先级的方法

➡ 掌握注释和语句块的使用

➡ 掌握用 IF 和 CASE 语句实现分支结构的方法

➡ 掌握用 WHILE 语句实现循环结构的方法

➡ 熟悉 TRY CATCH、BREAK 和 WAITFORUE 语句的使用

7.1 T-SQL 语言简介

SQL(Structure Query Language，结构化查询语言)最初是由 IBM 的研究员们开发的。在 SQL 的正式版本推出之前，SQL 被称为 SEQUEL(Structured English Query Language，结构化英语查询语言)，在第一个正式版本推出后，SEQUEL 被重新命名为 SQL。

目前，最新的 SQL 标准是 1999 年出版发行的 ANSI SQL-99，Microsoft SQL Server 2008 就遵循该标准。

T-SQL 是 Microsoft 公司对 SQL 标准的一个实现，同时又是对 SQL 的增强。T-SQL 拥有自己的数据类型、表达式和关键字等。它主要有以下几个特点。

- 一体化：将数据定义语言、数据操纵语言、数据控制语言元素集为一体。
- 使用方式：有两种使用方式，即交互使用方式和嵌入到应用程序语言中的使用方式。例如可以把 Transact-SQL 语言嵌套到 C#或 Java 语言中使用。
- 非过程化语言：只需要提出"做什么"，不需要指出"如何做"，语句的操作过程由系统自动完成。
- 人性化：符合人们的思维方式，容易理解和掌握。

在 SQL Server 2008 中按照功能可以将 T-SQL 分为三种类型，即数据控制语言、数据定义语言和数据操纵语言。

1. 数据控制语言

数据控制语言(Data Control Language，DCL)用于设置或者更改数据库用户或角色的权限。默认状态下，只有 sysadmin、dbcreator、db_owner 或 db_securityadmin 等角色的用户成员才有权限执行数据控制语言。

常用的数据控制语言有以下几种。

- GRANT 语句：用于将语句权限或者对象权限授予其他用户和角色。
- REVOKE 语句：用于删除授予的权限，但是该语句并不影响用户或者角色作为其他角色中的成员继承过来的权限。
- DENY 语句：用于拒绝给当前数据库内的用户或者角色授予权限，并防止用户或角色通过组或角色成员继承权限。

2. 数据定义语言

数据定义语言(Data Definition Language，DDL)是最基础的 T-SQL 语言类型，用来定义数据的结构，例如创建、修改和删除数据库对象。这些数据库对象包括数据库、表、触发器、存储过程、视图、索引、函数、类型以及用户等。

常用的数据定义语言有以下几种。

- CREATE 语句：用于创建对象。
- ALTER 语句：用于修改对象。
- DROP 语句：用于删除对象。

3. 数据操纵语言

使用数据定义语言可以创建表和视图，而表和视图中的数据则需要通过数据操纵语言(Data Manipulation Language，DML)进行管理，例如查询、插入、更新和删除表中的数据。

常用的数据操纵语言有以下几种。

- SELECT 语句：用于查询表(或视图)中的数据。
- INSERT 语句：用于向表(或视图)中插入数据。
- UPDATE 语句：用于更新表(或视图)中的数据。
- DELETE 语句：用于删除表(或视图)中的数据。

7.2 语 法 基 础

与其他编程语言一样，T-SQL 也有自己的语法，本节将对 T-SQL 中最基础的常量和变量进行介绍，最后说明注释在 T-SQL 中的使用方式。

7.2.1 常量

常量是指在程序运行过程中值始终不变的量。在 T-SQL 程序设计过程中，常量的定义格式取决于它所表示的数据类型。

表 7-1 列出了 SQL Server 2008 中可用的常量类型及其说明。

表 7-1 常量的类型及其说明

类 型	说 明
字符串常量	包括在单引号中，由字母(a～z、A～Z)、数字字符(0～9)以及其他特殊字符组成。例如，'Cincinnati'、'40%'
二进制常量	由 0 和 1 构成的串，并且不使用引号。如果使用一个大于 1 的数字，将被转换为 1。例如，10111101、111001011、11
十进制整型常量	使用无小数点的十进制数据表示。例如，1984、2008、644、+2008、−1120 等
十六进制整型常量	使用前缀 0X 后跟十六进制数字表示。例如，0XEEFD、0X127468EFD 等
日期常量	使用单引号将日期时间引起来表示。 常见的日期格式： ① 字母日期格式：'July 25，2008'、'25-July-2008' ② 数字日期格式：'03/06/2010'、'1997-08-01'、'02-26-98'、'1978 年 3 月 2 日' ③ 未分隔的字符格式：'19820624'

续表

类　型	表示说明
实型常量	有定点表示和浮点表示两种方式。 ① 定点表示：1984.1121、4.0、+1984.0123、-1984.0144 ② 浮点表示：10E24、0.24E-6、+644.82E-6、-84E8
货币常量	以前缀为可选货币符号的数字来表示。例如，$4451、$74074.11

以下是一些常量的示例：

```
11001
5E102
49394.02
$394.01
0x3AFE
2012-12-31
'2012-12-31'
'010-66202195'
'今天是个好天气。他说："出去走走吧"。'
```

7.2.2　变量

与常量相反，在程序运行过程中变量的值可以改变。变量由变量名与变量值组成，其类型与常量一样，但变量名不能与 SQL Server 2008 的系统关键字相同。按照变量的有效作用域可以分为全局变量和局部变量。

1. 全局变量

全局变量在所有程序中都有效，是由 SQL Server 系统自身提供并赋值的变量，并且用户不能自定义系统全局变量，也不能手工修改系统全局变量的值。

SQL Server 的全局变量分为两类。

- 与当前 SQL Server 连接有关的全局变量和与当前处理有关的全局变量。例如，@@Rowcount 表示最近一个语句影响的行数；@@error 保存最近执行操作的错误状态。
- 与整个 SQL Server 系统有关的全局变量。例如，@@version 表示 SQL Server 的版本信息。

表 7-2 列出了 SQL Server 中最常用的全局变量及其含义说明。

表 7-2　常用的全局变量及其含义

全局变量名称	含　义
@@CONNECTIONS	返回 SQL Server 启动后，所接受的连接或试图连接的次数
@@CURSOR ROWS	返回游标打开后，游标中的行数
@@ERROR	返回上次执行 SQL 语句产生的错误数

续表

全局变量名称	含 义
@@LANGUAGE	返回当前使用的语言名称
@@OPTION	返回当前 SET 选项信息
@@PROCID	返回当前的存储过程标识符
@@ROWCOUNT	返回上一个语句所处理的行数
@@SERVERNAME	返回运行 SQL Server 的本地服务器名称
@@SERVICENAME	返回 SQL Server 运行时的注册名称
@@VERSION	返回当前 SQL Server 服务器的日期、版本和处理器类型

【示例1】

使用表 7-2 列出的全局变量显示当前 SQL Server 2008 的服务器名称、语言以及版本,语句如下:

```
SELECT @@SERVERNAME '服务器名称',@@LANGUAGE '语言',@@VERSION '版本'
```

在查询窗口中执行上述语句,结果如下:

```
服务器名称   语言    版本
------------------------------------------------------------------------
HZKJ      简体中文 Microsoft SQL Server 2008 R2 (RTM) - 10.50.1600.1 (Intel X86) …
```

2. 局部变量

局部变量可以保存单个特定类型数据值的对象,只在一定范围内起作用。在 Transact-SQL 中声明局部变量需要使用 DECLARE 语句,语法如下:

```
DECLARE
{
{{ @local_variable [AS] data_type } | [ = value ] }
   | { @cursor_variable_name CURSOR }
} [,…n]
   | { @table_variable_name [AS] <table_type_definition> }
```

语法说明如下。

- @local_variable:变量的名称。变量名必须以 "@" 开头。
- data_type:变量的数据类型,可以是系统提供的或用户定义的数据类型,但不能是 text、ntext 或 image 数据类型。
- value:以内联方式为变量赋值。值可以是常量或表达式,但它必须与变量声明的数据类型匹配,或者可隐式转换为该类型。
- @cursor_variable_name:游标变量的名称。
- CURSOR:指定变量是局部游标变量。
- n:表示可以指定多个变量并对变量赋值的占位符。但声明表数据类型变量时,表数据类型变量必须是 DECLARE 语句中声明的唯一变量。
- @table_variable_name:表数据类型变量的名称。

- table_type_definition：定义表数据类型。

例如，要声明一个用于保存身份证号码的变量，可用如下语句：

```
DECLARE @creditID char(18)
```

上面语句执行后将声明一个名称为@creditID 的变量，变量数据类型是 char，长度是 18。

【示例 2】

使用 DECLARE 语句还可以同时声明多个变量。例如，要声明变量表示产品编号、产品名称和生产日期，语句如下：

```
DECLARE @id int , @name varchar(20) , @pubdate datetime
```

上面声明了 4 个变量：int 类型的@id 变量(产品编号)、varchar(20)类型的@name 变量(名称)、datetime 类型的@Pubdate 变量(生产日期)。

声明变量之后如果不赋值，则没有实际意义。为变量赋值可以在声明时进行，也可以在声明后使用 SET 语句或 SELECT 语句完成。赋值的语法形式如下：

```
SET @local_variable = expression
SELECT @local_variable = expression [, …n]
```

其中，@local_variable 不能作为 cursor、text、ntext、image 或 table 类型变量的名称；expression 则表示任何有效的表达式。

一个 SELECT 语句可以同时为多个变量赋值，变量之间用逗号分隔。SELECT 语句的 expression 返回多个值时，则将返回的最后一个值赋给变量。

【示例 3】

使用 SET 和 SELECT 语句为前面声明的变量赋值，如下：

```
DECLARE @id int=1120
DECLARE @name varchar(20), Pubdate datetime
SET @ name='心相印纸巾'
SELECT @pubdate='2013-05-11'
SELECT @id '产品编号',@name '名称', @pubdate '生产日期'
```

由于局部变量只在一个程序块内有效，所以为变量赋值的语句应该与声明变量的语句一起执行。运行结果如图 7-1 所示。

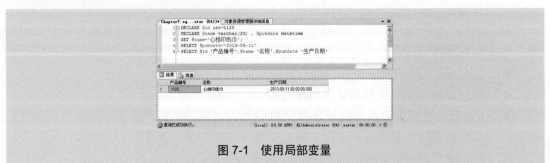

图 7-1 使用局部变量

7.2.3 注释

当编写的语句过长或复杂时，可以适当添加注释来说明语句的含义，从而增强可读性。

在 SQL Server 2008 数据库系统中，支持两种形式的程序注释语句。一种是使用"/*"和"*/"括起来的可以书写多行的注释语句。另一种是使用两个短线"--"表示的只能书写一行的注释语句。

【示例 4】

例如，在下面所列出的语句中使用了这两种注释方式，而且不影响语句执行：

```
--打开 HotelManagementSys 数据库
USE HotelManagementSys
DECLARE @n int  --声明一个变量@n，类型为 int
/*
对变量@n 赋值 2013
然后输出该变量@n 的值
*/
SET @n = 2013
SELECT @n
```

执行后结果集如图 7-2 所示，从结果集中可以看出注释语句对查询语句没有影响。

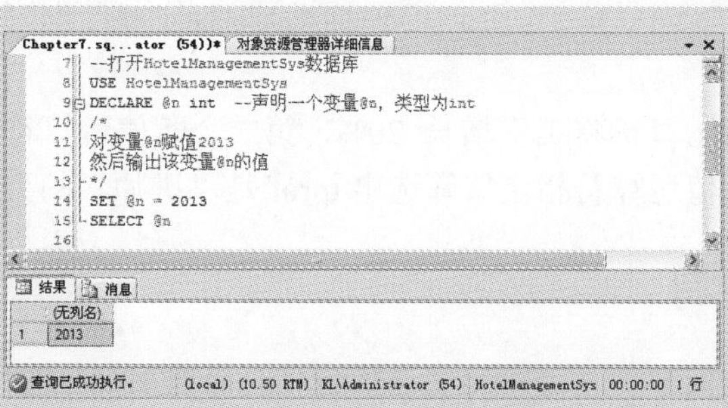

图 7-2　使用注释语句

7.3　运　算　符

运算符是一种特殊的符号，用于指定在一个或者多个表达式中执行的计算操作。例如，连接两个数字类型的变量，将一个日期变量与字符变量相加或者进行比较，等等。

T-SQL 语言中的运算符主要分为赋值运算符、算术运算符、字符串连接运算符、比较运算符、逻辑运算符、一元运算符位和运算符。

7.3.1 赋值运算符

T-SQL 语言中的赋值运算符只有等号(=)一个。赋值运算符有两个主要的用途：用于将

表达式的值赋值给一个变量，或者在列标题和定义列值的表达式之间建立关系。

【示例5】

编写一个程序计算长方形的面积，其中宽和高需要在程序内指定，实现语句如下：

```
DECLARE @width int,@height int,@result int=0
SET @width=24
SET @height=5
SET @result=@width*@height
SELECT @width '宽',@height '高',@result '结果'
```

上面声明了三个变量@width、@height 和@result，然后使用 SET 语句为@width 和@height 变量赋值时使用了赋值运算符。第 4 行语句将@width 和@height 的乘积赋给@result 变量。输出结果如下：

```
宽              高              结果
-----------------------------------------------------------
24             5              120
```

【示例6】

赋值运算符还可以直接使用在 SELECT 语句中为列指定值、更改列的值，或者指定查询条件。例如，下面的语句：

```
SELECT tno '编号',tname '姓名',tpay=tpay*1.2, '是否退休'='否'
FROM teacher WHERE tprof='讲师'
```

上面的第一个赋值运算符将工资增长 20%，第二个赋值运算符指定"是否退休"列的值为"否"，第三个赋值运算符指定仅筛选出 tprof 是"讲师"的列。

7.3.2 算术运算符

算术运算符用于对两个表达式进行数学运算，一般得到的结果是数值型。表 7-3 列出了 T-SQL 语言中的算术运算符。

表 7-3 算术运算符

运算符	含 义
+	加法运算
−	减法运算
*	乘法运算
/	除法运算，如果两个表达式的值都是整数，那么结果只取整数部分，小数部分将忽略
%	取模运算，返回两数相除后的余数

加(+)和减(−)运算符也可用于对 datatime 及 samlldatatime 值执行算术运算。而取模运算符(求余运算)返回一个除法的余数。例如，33%10=3，这是因为 33 除以 10，余数为 3。

【示例 7】

编写一个程序对两个整数使用算术运算符并输出结果。

```
DECLARE @number1 int=20,@number2 int=6
SELECT '加'=@number1+@number2,'减'=@number1-@number2,
       '乘'=@number1*@number2,'除'=@number1/@number2,'余'=@number1%@number2
```

执行后的输出结果如下：

```
加        减        乘        除      余
-------------------------------------------------------------
26       14        120       3       2
```

【示例 8】

RoomState 表的 Atime 列中保存了房间的入住日期，利用当前的日期与入住日期相减可以得出房间住宿的天数。具体语句如下：

```
SELECT rno '房间编号',Gno '顾客编号',Atime '入住日期',day(GETDATE()-Atime)
as '天数'
FROM RoomState
```

执行后的输出结果如下：

```
房间编号    顾客编号     入住日期                  天数
-------    --------    ---------------------    -----------
R101       G001        2012-07-01 00:00:00.000  8
```

7.3.3 字符串连接运算符

字符串连接运算符用于连接字符串，SQL Server 中的字符串连接运算符是加号(+)。除了字符串连接操作以外，其他所有的字符串操作都使用字符串函数(如 SUBSTRING 函数)进行处理。

连接的两个表达式必须具有相同的数据类型，或者其中一个表达式必须能够隐式转换为另一表达式的数据类型。若要连接两个数值，这两个数值都必须显式转换为某种字符串数据类型。

例如，下面的语句声明了一个字符串变量，使其与一个字符串常量连接。

```
DECLARE @str char(6)
SET @str='Hello'
SELECT @str+'world',@str+''+'world'
```

输出结果为 Hello world Hello world。

下面使用连接运算符将 course 表的 cno 和 cname 组合成字符串作为一列。

```
SELECT cno+cname '组合字符串' FROM course
```

> **注意**：默认情况下，在连接 varchar、char 或 text 数据类型的数据时，空的字符串被解释为空字符串，如'a' + '' + 'b'的结果为'ab'。但是，如果兼容级别设置为65，则空的字符串将作为单个空白字符处理，此时'a' + '' + 'b'的结果为'a b'。

7.3.4 比较运算符

比较运算符，顾名思义就是比较两个数值的大小，比较完成之后，返回的值为布尔值。比较表达式通常作为控制语句的判断条件。

SQL Server 2008 中的比较运算符如表 7-4 所示，可用于除 text、ntext 或 image 数据类型以外的所有表达式。

表 7-4 比较运算符

比较运算符	含　义
= (等于)	A = B，判断两个表达式 A 和 B 是否相等。如果相等，则返回 TRUE；否则返回 FALSE
> (大于)	A > B，判断表达式 A 的值是否大于表达式 B 的值。如果大于，则返回 TRUE；否则返回 FALSE
< (小于)	A < B，判断表达式 A 的值是否小于表达式 B 的值。如果小于，则返回 TRUE；否则返回 FALSE
>= (大于等于)	A >= B，判断表达式 A 的值是否大于等于表达式 B 的值。如果大于等于，则返回 TRUE；否则返回 FALSE
<= (小于等于)	A <= B，判断表达式 A 的值是否小于等于表达式 B 的值。如果小于等于，则返回 TRUE；否则返回 FALSE
<> (不等于)	A <> B，判断表达式 A 的值是否不等于表达式 B 的值。如果不等于，则返回 TRUE；否则返回 FALSE
!= (不等于)	A != B，非 ISO 标准
!< (不小于)	A !< B，非 ISO 标准
!> (不大于)	A !> B，非 ISO 标准

【示例9】

从 Guest 表中查询出性别为"男"的顾客编号、姓名、性别和折扣。语句如下：

```
SELECT Gno '顾客编号',Gname '姓名',Gsex '性别',Discount '折扣'
FROM Guest WHERE Gsex='男'
```

执行结果如下：

```
顾客编号       姓名        性别      折扣
----------   ---------   --------  --------
G001         祝红涛       男        0.8
G003         张强         男        0.8
```

| G004 | 贺宁 | 男 | 0.8 |

由于性别只有"男"和"女"两个值，因此上面的语句也可以写成如下形式：

```
SELECT Gno '顾客编号',Gname '姓名',Gsex '性别',Discount '折扣'
FROM Guest WHERE Gsex=<>'女'
```

【示例 10】

从 Guest 表中查询出折扣大于 0.8 的顾客编号、姓名、性别和折扣。语句如下：

```
SELECT Gno '顾客编号',Gname '姓名',Gsex '性别',Discount '折扣'
FROM Guest WHERE Discount>0.8
```

执行结果如下。

顾客编号	姓名	性别	折扣
G005	陈静	女	1

7.3.5 逻辑运算符

逻辑运算符是指对某些条件进行测试，并返回最终结果。与比较运算符相同，逻辑运算符的返回值为 TRUE(真)或 FALSE(假)。表 7-5 列出了 SQL Server 2008 支持的逻辑运算符。

表 7-5 逻辑运算符

运 算 符	含 义
ALL	如果一组的比较都为 TRUE，那么就为 TRUE
AND	如果两个布尔表达式都为 TRUE，那么就为 TRUE
ANY	如果一组的比较中任何一个为 TRUE，那么就为 TRUE
BETWEEN	如果操作数在某个范围之内，那么就为 TRUE
EXISTS	如果子查询包含一些行，那么就为 TRUE
IN	如果操作数等于表达式列表中的一个，那么就为 TRUE
LIKE	如果操作数与一种模式相匹配，那么就为 TRUE
NOT	对任何其他布尔运算符的值取反
OR	如果两个布尔表达式中的一个为 TRUE，那么就为 TRUE
SOME	如果在一组比较中，有些为 TRUE，那么就为 TRUE

【示例 11】

例如，要查询出 1 楼中价格小于 298 的房间信息，语句如下：

```
SELECT Rno '房间编号',Rtype '房间类型',Rprice '价格',Rfloor '楼层',Toward '朝向'
FROM RoomInfo
WHERE rfloor=1 and rprice<298
```

在这里使用了一个 AND 运算符表示并列条件，即同时满足两个条件的数据被显示出来。

【示例 12】

例如，要查询出 G001 编号顾客的消费清单或者消费数量大于 2 的消费清单，语句如下：

```
SELECT * FROM ConsumeList
WHERE Gno='G001'
OR Amount>2
```

上述语句使用 OR 运算符使满足任何一个条件的数据都被返回。

7.3.6 一元运算符

一元运算符仅能对一个表达式执行操作，SQL Server 2008 提供的一元操作符有 +(正)、–(负)和~(位反)。其中，+(正)、–(负)运算符可用于数字数据类型中的任一数据类型的表达式，而~(位反)运算符只能用于整数数据类型类别中任一数据类型的表达式。

【示例 13】

例如，声明一个变量@Num，然后对该变量赋值，最后对变量执行取正操作，语句如下：

```
DECLARE @Num float
SET @Num=-250.14
SELECT -@Num
```

上述语句在变量@Num 前加上"–"(负)号对变量取正，执行后输出"250.14"。

如果需要对一个整数取反，则可以使用运算符"~"。例如，声明一个变量@Mynum，然后对该变量赋值，最后对变量执行取反操作，语句如下：

```
DECLARE @Mynum int
SET @Mynum=254
SELECT ~(@Mynum)
```

执行后输出"–255"。

7.3.7 位运算符

位运算符用于对两个表达式执行位操作，这两个表达式可以是整数或二进制字符串数据类型(image 数据类型除外)，但两个操作数不能同时是二进制字符串数据类型。

SQL Server 2008 中的位运算符如表 7-6 所示。

表 7-6　位运算符

位运算符	含　义
&(位与)	位与逻辑运算。从两个表达式中取对应的位，当且仅当两个表达式中的对应位的值都为 1 时，结果中的位才为 1；否则，结果中的位为 0

续表

位运算符	含 义
|(位或)	位或逻辑运算。从两个表达式中取对应的位,如果两个表达式中的对应位只要有一个位的值为 1,结果的位就被设置为 1;两个位的值都为 0 时,结果中的位才被设置为 0
^(位异或)	位异或运算。从两个表达式中取对应的位,如果两个表达式中的对应位只有一个位的值为 1,结果中的位就被设置为 1;而当两个位的值都为 0 或 1 时,结果中的位被设置为 0

【示例 14】

使用表 7-6 的位运算符对 2012 和 2010 进行计算,语句如下:

```
DECLARE @num1 int,@num2 int,@num3 int
SET @num1=2012&2010
SET @num2=2012|2010
SET @num3=2012^2010
SELECT @num1 AS '2012 & 2010' ,@num2 AS '2012 | 2010' ,@num3 AS '2012 ^
2010'
```

上述语句查询 2012 与 2010 的各种位运算结果。当对整型数据进行位运算时,整型数据会首先被转换为二进制数据,然后再对二进制数据进行位运算。2012 与 2010 对应的二进制数据分别为 11111011100(2012)和 11111011010(2010)。

语句的执行结果如下:

```
2012 & 2010   2012 | 2010   2012 ^ 2010
-------------------------------------------------------------
2008          2014          6
```

7.3.8 运算符优先级

当一个复杂的表达式有多个运算符时,运算符优先级用于指定执行运算的先后顺序。例如,表达式"1+2*3"的结果是 7,而不是 9。因为乘号(*)的优先级比加号(+)高。也可以用括号来强制改变优先级,如"(1+2) * 3"的值为 9。如果运算符优先级相同,则从左到右进行运算。

SQL Server 2008 中的运算符优先级如表 7-7 所示,在一个表达式中按先高后低的顺序进行运算(即数字越小其优先级越高)。

表 7-7 运算符优先级

优 先 级	运 算 符
1	~(位非)
2	*(乘)、/(除)、%(取模)
3	+(正)、-(负)、+(加)、(+ 连接)、-(减)、&(位与)
4	=、>、<、>=、<=、<>、!=、!>、!<(比较运算符)

续表

优 先 级	运 算 符
5	^(位异或)、|(位或)
6	NOT
7	AND
8	ALL、ANY、BETWEEN、IN、LIKE、OR、SOME
9	=(赋值)

当一个表达式中的两个运算符有相同的运算符优先级别时，将按照它们在表达式中的位置顺序执行，一元运算符按从右向左的顺序运算，二元运算符按从左到右进行求值。

例如，声明一个变量将一个表达式赋值给该变量，语句如下：

```
DECLARE @MyNumber int
SET @MyNumber = 2 * 4 /3+ 5
SELECT @MyNumber
```

在上述语句中，首先定义一个变量，然后对该变量赋值，在表达式中按照优先级先执行"*"再执行"/"最后执行"+"运算，执行的结果为7。

如果表达式中带有括号，则括号中的表达式优先级最高，所以应先对括号中的内容进行求值，从而产生一个值，然后括号外的运算符才可以使用这个值。如果括号内嵌套括号，则应先对最里层的括号求值，然后次层括号的运算符才可以使用该值，依次类推。

例如，声明一个变量，将一个表达式赋予该变量，语句如下：

```
DECLARE @Num int
SET @Num= 2 * (4 + (5 - 3))/2
SELECT @Num
```

在上述语句中，对于表达式应先执行内部括号中的内容，然后次层括号的运算符使用该值，最后分别执行"*"与"/"运算，执行后的结果为6。

7.4 流 程 语 句

T-SQL 语言除了包含传统编程语言中的常量、变量和运算符之外，还提供了一些对程序执行流程进行控制的语句，本节将进行详细介绍。

7.4.1 语句块

使用 BEGIN END 语句块可以将语句块中的 T-SQL 语句作为一个语句组来执行。
BEGIN END 语句块的语法如下：

```
BEGIN
{
    sql_statement | statement_block
}
END
```

语法说明如下。

- BEGIN：起始关键字，定义 T-SQL 语句块的起始位置。
- sql_statement：任何有效的 T-SQL 语句。
- statement_block：任何有效的 T-SQL 语句块。
- END：结束关键字，定义 T-SQL 语句块的结束位置。

【示例 15】

从 HotelManagementSys 数据库中查询价格在某个范围之内的物品信息，具体语句如下：

```
USE HotelManagementSys
GO
BEGIN
    DECLARE @MinPrice int,@MaxPrice int
    SET @MinPrice=20
    SELECT @MaxPrice=30
    SELECT * FROM Atariff
    WHERE Atprice BETWEEN @MinPrice AND @MaxPrice
END
```

上面使用的 BEGIN 和 END 语句块中包含了 5 条语句，它们将作为一个语句块进行处理。

7.4.2　条件语句

IF 语句是 T-SQL 语言中最简单的分支语句，它为分支代码的执行提供了一种便利的方法。IF 语句的最简单格式构成了单分支结构，此时表示"如果满足某种条件，就进行某种处理"。例如，如果到 18:30 点就下班，如果明天不下雨就去逛街等等。

IF 语句的语法格式如下：

```
IF boolean_expression
    { sql_statement | statement_block }
[ ELSE
    { sql_statement | statement_block } ]
```

语法说明如下。

- boolean_expression：布尔表达式，返回 TRUE 或 FALSE。如果布尔表达式中含有 SELECT 语句，则必须用括号将 SELECT 语句括起来。
- sql_statement：任何有效的 T-SQL 语句。
- statement_block：任何有效的 T-SQL 语句块。

【示例 16】

例如，要实现测试一个学生成绩是否及格的功能，就要使用 IF ELSE 语句。如果一个学生的成绩大于或者等于 90 分，表示学生成绩优秀就输出"你真棒"，实现该功能的代

码如下：

```
DECLARE @score int
SET @score = 91
IF @score >= 90
    SELECT '你真棒' AS '成绩结果'
```

上述语句在@score 变量中保存了学生成绩 91。然后在 IF 语句中使用大于等于运算符判断成绩是否大于或者等于 90，如果满足这个条件则执行输出提示，如图 7-3 所示。

【示例 17】

ELSE 子句在不满足 IF 语句指定的条件时执行。下面对实示例 16 进行扩展，在不满足条件时输出"加油哦"。

```
DECLARE @score int
SET @score = 89

IF @score >= 90
    SELECT '你真棒' AS '成绩结果'
ELSE
    SELECT '加油哦' AS '成绩结果'
```

现在执行将看到图 7-4 所示的输出结果。

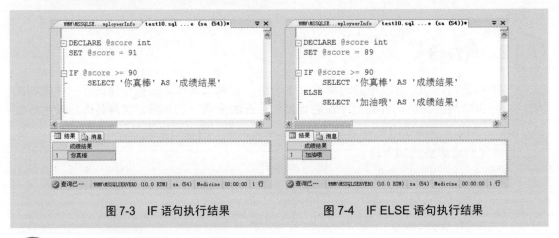

图 7-3　IF 语句执行结果　　　　　图 7-4　IF ELSE 语句执行结果

7.4.3　分支语句

CASE 分支语句用于计算条件列表并返回多个可能结果表达式中的一个。CASE 语句可以分为两种形式：简单 CASE 语句和搜索 CASE 语句。

1. 简单 CASE 语句

简单 CASE 语句用于将某个表达式的值与一组简单表达式进行比较以确定结果。其语法如下：

```
CASE input_expression
    WHEN when_expression THEN result_expression
```

```
    [ ...n ]
    [
        ELSE else_result_expression
    ]
END
```

语法说明如下。

- input_expression：要计算的表达式或值。
- when_expression：要与 input_expression 进行比较的表达式或值。
- result_expression：当 input_expression 和 when_expression 这两个表达式相匹配的时候返回的表达式。
- n：表明可以使用多个 WHEN when_expression THEN result_expression 子句。
- else_result_expression：当 input_expression 不能与任何一个 when_expression 匹配时返回的表达式。

简单 CASE 语句的执行步骤如下。

步骤01 计算 input_expression，然后按代码顺序与每个 WHEN 子句的 when_expression 进行计算。

步骤02 返回 input_expression 与 when_expression 匹配的第一个 result_expression。

步骤03 如果 input_expression 与 when_expression 没有匹配项，则返回 ELSE 子句中的表达式结果。

【示例 18】

例如，可以使用 CASE 语句实现查询学生成绩评级标准的功能，代码如下：

```
DECLARE @grade varchar
SET @grade = 'A'

SELECT CASE @grade
    WHEN 'A' THEN '成绩在 90 到 100 之间'
    WHEN 'B' THEN '成绩在 80 到 89 之间'
    WHEN 'C' THEN '成绩在 70 到 79 之间'
    WHEN 'D' THEN '成绩在 60 到 69 之间'
    WHEN 'E' THEN '成绩在 0 到 59 之间'
    ELSE '输入错误'
END
```

在 SQL 编辑器中执行以后，结果如图 7-5 所示。

2. 搜索 CASE 语句

搜索 CASE 语句用于计算一组布尔表达式以确定结果。其语法如下：

```
CASE
    WHEN boolean_expression THEN result_expression
    [ ...n ]
    [
        ELSE else_result_expression
```

```
        ]
END
```

语法说明如下。

- boolean_expression：要计算的布尔表达式。
- result_expression：当 boolean_expression 表达式的结果为 TRUE 时执行的表达式。

搜索 CASE 函数的结果取值步骤如下。

步骤01 按代码顺序对每个 WHEN 子句的 boolean_expression 进行计算。

步骤02 返回 boolean_expression 的第一个计算结果为 TRUE 的 result_expression。

步骤03 如果所有的 boolean_expression 计算结果都不为 TRUE，并且指定了 ELSE 子句，返回 else_result_expression；如果没有指定 ELSE 子句，返回 NULL。

【示例 19】

例如，可以使用搜索 CASE 语句实现学生成绩评级的功能，代码如下：

```
DECLARE @score int
SET @score = 72

SELECT CASE
    WHEN @score >= 90 THEN 'A'
    WHEN @score >= 80 THEN 'B'
    WHEN @score >= 70 THEN 'C'
    WHEN @score >= 60 THEN 'D'
    ELSE 'E'
END AS '级别'
```

在 SQL 编辑器中执行以后，结果如图 7-6 所示。

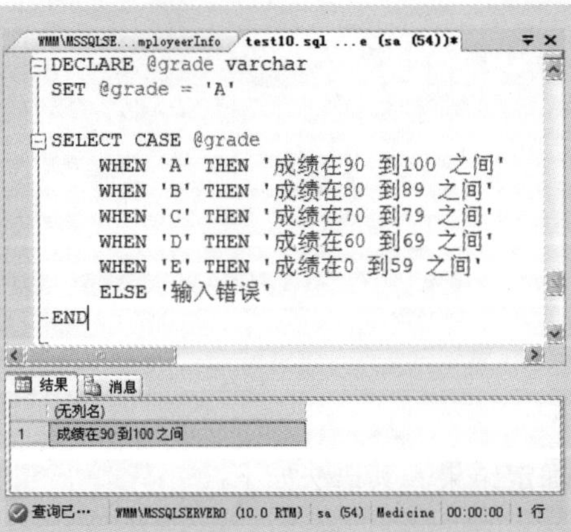

图 7-5 简单 CASE 语句执行结果

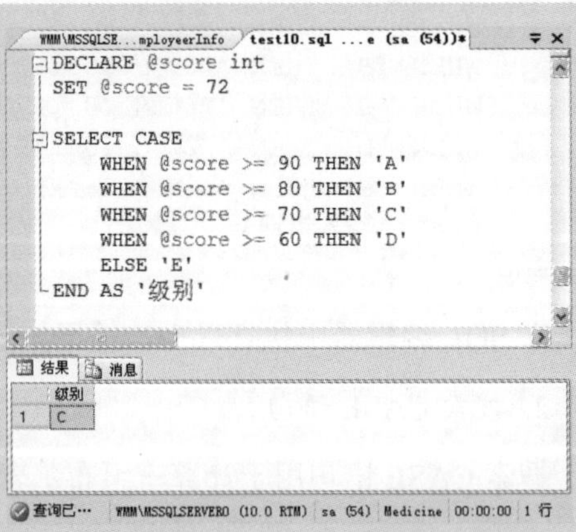

图 7-6 搜索 CASE 语句执行结果

7.4.4 循环语句

WHILE 语句可用来实现根据条件循环执行指定语句(或语块)的业务逻辑。只要指定的条件为真，就再次执行语句(或语句块)。

在使用 WHILE 执行循环操作时，可以在循环内部使用 BREAK 或 CONTINUE 关键字，控制 WHILE 循环语句的跳过或跳出逻辑。

WHILE 循环语句的语法如下：

```
WHILE boolean_expression
    { sql_statement | statement_block }
    [ BREAK ]
    { sql_statement | statement_block }
    [ CONTINUE ]
    { sql_statement | statement_block }
```

语法说明如下。

- boolean_expression：布尔表达式，其值为 TRUE 或 FALSE。
- sql_statement | statement_block：任何有效的 T-SQL 语句或语句块。
- BREAK：从最内层的 WHILE 循环中退出。将执行出现在 END 关键字后面的任何语句。如果嵌套了两个或多个 WHILE 循环，则内层的 BREAK 将退出到下一个外层循环。
- CONTINUE：使 WHILE 循环重新开始执行，忽略 CONTINUE 关键字后面的任何语句。

【示例 20】

假设要输出从 1～12 之间的数，使用 WHILE 循环语句的实现代码如下：

```
--声明一个变量表示循环初始值
DECLARE @number int=1
--判断是否满足循环条件，即小于等于 12
WHILE @number<=12
BEGIN                            --开始循环
    SELECT @number               --输出当前的数字
    SET @number = @number + 1    --将数字增加 1
END                              --结束循环
```

【示例 21】

假设要利用 WHILE 循环求 1+2+3+…+100 的和，语句如下：

```
DECLARE @sum int,@i int
SET @sum=0
SET @i=1
WHILE @i<=100
begin
    SET @sum=@sum+@i
    SET @i=@i+1
```

```
end
SELECT @sum as '结果'
```

在上述语句中首先定义两个变量@sum 与@i，然后分别对这两个变量赋值。在 WHILE 语句块中，利用循环对@sum 进行赋值，从而计算出最终结果，执行后结果为 "5050"，如图 7-7 所示。

```
WMM\MSSQLSE...mployeerInfo  test10.sql ...e (sa (54))*  SQLQuery1.s...er (sa (53))
DECLARE @sum int,@i int
 SET @sum=0
 SET @i=1
WHILE @i<=100
begin
        SET @sum=@sum+@i
        SET @i=@i+1
end
SELECT @sum as '结果'
```

	结果
1	5050

查询已成功执行。   WMM\MSSQLSERVER0 (10.0 RTM) | sa (54) | Medicine | 00:00:00 | 1 行

图 7-7 累加执行结果

7.4.5 错误处理语句

TRY…CATCH 语句用于对 T-SQL 代码实现错误处理的功能。T-SQL 语句组可以包含在 TRY 块中，如果 TRY 块内部发生错误，则系统会将控制权传递给 CATCH 块中包含的语句组。

TRY…CATCH 错误处理语句的语法如下：

```
BEGIN TRY
    { sql_statement | statement_block }
END TRY
BEGIN CATCH
    [ { sql_statement | statement_block } ]
END CATCH
```

其中，sql_statement | statement_block 表示任何有效的 T-SQL 语句或语句块。语句块应使用 BEGIN…END 来定义。

使用 TRY…CATCH 错误处理语句应注意以下几点。

● TRY 块后必须紧跟相关联的 CATCH 块。在 END TRY 和 BEGIN CATCH 语句之间不能有任何语句，否则将出现语法错误。

● TRY…CATCH 语句不能跨越多个批处理。TRY…CATCH 语句不能跨越多个 T-SQL 语句块。例如，TRY…CATCH 语句不能跨越 T-SQL 语句的两个 BEGIN… END 块，且不能跨越 IF…ELSE 语句。

● 如果 TRY 块所包含的代码中没有错误，则当 TRY 块中最后一条语句完成运行

时，会将控制传递给紧跟在相关联的 END CATCH 语句之后的语句。

- 当 CATCH 块中的代码完成时，会将控制权传递给紧跟在 END CATCH 语句之后的语句。
- TRY…CATCH 语句可以嵌套。TRY 块和 CATCH 块均可包含嵌套的 TRY…CATCH 语句。例如，CATCH 块可以包含内嵌的 TRY…CATCH 语句，以处理 CATCH 代码所遇到的错误。

> **提示：** 处理 CATCH 块中遇到的错误的方法与处理任何其他位置生成的错误一样。如果 CATCH 块包含嵌套的 TRY…CATCH 语句，则嵌套的 TRY 块中的任何错误都会将控制传递给嵌套的 CATCH 块。如果没有嵌套的 TRY…CATCH 语句，则会将错误传递回调用方。

下面的代码演示了如何使用 TRY CATCH 语句处理错误。

```
BEGIN TRY
SELECT 10/0 AS '结果'
END TRY
BEGIN CATCH
SELECT  ERROR_NUMBER() AS '错误编码',ERROR_MESSAGE() AS '错误信息'
END CATCH
```

7.4.6 其他语句

除了前面介绍的几种控制语句以外，T-SQL 中还有 BREAK 语句、CONTINUE 语句、WAITFOR 语句和 GOTO 语句等。

1. BREAK 语句

BREAK 语句只能用在 WHILE 语句块内，表示强制从当前的语句块退出，执行语句块后面的语句。

【示例 22】

例如下面代码从 1 开始累加，当结果大于 153 时停止。

```
DECLARE @sum int=0,@i int=1
WHILE @i<=100
BEGIN
    SET @sum=@sum+@i
    IF @sum>153 BREAK          --如果当前的累加结果大于 153 则使用 BREAK 语句退出循环
    SET @i=@i+1
END
SELECT @sum as '结果'
```

2. CONTINUE 语句

CONTINUE 语句将重新开始一个 WHILE 循环，在 CONTINUE 之后的任何语句都将被忽略。通常会使用 IF 在满足某个条件时使用 CONTINUE 语句。

3. WAITFOR 语句

WAITFOR 语句用于在达到指定时间或时间间隔之前，或者指定语句至少修改或返回之前，阻止(延迟)执行批处理、存储过程或事务。

WAITFOR 延迟语句的语法如下：

```
WAITFOR
{
    DELAY 'time_to_pass'
    | TIME 'time_to_execute'
    | [ ( receive_statement ) | ( get_conversation_group_statement ) ]
    [ , TIMEOUT timeout ]
}
```

语法说明如下。

- DELAY：指定可以继续执行批处理、存储过程或事务之前必须经过的指定时段，最长可为 24 小时。
- time_to_pass：表示要等待的时段。可以使用 datetime 数据可接受的格式之一指定 time_to_pass，也可以将其指定为局部变量，但是不能指定日期。
- TIME：指定运行批处理、存储过程或事务的时间。
- time_to_execute：表示 WAITFOR 语句完成的时间。
- receive_statement：有效的 RECEIVE 语句。
- get_conversation_group_statement：有效的 GET CONVERSATION GROUP 语句。
- TIMEOUT timeout：指定消息到达队列前等待的时间(以毫秒为单位)。

【示例 23】

使用 WAITFOR 语句延迟 10 分钟再执行存储过程 sp_helpdb。

```
BEGIN
    WAITFOR DELAY '00:10';
    EXECUTE sp_helpdb;
END;
```

使用 WAITFOR 语句的 TIME 选项指定到晚上 11 点执行对 Medicine 数据库的收缩。

```
BEGIN
    WAITFOR TIME '23:00'
    DBCC SHRINKDATABASE (Medicine)
END
```

4. GOTO 语句

GOTO 跳转语句用于将执行流更改到标签处，也就是跳过 GOTO 后面的 T-SQL 语句，并从标签位置继续处理。GOTO 语句和标签可以在过程、批处理或语句块中的任何位置使用且可以嵌套使用。

GOTO 跳转语句的语法比较简单，如下：

```
GOTO label
```

其中，label 表示已设置的标签。如果 GOTO 语句指向该标签，则其为处理的起点。标签必须符合标识符规则，并且无论是否使用 GOTO 语句，标签均可作为注释方法使用。

> 提示：使用 GOTO 语句实现跳转会破坏结构化语句的结构，建议尽量不要使用 GOTO 语句。

7.5 实践案例：使用 WHILE 循环输出一个倒三角形

WHILE 语句可以实现循环地执行同一段 T-SQL 语句块的功能。在执行的时候，还可以使用一些变量来控制执行条件和其他一些信息。

本节将使用 WHILE 循环语句在输出窗口中打印出如下的一个倒三角形图案。

```
*****
****
***
**
*
```

要打印的图形是一个平面图形，可以按行和列的顺序依次打印出每个位置上的符号。在本实例中，可以使用两个 WHILE 循环嵌套的方法实现图形的输出，代码如下：

```
DECLARE @x int, @y int, @s varchar(10)
SET @x = 5
SET @y = 1
SET @s = ''
WHILE @x >= 1
BEGIN
    WHILE @y <= @x
    BEGIN
        SET @s = @s + '*'
        SET @y = @y + 1
    END
    IF @y > @x
        SET @y = 1
    SET @x = @x - 1
    PRINT @s
    SET @s = ''
END
```

使用 SQL 编辑器执行该段代码，结果如图 7-8 所示。

图 7-8　打印倒三角形

7.6 游　标

游标类似于 C 语言中的指针结构，是操作结果集的一种常用方式，通过游标可以进行针对结果集的逐行处理。用户可以通过单独对数据进行逐行操作，从而降低系统开销和潜在的阻隔情况。用户也可以使用这些数据生成 SQL 代码并立即执行或输出。

7.6.1 定义游标

SQL Server 2008 中的游标主要包括游标结果集和游标位置两部分，游标结果集是由定义游标的 SELECT 语句返回行的集合，游标位置则是指向这个结果集中的某一行的指针。

在使用游标之前首先要声明游标，定义 Transact-SQL 服务器游标的属性，例如游标的滚动行为和用于生成游标所操作的结果集的查询。声明游标的语法格式如下：

```
DECLARE cursor_name CURSOR
[LOCAL | GLOBAL]
[FORWARD_ONLY | SCROLL]
[STATIC | KEYSET | DYNAMIC | FAST_FORWARD]
[READ_ONLY | SCROLL_LOCKS | OPTIMISTIC]
[TYPE_WARNING]
FOR select_statement
[FOR UPDATE [ OF column_name [ ,...n ] ] ]
```

其中，cursor_name 用于指定游标的名称；LOCAL | GLOBAL 用于指定游标的作用域；FORWARD_ONLY | SCROLL 用于指定游标只能从第一行滚动到最后一行；READ_ONLY 用于指定只能对游标进行只读，禁止更新；select_statement 用于定义游标结果集的标准 SELCET 语句；FOR UPDATE [OF column_name [,...n]]用于定义游标可更新的列。

例如，在 HotelManagementSys 数据库中为 Guest 表定义一个游标，语句如下：

```
DECLARE cur_Guest CURSOR
FOR
SELECT * FROM Guest
```

7.6.2 打开游标

在使用游标之前必须首先打开游标，打开游标的语法如下：

```
OPEN { { [ GLOBAL ] cursor_name } | cursor_variable_name }
```

如果正在引用由 GLOBAL 关键字声明的游标，则必须使用 GLOBAL 关键字。可以直接使用游标的名称，也可以使用游标变量的名称。

例如，打开上节定义的游标 cur_Guest，语句如下：

```
OPEN cur_Guest
```

提示：一旦打开了游标，就可以用@@CURSOR_ROWS 全局变量检索游标中的行数。但要注意的是，在某些条件下@@CURSOR_ROWS 并不反映游标中的实际行数。

7.6.3 检索游标

打开游标之后，可以通过 FETCH 语句对游标中的数据进行检索。具体的语法格式如下：

```
FETCH
[ [ NEXT | PRIOR | FIRST | LAST
| ABSOLUTE {n | @nvar }
| RELATIVE {n | @nvar }
]
FROM
]
{{[GLOBAL] cursor_name } | @cursor_variable_name }
[INTO @variable_name [ ,...n ] ]
```

例如，当打开 cur_Guest 游标之后，通过下列语句对游标中的数据进行检索，语句如下：

```
FETCH NEXT FROM cur_Guest
WHILE @@FETCH_STATUS = 0
BEGIN
FETCH NEXT FROM cur_Guest
END
```

上述语句中的@@FETCH_STATUS 全局变量保存的是 FETCH 操作的结束信息。如果为 0，则表示有记录检索成功。如果值不为 0，则 FETCH 语句由于某种原因而操作失败。执行后的结果集如图 7-9 所示。

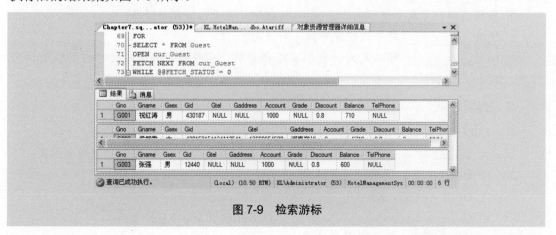

图 7-9 检索游标

7.6.4 关闭与删除游标

在打开游标以后，SQL Server 2008 服务器会专门为游标开辟一定的内存空间存放游标操作的数据结果集，同时游标的使用也会根据具体情况对某些数据进行封锁。所以在不使用游标的时候，一定要关闭游标，以通知服务器释放游标所占用的资源。

关闭游标的具体语法如下：

```
CLOSE {{[GLOBAL] cursor_name } | cursor_variable_name }
```

当检索完 cur_Guest 之后，可以使用下列语句将其关闭：

```
CLOSE cur_Guest
```

由于游标结构本身也会占用一定的计算机资源，所以在使用完游标后，为了回收被游标占用的资源，应该将游标释放。当释放最后的游标引用时，组成该游标的数据结构由 SQL Server 2008 释放。具体语法如下：

```
DEALLOCATE { { [ GLOBAL ] cursor_name } | @cursor_variable_name }
```

释放完游标以后，如果要重新使用这个游标必须重新执行声明游标的语句。最后，释放游标 cur_Guest 的语句如下：

```
DEALLOCATE cur_Guest
```

命令成功执行后，表示已经将 cur_Guest 游标成功删除。

7.7 思考与练习

一、填空题

1. 从功能上来分，T-SQL 语法中的规范主要体现在三个方面，即数据定义语言、数据操纵语言和_____。

2. 声明局部变量需要使用_____关键字，变量以@字符开头。

3. 使用_____符号只能注释掉一行语句。

4. 使用_____可以定义一个 T-SQL 语句块，从而可以将语句块中的 T-SQL 语句作为一组语句来执行。

二、选择题

1. 执行 ""SELECT '111' + 222" 语句，返回结果为_____。
   A. 111222   B. 333   C. 12333   D. 报错，无返回结果

2. 下面关于变量的使用，错误的是_____。
   A. DECLARE @d int=0   B. SET @d=10
   C. SET @a=1,@b=2   D. SELECT @a=1,@b=2

3. 下列运算符中，优先级最高的是_____。
   A. *   B. | C. &   D. OR

4. 假设要删除名为 cursor1 的游标，可以使用语句_____。
   A. delete cursor1　　　　　　　　B. drop cursor cursor1
   C. deallocate cursor1　　　　　　D. remove cursor1
5. 下列描述不属于游标特点的是_____。
   A. 可以返回一个完整的结果集
   B. 可以返回结果集中的一行
   C. 支持对结果集中当前位置的行进行数据修改
   D. 支持事务

三、简答题

1. 如何定义一个字符串常量和字符串变量？
2. 在 Transact-SQL 中使用注释有哪些方法？
3. 在编写复杂表达式时如何更改运算符的优先级？
4. 描述一下 TRY CATCH 语句的执行过程。

7.8　练 一 练

作业：流程语句练习

(1) 根据下面一段程序，想想运行结果是什么？

```
DECLARE @number int
SET @number = 1
WHILE @number < 10
BEGIN
    IF @number = 5
        RETURN
    PRINT @number
    SET @number = @number + 1
END
```

(2) 使用 WHILE 语句和 IF ELSE 语句嵌套，在屏幕上输出一个菱形，效果如下所示：

```
    *
   ***
  *****
   ***
    *
```

(3) 公司要提高员工的薪水，技术部员工薪水上调 10%，服务部员工薪水上调 15%，营销部员工薪水上调 20%，其他部门员工的薪水上调 5%，试使用 CASE 语句对各个员工的薪水做出调整。

第**8**章

T–SQL 高级编程

　　第 7 章中详细介绍了使用 T-SQL 编程所需要掌握的基础知识，本章将讲解 T-SQL 的一些增强功能，例如，调用系统函数、编写自定义函数，以及使用事务和锁确保数据的完整性，这些是每个数据库管理员都必须熟练掌握的技能。

本章重点：

- ➤ 掌握标量值函数和内联式表值函数的使用
- ➤ 熟悉常用数学函数的使用
- ➤ 熟悉常用字符串函数的使用
- ➤ 熟悉常用聚合函数
- ➤ 熟悉数据类型函数
- ➤ 熟悉常用日期和时间函数
- ➤ 理解事务的概念和类型
- ➤ 掌握事务的使用
- ➤ 了解 SQL Server 的锁模式
- ➤ 熟悉查看锁的方法

8.1 系 统 函 数

为了方便用户执行各种统计或处理操作，SQL Server 2008 提供了大量的内置函数，也称为系统函数。这些内置函数覆盖了类型转换、字符串处理、数学计算以及聚合和日期处理等，下面进行详细介绍。

8.1.1 数据类型转换函数

当两个类型不一致的数据进行运算时必须转换为统一的类型。在默认情况下，SQL Server 2008 会对表达式中的类型进行自动转换，也称为隐式转换。如果没有自动执行数据类型的转换，则需要调用数据类型转换函数将一种数据类型的值转换为另一种数据类型，这种转换称为显式转换。

SQL Server 2008 中的类型转换函数有 CAST()和 CONVERT()，使用时需要提供以下信息。

- 要转换的表达式。
- 要将指定的表达式转换为的数据类型，例如 varchar 或其他系统数据类型。

提示：CAST()函数和 CONVERT()函数还可用于获取各种特殊数据格式，并可用于选择列表、WHERE 子句以及允许使用表达式的任何位置中。

CAST()和 CONVERT()函数的语法格式很简单，如下所示：

```
--CAST 函数
CAST ( expression AS data_type [ (length ) ])
--CONVERT 函数
CONVERT ( data_type [ ( length ) ] , expression [ , style ] )
```

其中的参数说明如下。

- expression：任何有效的表达式。
- data_type：目标数据类型，包括 xml、bigint 和 sql_variant。
- length：指定目标数据类型长度的可选整数。默认值为 30。
- style：指定 CONVERT 函数如何转换 expression 的整数表达式。如果样式为 NULL，则返回 NULL。

【示例 1】

例如，当一个字符串和一个浮点类型进行运算时必须进行类型转换，否则将出错。示例代码如下：

```
PRINT '随机数：'+RAND()
```

解决的方法是将浮点转换为字符串，如下是使用 CAST()和 CONVERT()的实现代码：

```
PRINT '使用 CAST()函数'
```

```
PRINT '随机数：'+CAST(RAND() AS char(50))
PRINT '使用 CONVERT()函数'
PRINT '随机数：'+CONVERT(char(50), RAND())
```

运行效果如图 8-1 所示。

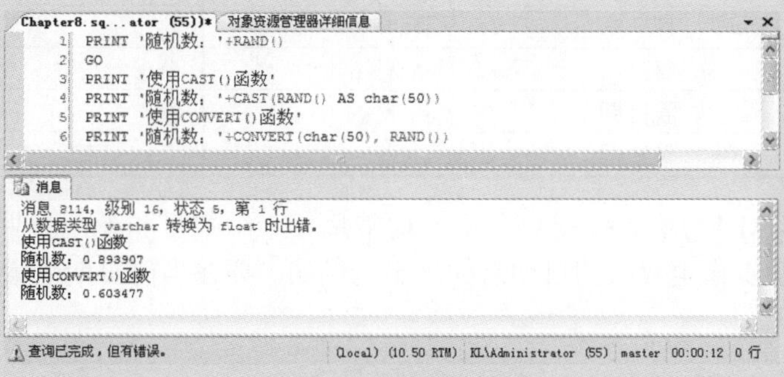

图 8-1 使用类型转换函数

8.1.2 日期时间函数

SQL Server 2008 提供了 9 个日期和时间处理函数，如表 8-1 所示。

表 8-1 日期和时间函数

函 数	含 义
DATEADD()	返回给指定日期加上一个时间间隔后的新 datetime 值
DATEDIFF()	返回跨两个指定日期的日期边界数和时间边界数
DATENAME()	返回表示指定日期的日期部分的字符串
DATEPART()	返回表示指定日期的日期部分的整数
DAY()	返回一个整数，表示指定日期的天部分
GETDATE()	以 SQL Server 2008 标准内部格式返回当前系统日期和时间
GETUTCDATE()	返回表示当前 UTC 时间(通用协调时间或格林尼治标准时间)的 datetime 值。当前的 UTC 时间来自当前的本地时间和运行 SQL Server 2008 实例计算机操作系统中的时区设置
MONTH()	返回表示指定日期的"月"部分的整数
YEAR()	返回表示指定日期的年份的整数

上述日期函数中，DATENAME()、GETDATE()和 GETUTCDATE()具有不确定性，而 DATEPART 除了用作 DATEPART(dw,date)外还具有确定性，其中 dw 是 weekday 的日期部分，取决于设置每周第一天的 SET DATEFIRST 所设置的值。除此之外的上述日期函数都具有确定性。

表 8-1 中的一些函数接受 datepart 常量，该常量指定函数处理日期与时间所使用的时间单位。表 8-2 列出了 datepart 常量可用的时间单位格式。

表 8-2　datepart 常量

值 格 式	含 义	值 格 式	含 义
yy 或 yyyy	年	dy 或 y	年日期(1 到 366)
qq 或 q	季	dd 或 d	日
mm 或 m	月	Hh	时
wk 或 ww	周	mi 或 n	分
dw 或 w	周日期	ss 或 s	秒
ms	毫秒		

例如，DATEADD()函数接受一个年日期常量、一个数量和一个日期作为参数，并返回给指定日期添加上指定数量的日期后的结果。例如，要在当前日期上增加 5 天，可以使用下列语句：

```
DATEADD(d,5,GETDATE())  --返回 5 天后的日期
```

【示例 2】

使用 GETDATE()函数获取当前系统日期时间，并使用 DATEADD()函数获取明天的日期时间，语句如下：

```
SELECT GETDATE() AS '今天' , DATEADD(DAY , 1 , GETDATE()) AS '明天'
```

执行后的输出结果如下：

```
今天                        明天
------------------------------------------------------------------------
2013-09-17 18:03:45.187 2013-09-18 18:03:45.187
```

8.1.3　聚合函数

聚合函数是指对一组值执行计算并返回单个值，通常与 SELECT 语句的 GROUP BY、HAVING 子句一起使用。所有聚合函数均为确定性函数，也就是说只要使用一组特定输入值调用聚合函数，该函数总是返回相同的值。

在 SQL Server 2008 提供的所有聚合函数中，除了 COUNT 函数以外，其他聚合函数都会忽略空值。表 8-3 中列出了一些常用的聚合函数。

表 8-3　常用的聚合函数

函 数	含 义
AVG()	返回组中各值的平均值，如果为空将被忽略
CHECKSUM()	用于生成哈希索引，返回按照表的某一行或一组表达式计算出来的校验和值
CHECKSUM_AGG()	返回组中各值的校验和，如果为空将被忽略
COUNT()	返回组中项值的数量，如果为空也将计数
COUNT_BIG()	返回组中项值的数量。与 COUNT 函数唯一的差别是它们的返回值不同，COUNT_BIG 始终返回 bigint 数据类型值，COUNT 始终返回 int 数据类型值

续表

函　数	含　义
GROUPING()	当行由 CUBE 或 ROLLUP 运算符添加时，该函数将导致附加列的输出值为 1；当行不由 CUBE 或 ROLLUP 运算符添加时，将导致附加列的输出值为 0
MAX()	返回组中值列表的最大值
MIN()	返回组中值列表的最小值
SUM()	返回组中各值的总和
STDEV()	返回指定表达式中所有值的标准偏差
STDEVP()	返回指定表达式中所有值的总体标准偏差
VAR()	返回指定表达式中所有值的方差
VARP()	返回指定表达式中所有值的总体方差

【示例 3】

在 HotelManagementSys 数据库中统计顾客"刘峰"的入住次数。语句如下：

```
SELECT COUNT(*) FROM Guest g JOIN GoAmInfoa ON g.Gno=a.Gno
WHERE Gname='刘峰'
```

上述语句使用 COUNT()函数对 SELECT 查询的结果集进行计数，并返回行数。

【示例 4】

在 HotelManagementSys 数据库中统计顾客"刘峰"的消费总数量。语句如下：

```
SELECT sum(Amount) FROM Guest g JOIN ConsumeList c ON g.Gno=C.Gno
WHERE Gname='刘峰'
```

为了对 Amount 列进行求和计算这里使用了 SUM()函数。

【示例 5】

要从 HotelManagementSys 数据库的物品清单表 RoGoInfo 中找出物品的最高价和最低价，就需要使用 MAX()和 MIN()函数，语句如下：

```
SELECT MAX(Oprice) '最高价',MIN(Oprice) '最低价' FROM RoGoInfo
```

8.1.4 数学函数

SQL Server 2008 提供了 20 多个用于处理整数与浮点值的数学函数，这些数学函数可在 Transact-SQL 的任何位置调用。表 8-4 列出了最常见的数学函数及其含义。

表 8-4　数学函数及其含义

函　数	含　义
ABS()	返回数值表达式的绝对值
EXP()	返回指定表达式中以 e 为底的指数

续表

函 数	含 义
CEILING()	返回大于或等于数值表达式的最小整数
FLOOR()	返回小于或等于数值表达式的最大整数
LN()	返回数值表达式的自然对数
LOG()	返回数值表达式中以 10 为底的对数
POWER()	返回对数值表达式进行幂运算的结果
RAND()	返回一个介于 0 到 1(不包括 0 和 1)之间的伪随机 float 值
ROUND()	返回舍入到指定长度或精度的数值表达式
SIGN()	返回数值表达式的正号(+)、负号(-)或零(0)
SQUARE()	返回数值表达式的平方
SQRT()	返回数值表达式的平方根

【示例 6】

使用表 8-4 中的 ABS()、POWER()、SQUARE()、SQRT()和 ROUND()函数编写一个程序，语句如下：

```
SELECT ABS(-15.687) '绝对值',
POWER(5,3) '5 的 3 次幂',
SQUARE(5) '5 的平方',
SQRT(25) '25 的平方根',
ROUND(12345.34567,2) 精确到小数点后 2 位,
ROUND(12345.34567,-2) 精确到小数点前 2 位
```

执行后的输出结果如下：

```
绝对值    5 的 3 次幂    5 的平方    25 的平方根   精确到小数点后 2 位   精确到小数点前 2 位
--------------------------------------------------------------------------------
15.687    125         25         5           12345.35000        12300.00000
```

【示例 7】

假设要产生一个 0~100000 之间的随机整数，可用如下语句：

```
DECLARE @i int
SET @i=RAND()*100000
SELECT@i '随机数'
```

8.1.5 字符串函数

与数学函数一样，SQL Server 2008 为了方便用户进行字符数据的各种操作和运算提供了功能全面的字符串函数，这些字符串函数都是具有确定性的函数。这意味着每次用一组特定的输入值调用它们时，都返回相同的值。表 8-5 列出了常用的字符串函数及其含义。

表 8-5　字符串函数及其说明

函　　数	含　　义
ASCII()	ASCII 函数，返回字符表达式中最左侧字符的 ASCII 代码值
CHAR()	ASCII 代码转换函数，返回指定 ASCII 代码的字符
LEFT()	从左求子串函数，返回字符串中从左边开始指定个数的字符
LEN()	返回指定字符串表达式的字符(而不是字节)数，其中不包含尾随空格
LOWER()	将大写字符数据转换为小写字符数据后返回字符表达式
LTRIM()	返回删除字符串左边空格之后的字符表达式
REPLACE()	替换函数，用第三个表达式替换第一个字符串表达式中出现的所有第二个指定字符串表达式的匹配项
REPLICATE()	复制函数，以指定的次数重复字符表达式
RIGHT()	从右求子串函数，返回字符串中从右边开始指定个数的字符
RTRIM()	返回删除字符串右边空格之后的字符表达式
SPACE()	空格函数，返回由重复的空格组成的字符串
STR()	数字向字符转换函数，返回由数字数据转换来的字符数据
SUBSTRING()	求子串函数，返回字符表达式、二进制表达式、文本表达式或图像表达式的一部分
UPPER()	将小写字符数据转换为大写字符数据后返回字符表达式

【示例 8】

使用表 8-5 中列出的函数对字符串进行各种操作：

```
DECLARE @strvarchar(20)
SET @str=' Hello world '          --定义原始字符串
SELECT @str '原始字符串', LEN(@str) '长度', LOWER(@str) '转换小写',
UPPER(@str) '转换大写',
   LEFT(@str,3) '左边取前3', RIGHT(@str,3) '右边取前3'
```

在这里使用了 LEN()、LOWER()、UPPER()、LEFT()和 RIGHT()函数，执行后的输出结果如下：

```
原始字符串      长度    转换小写          转换大写        左边取前3      右边取前3
--------------------------------------------------------------------
Hello world   12     hello world   HELLO WORLD   He           ld
```

【示例 9】

下面编写一个案例演示对字符串的复制、替换和截取操作，语句如下：

```
DECLARE @strvarchar(100)
SET @str='A A'
PRINT '字符串原始值=''A A'''
PRINT '长度:'+STR(LEN(@str))
SET @str=REPLICATE(@str,5)
```

```
PRINT '使用 REPLICATE()函数'
PRINT '内容: '''+@str+''''
PRINT '长度: '+STR(LEN(@str))
SET @str=SPACE(5)+@str
PRINT '使用 SPACE()函数'
PRINT '内容: '''+@str+''''
PRINT '长度: '+STR(LEN(@str))
SET @str=REPLACE(@str,'A A','B')
PRINT '使用 REPLACE()函数'
PRINT '内容: '''+@str+''''
PRINT '长度: '+STR(LEN(@str))
SET @str='ABCDE';
PRINT '从第1位开始取3位: '+SUBSTRING(@str, 1, 3)
PRINT '从第3位开始取3位: '+SUBSTRING(@str, 3, 3)
```

在上述语句中同时使用了 STR()、LEN()、REPLICATE()、SPACE()、REPLACE()和SUBSTRING()共 6 个字符串函数。执行后的输出结果如下:

```
字符串原始值='A A'
长度:           3
使用 REPLICATE()函数
内容: 'A AA AAAAAA A'
长度:          15
使用 SPACE()函数
内容: '     A AA AAAAAA A'
长度:          20
使用 REPLACE()函数
内容: '     BBBBB'
长度:          10
从第1位开始取3位: ABC
从第3位开始取3位: CDE
```

8.2 自定义函数

多种类型的 SQL Server 系统函数解决了普通的数据处理问题。但是在特殊情况下，这些系统函数可能满足不了应用的需要。这时，用户可以根据需要来创建自定义函数。下面详细介绍自定义函数的创建、调用以及删除方法。

8.2.1 自定义函数简介

自定义函数可以接受零个或多个输入参数，执行操作并将操作结果以值的形式返回，返回值可以是单个标量值或者结果集。用户自定义函数最多可支持 1024 个参数，但是不支持输出参数。

根据函数返回值多少，可以将函数分为标量函数和表值函数。如果函数返回单个值，则称为标量函数；如果返回一个表，则称为表值函数。

创建用户自定义函数，需要使用 CREATE FUNCTION 语句。创建时函数体内只允许使用如下语句。

- DECLARE 语句：该语句用于定义函数局部变量和游标。
- 除 TRY CATCH 语句之外的流程控制语句。
- SELECT 语句：该语句包含具有函数的局部变量的表达式的选择列表。
- EXECUTE 语句：该语句用于调用存储过程。
- 为函数局部变量赋值的语句，如使用 SET 为标量和表局部变量赋值。可以使用 INSERT、UPDATE、DELETE 语句修改函数内的局部表变量。
- 游标操作：该操作引用在函数中声明、打开、关闭和释放的局部游标。不允许使用 FETCH 语句将数据返回到客户端，仅允许使用 FETCH 语句通过 INTO 子句给局部变量赋值。

同时不能在函数体内执行如下操作。

- 对数据库表的修改。
- 对不在函数上的局部游标进行操作。
- 发送电子邮件。
- 尝试修改目录以及生成返回给用户的结果集。

8.2.2　标量值函数

标量值函数返回一个确定类型的标量值，其返回的值类型为除 text、ntext、image、cursor、timestamp 和 table 类型以外的其他数据类型。

创建标量值函数的语法结构如下：

```
CREATE FUNCTION function_name
([{@parameter_name scalar_parameter_data_type [ = default ]}[,…n]])
RETURNS scalar_return_data_type
[WITH ENCRYPTION]
[AS]
BEGIN
function_body
  RETURN scalar_expression
END
```

上述语法中各参数的含义如下。

- function_name：自定义函数的名称。
- @parameter_name：输入参数名。
- scalar_parameter_data_type：输入参数的数据类型。
- RETURNS scalar_return_data_type：该子句定义了函数返回值的数据类型，该数据类型不能是 text、ntext、image、cursor、timestamp 和 table 类型。
- WITH：该子句指出了创建函数的选项。如果指定了 ENCRYPTION 参数，则创建的函数是被加密的，函数定义的文本将以不可读的形式存储在 syscomments 表中，任何人都不能查看该函数的定义，包括函数的创建者和系统管理员。
- BEGIN END：该语句块内定义了函数体(function_body)，并且包含 RETURN 语

句，用于返回值。

【示例 10】

了解创建标量值函数的语法格式及参数含义之后，下面创建一个非常简单的求长方形面积的函数。语句如下：

```
CREATE FUNCTION area(@width int,@height int)
RETURNS int
AS
BEGIN
    RETURN @width*@height
END
```

上面语句执行后将创建一个名为 area 的函数，该函数有两个 int 类型的参数，@width 表示宽，@height 表示长。RETURNS int 表示 area 函数返回值是一个整型。BEGIN END 语句块内是函数的具体实现，这里直接使用 RETURN 关键字将两个参数的乘积返回。

要调用用户自定义函数，必须保证函数在当前数据库中，而且在自定义函数前要指定所有者。例如要调用 area()函数，语句如下：

```
SELECT dbo.area(4,7) '面积'
```

执行结果如图 8-2 所示。

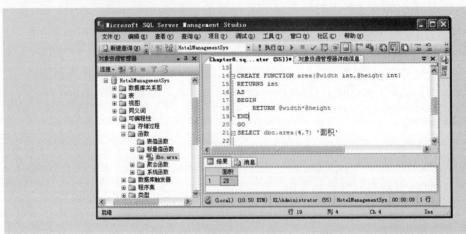

图 8-2　调用 area()函数

提示：查看标量值函数的方法是展开创建时所在的数据库节点，然后展开【可编程性】\【函数】\【标量值函数】节点，如图 8-2 所示列出了 area()函数的所有者和名称。

【示例 11】

在 HotelManagementSys 数据库中创建一个函数，根据顾客姓名查询该顾客的入住房间类型。函数的创建语句如下：

```
USE HotelManagementSys
```

```
GO
CREATE FUNCTION GetRoomTypeByName(@name char(20))
RETURNS varchar(10)
AS
BEGIN
    DECLARE @gnovarchar(10),@rnovarchar(10),@result varchar(10)='暂无入住
信息'
    SET @gno=(SELECT gno FROM Guest WHERE Gname=@name)
    SET @rno=(SELECT rnoFROmRoomState WHERE gno=@gno AND flag='2')
    SET @result=(SELECT Rtype FROM RoomInfo WHERE rno=@rno)
    RETURN @result
END
```

上述语句创建的函数名称为 GetRoomTypeByName，它接受 char 类型的值作为顾客姓名，返回一个字符串。在函数体内首先根据姓名找到顾客编号，再根据顾客编号找入住编号，然后根据入住编号中的房间编号查找房间信息，最后获取房间的类型并返回。

接下来调用 GetRoomTypeByName()函数显示顾客"贺宁"的入住信息，语句如下：

```
SELECT dbo.GetRoomTypeByName('贺宁') as '贺宁入住房间类型'
```

执行结果如图 8-3 所示。

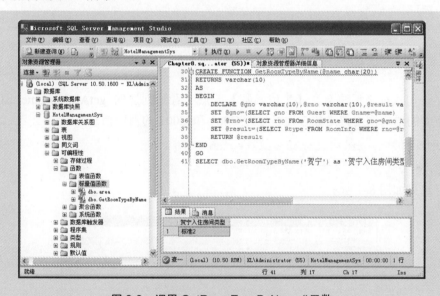

图 8-3　调用 GetRoomTypeByName()函数

8.2.3　表值函数

表值函数又可以分为内联式表值函数和多语句式表值函数。内联表值函数以表的形式返回值，即它返回的是一个表。内联表值函数没有由 BEGINEND 语句块包含的函数体，而是直接使用 RETURN 子句，其中包含的 SELECT 语句将数据从数据库中筛选出来形成一个表。

使用内联表值自定义函数可以提供参数化的视图功能，因为在 SQL Server 中不允许在视图的 WHERE 子句中使用多个参数作为搜索条件。例如，下面的语句在视图中只能返回顾客编号为"G001"的消费物品信息，如果要查询其他顾客的消费物品信息则需要重新定义视图。

```
SELECT a.*
FROM Atariff a JOIN ConsumeList c
ON a.Atno=c.Atno
WHERE Gno='G001'
```

不能在视图中使用参数，限制了视图的灵活性。但是，内联表值函数支持在 WHERE 子句中使用参数。

【示例 12】

下面的示例创建了一个允许用户在查询时指定顾客编号的表值函数。

```
CREATE FUNCTION getAllConsumeListByGno(@gnovarchar(10))
RETURNS table
AS
RETURN(
    SELECT a.*
    FROM Atariff a JOIN ConsumeList c
    ON a.Atno=c.Atno
    WHERE Gno=@gno
)
```

上述语句执行之后将会在【表值函数】节点中看到创建的 getAllConsumeListByGno() 函数。下面的语句调用该函数查询编号为 G001 和 G002 的消费信息。

```
SELECT * FROM getAllConsumeListByGno('G001')
SELECT * FROM getAllConsumeListByGno('G002')
```

执行结果如图 8-4 所示。

图 8-4　调用表值函数

多语句表值函数可以看作标量型和内联表值型函数的结合体。该类函数的返回值是一个表，但它和标量值函数一样使用 BEGINEND 语句块定义函数体，返回值表中的数据是由函数体中的语句插入的。由此可见，它可以进行多次查询，对数据进行多次筛选与合并，弥补了内联表值自定义函数的不足。

8.2.4 删除用户定义函数

删除用户自定义函数，需要使用 DROP FUNCTION 语句，语法如下：

```
DROP FUNCTION { [ schema_name. ] function_name } [ ,…n ]
```

【示例 13】

删除前面创建的 getAllConsumeListByGno()函数，语句如下：

```
DROP FUNCTIONgetAllConsumeListByGno
```

提示：修改用户自定义函数，需要使用 ALTER FUNCTION 语句。修改函数的语法与创建函数的语法一样，只需要将 CREATE 关键字换成 ALTER 即可。

8.3 事　务

事务是数据库的重要组成部分，用来维护数据库数据的完整性和有效性。在事务中可以包含多条操作语句。如果对事务执行提交，则该事务中进行的所有操作均会提交，成为数据库中的永久组成部分。如果事务遇到错误而被取消或回滚，则事务中的所有操作均被清除，数据恢复到事务执行前的状态。

8.3.1 事务的概念

所谓事务是指用户为完成某项任务所定义的多个操作的序列。在序列中的操作要么全部完成，要么全部不执行。整个序列构成一个不可分割的工作单位，是数据库中不可再分的部分。

关于事务的一个典型案例就是银行转账操作。例如，需要从 A 账户向 B 账户转账 100元钱。转账操作主要分为两步：第一步，从 A 账户中减去 100 元；第二步，向 B 账户中添加 100 元。

为了便于从形式上说明银行转账问题，我们假定事务采用以下两种操作来访问数据。

● Read(x)：从数据库发送数据项 x 到事务工作区。
● Write(x)：从事务工作区把数据项 x 传回数据库。

假如，现在要从账户 A 过户 100 元到账户 B，可用下列形式定义转账事务：

```
Read(A);
A=A-100;
Write(A);
```

```
Read(B)
B=B+100;
Write(B);
```

事务的主要作用就是保证数据库的完整性。因此，从保证数据库的完整性出发，我们要求数据库管理系统维护事务的几个性质：原子性(Atomicity)、一致性(Consistency)、隔离性(Isolation)和持久性(Durability)，简称为 ACID。

1. 原子性

事务的原子性是指事务中包含的所有操作要么全做，要么全不做。只有在所有的语句都正确完成的情况下，事务才能完成并把结果应用于数据库。也就是说：事务的所有活动在数据库中要么全部反映，要么全部不反映，以保证数据库是一致的。

例如，转账事务在 Write(A)操作执行完之后、Write(B)操作执行之前，数据库反映出来的结果为：账户 A 少了 100 元，而账户 B 尚未增加 100 元，此时账户 A+账户 B 的总额少了 100 元。所以事务执行到某个时刻该数据库是不一致的，但是事务执行完成后，这个暂时的内部不一致状态就会被账户 B 增加 100 元所代替。

保证原子性的基本思路如下：对于事务要执行写操作的数据项，数据库系统中记录其旧值，如果事务没有完成，旧值被恢复，好像事务从未执行过。

2. 一致性

事务开始之前，数据库处于一致性的状态；事务结束后，数据库必须仍处于一致性状态。以转账事务为例，尽管事务执行完成后账户 A、B 的状态有多种，但一致性要求事务的执行不应改变账户 A 和 B 的总额，即转入和转出应该是平衡的。如果没有这种一致性要求，转账过程中就会发生钱无中生有或不翼而飞的现象。事务应该把数据库从一个一致状态转换到另一个一致状态。

3. 隔离性

在事务的处理过程中暂时不一致的数据不能被其他事务应用，直到数据再次一致。换句话说，当事务使数据不一致时，其他事务将不能访问该事务中不一致的数据。例如，转账事务在执行完 Write(A)之后、执行 Write(B)之前，数据库中账户 A 中少了 100 元，账户 B 并没有增加 100 元，是不一致的。如果另一事务基于此不一致状态开始为每个账户结算利息的话，那么显然银行会少支付由 100 元产生的利息。

4. 持久性

一个事务成功完成后，它对数据库的改变就被保护起来，即便是在系统遇到故障的情况下也不会丢失。例如，如果转账事务执行完毕，意味着资金的流转已经发生了，那么用户无论何时都应该能够对此加以验证，系统就必须保证出现任何系统故障都不会丢失与这次转账相关的数据。

事务一旦发生任何问题，整个事务就重新开始，数据库也返回到事务开始前的状态，所发生的任何行为都会被取消，数据也恢复到其原始状态。事务要成功完成的话，所有的变化都在执行。在整个过程中，无论事务是否完成或者是否必须重新开始，事务总是确保数据库的完整性。

要完全符合 ACID 特性是很难做到的,但是这些准则的实现方式是很灵活的。SQL Server 利用冗余机制实现这些要求,在执行数据修改过程中会进行如下操作:

步骤01 所有的数据都在 8KB 的存储单元中进行管理、该存储单元称为数据页。在内存中定位并读取要修改记录的数据页,如果这些数据页不在内存中,就将它们从磁盘中读入内存。

步骤02 在内存中,插入、更新或者删除适合的数据页。

步骤03 将修改写入到事务日志中。

步骤04 在服务器端设置一个检查点,把内存中已改变的页写回磁盘,然后删除内存中的页。如果提交了进行修改操作的事务,就释放这些页,其他请求或事务就可以对它们进行访问。如果检查点在事务提交之前设置,则页面仍处于锁定状态,直到事务提交为止。

8.3.2 事务类型

在 SQL Server 2008 中有 4 种事务类型,包括自动提交事务、显式事务、隐式事务和批处理级事务。

1. 自动提交事务

自动提交事务是指每个单独的 Transact-SQL 语句都是一个事务,并且每个 Transact-SQL 语句在完成时都被提交或回滚。如果一个语句成功完成,则提交该语句;如果遇到错误,则回滚该语句。

自动提交事务是 SQL Server 的默认事务管理类型。只要自动提交事务模式没有被显示或隐性事务代替,则 SQL Server 连接时就以该默认模式进行操作。而且每个 Transact-SQL 语句在提交时不必指定任何语句控制事务。

2. 显式事务

显式事务也称为用户定义或用户指定的事务,是指可以显式地在其中定义事务的启动、提交、回滚和结束。每个事务均以 BEGIN TRANSACTION 语句显式开始,以 COMMIT 或 ROLLBACK 语句显式结束。

3. 隐式事务

在前一个事务完成时新事务隐式启动,但每个事务仍以 COMMIT 或 ROLLBACK 语句显式完成。

4. 批处理级事务

只能应用于多个活动结果集(MARS),在 MARS 会话中启动的 Transact-SQL 显式或隐式事务变为批处理级事务。当批处理完成时没有提交或回滚的批处理级事务自动由 SQL Server 进行回滚。

8.3.3 事务控制语句

SQL Server 2008 主要提供了 4 个语句来控制事务：BEGIN TRANSACTION(开始事务)、COMMIT TRANSACTION(提交事务)、SAVE TRANSACTION(保存事务)和 ROLLBACK TRANSACTION(回滚事务)。

1. BEGIN TRANSACTION

BEGIN TRANSACTION 语句标记一个本地显式事务的起始点，用于开始事务。其语法如下：

```
BEGIN { TRAN | TRANSACTION }
    [ { transaction_name | @tran_name_variable }
        [ WITH MARK [ 'description' ] ]
    ]
```

其中，transaction_name 表示分配给事务的名称；@tran_name_variable 表示用户定义的、含有有效事务名称的变量名称；WITH MARK ['description']指定在日志中标记事务，description 是描述该标记的字符串。

例如，下面语句开始一个名为 tran_updateAccountMoney 的事务。

```
BEGIN TRANSACTION tran_updateAccountMoney
```

如果希望事务在开始记录到日志中时可以使用 WITH 选项。例如，下面的语句：

```
BEGIN TRANSACTION tran_updateAccountMoney WITH MARK
```

2. COMMIT TRANSACTION

COMMIT TRANSACTION 语句用于提交事务，标志一个隐性事务或显式事务的结束，将事务所做的数据修改保存到数据库。其语法如下：

```
COMMIT { TRAN | TRANSACTION } [ transaction_name | @tran_name_variable ]
```

例如，提交上面开始的 tran_updateAccountMoney 的事务。语句如下：

```
COMMIT TRANSACTIONtran_updateAccountMoney
```

3. SAVE TRANSACTION

SAVE TRANSACTION 语句用于在事务执行期设置保存点。该保存点可以定义在按条件取消某个事务的一部分后，该事务可以返回的一个位置。其语法如下：

```
SAVE { TRAN | TRANSACTION } { savepoint_name | @savepoint_variable }
```

其中，savepoint_name 表示分配给保存点的名称；@savepoint_variable 表示包含有效保存点名称的用户定义变量的名称。

例如，在转账事务中创建一个读取账户金额信息成功时的保存点，语句如下：

```
SAVE TRANSACTION ReadAccountMoneySuccess
```

4. ROLLBACK TRANSACTION

ROLLBACK TRANSACTION 语句用于取消(回滚)事务对数据的修改，将显式事务或隐性事务回滚到事务的起点或事务内的某个保存点。其语法如下：

```
ROLLBACK { TRAN | TRANSACTION }
    [ transaction_name | @tran_name_variable
    | savepoint_name | @savepoint_variable
```

例如，在出错时回滚到上次的保存点 ReadAccountMoneySuccess，语句如下：

```
ROLLBACK TRANSACTION ReadAccountMoneySuccess
```

假设要回滚整个 tran_updateAccountMoney 事务，可用如下语句：

```
ROLLBACK TRANSACTION tran_updateAccountMoney
```

8.4　实践案例：使用事务模拟银行转账操作

在使用银行账号执行转账操作时，需要从转出账户中扣除指定金额，并向转入账户增加指定金额，整个操作必须同时执行，或者同时撤销。这是一个非常简单的银行业务逻辑，但是必须保证操作的唯一性和正确性，所以在这里使用事务来完成。

步骤 01　创建一个用于存放银行账号信息的数据表 Account，表中有卡号、姓名和账户余额三个基本数据字段，具体说明如表 8-6 所示。

表 8-6　银行账号表 Account

列　名	说　明	数据类型	允许为空	备　注
AccountNumber	卡号	varchar(20)	否	主键
AccountName	用户姓名	varchar (10)	否	
Balance	余额	decimal(18, 2)	否	默认值为 0，CHECK 约束其值必须大于或等于 0

创建完成之后向表中添加两行数据，如下所示为添加后的查询结果。

```
AccountNumberAccountNameBalance
-------------------------------------------------------------------
123456          祝红涛          499.00
654321          张浩太          500.00
```

步骤 02　假设要从账号 123456 向账号 654321 转入 500，不使用事务的语句如下：

```
--声明变量
DECLARE @outCard NVARCHAR(20)        --转出账号
DECLARE @inCard NVARCHAR(20)         --转入账号
DECLARE @money DECIMAL(18, 2)        --转出金额
--变量赋值
SET @outCard = '123456'
```

```
SET @inCard = '654321'
SET @money = 500
--增加金额
UPDATE Account
SET Balance = Balance + @money
WHERE CardNumber = @inCard
--减少金额
UPDATE Account
SET Balance = Balance - @money
WHERE CardNumber = @outCard
```

上述语句虽然可以实现功能，但是还存在一个严重的问题。因为代码是从上到下一行一行执行的，所以在执行到第一个 UPDATE 语句时，账户成功向账户 654321 增加了 500 元的账户余额。但到执行第二个 UPDATE 语句时，更新账户 123456 中的信息就可能会触犯 CHECK 约束(余额不足)从而产生错误，如图 8-5 所示。

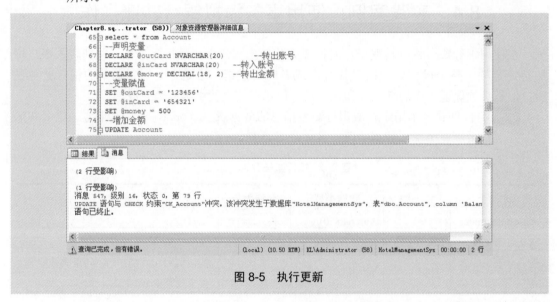

图 8-5 执行更新

虽然第二个 UPDATE 语句执行失败，但是其并不影响第一个 UPDATE 语句的执行，这样就会造成系统中数据的不一致性，其后果非常严重。

步骤03 在本实例中，如果使用事务来处理该业务逻辑，就可以很简单地避免这个问题，代码如下：

```
--查询数据库表内容
SELECT * FROM Account
--声明变量
DECLARE @Err INT
DECLARE @outCard NVARCHAR(20)          --转出账号
DECLARE @inCard NVARCHAR(20)           --转入账号
DECLARE @money DECIMAL(18, 2)          --转出金额
--变量赋值
SET @outCard = '123456'
```

```
SET @inCard = '654321'
SET @money = 500
BEGIN TRANSACTION
--增加金额
UPDATE Account
SET Balance = Balance + @money
WHERE AccountNumber = @inCard
    SET @Err = @@ERROR            --获取错误编号
--减少金额
UPDATE Account
SET Balance = Balance - @money
WHERE AccountNumber = @outCard
SET @Err = @@ERROR
IF @Err = 0                       --根据错误编号判断是否执行成功
BEGIN
    COMMIT  TRANSACTION    --提交事务
    PRINT '事务提交成功'
END
ELSE
BEGIN
    ROLLBACK  TRANSACTION    --回滚事务
    PRINT '事务回滚'
END
--查询数据库表内容
SELECT * FROM Account
```

上面代码创建了一个事务，用于执行转账操作，并在事务执行前后分别输出 BankAccount 表中的信息，执行结果如图 8-6 所示。

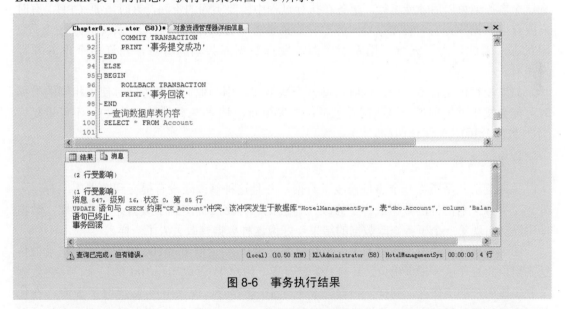

图 8-6　事务执行结果

从上面的结果可以看到，因为事务执行过程中出现异常，所以事务执行了回滚操作，这样在事务中的两条语句将同时不执行。查看【结果】选项卡中的内容，如图 8-7 所示。

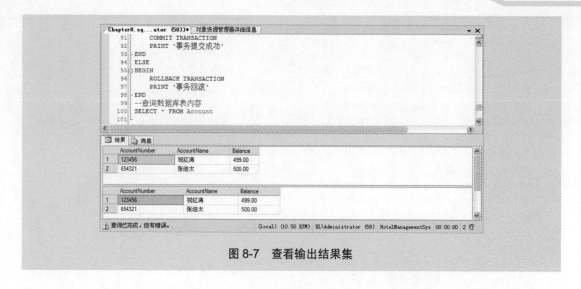

图 8-7　查看输出结果集

8.5　锁

事务和锁是两个紧密联系的概念。事务可以确保多个数据的修改作为一个单元来处理。而锁可以在多用户情况下，防止其他用户修改还没有完成的事务中的数据。

8.5.1　锁机制

事务可以多个串行或嵌套，事务嵌套时每个时刻只有一个事务运行，其他事务必须等到这个事务结束以后才能运行。事务在执行过程中需要不同的资源，有时需要 CPU，有时需要存取数据库，有时需要 I/O，等等。如果事务串行执行时，则许多系统资源将处于空闲状态。因此，为了充分利用系统资源，发挥数据库共享的特点，允许多个事务并行地执行。

如果没有锁定且多个用户同时访问一个数据库，则当他们的事务同时使用相同的数据时可能会发生并发问题。这些问题包括：丢失更新、脏读(未确认的相关性)、不可重复读(不一致的分析)和幻觉读四种。

1. 丢失更新

丢失更新就是指当一个事务修改了数据，并且这种修改还没有提交到数据库中时，另外一个事务又对同样的数据进行了修改，并且把这种修改提交到了数据库中。这样，数据库中没有出现第一个事务修改数据的结果，好像这种数据修改丢失了一样。

图 8-8 描述了并发事务时的丢失更新问题。用户 A 读取 Item100 的记录，则记录被传送到用户的工作区。根据记录，还有 10 套存货，用户 B 读取 Item100 的记录，这些数据又到了该用户的工作区。同样，根据记录还有 10 套存货，现在用户 A 提取了 5 套，在他的用户工作区数目减为 5，并将记录重新写入 Item100。而用户 B 提取了 3 套，在他的用户工作区将数目减为 7，并将记录重新写入 Item100。

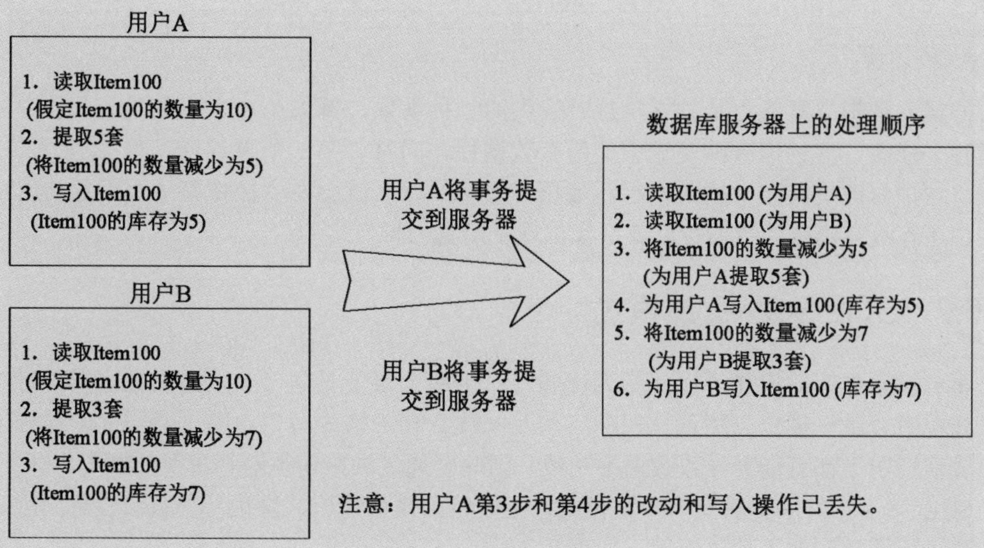

用户A

1. 读取Item100
(假定Item100的数量为10)
2. 提取5套
(将Item100的数量减少为5)
3. 写入Item100
(Item100的库存为5)

用户B

1. 读取Item100
(假定Item100的数量为10)
2. 提取3套
(将Item100的数量减少为7)
3. 写入Item100
(Item100的库存为7)

用户A将事务提交到服务器

用户B将事务提交到服务器

数据库服务器上的处理顺序

1. 读取Item100 (为用户A)
2. 读取Item100 (为用户B)
3. 将Item100的数量减少为5
(为用户A提取5套)
4. 为用户A写入Item100(库存为5)
5. 将Item100的数量减少为7
(为用户B提取3套)
6. 为用户B写入Item100 (库存为7)

注意：用户A第3步和第4步的改动和写入操作已丢失。

图 8-8　丢失更新问题

这样数据库将出现错误，显示还有 7 套 Item100 库存。回顾该流程，开始时库存为10，用户 A 提取了 5 套，用户 B 提取了 3 套，数据库最后显示库存中还剩 7 套，这显然是错误的。

两个用户刚取得数据时，这些数据是正确的，但是当用户 B 读取记录时，用户 A 已经有了一个需要更新的副本。这种情况称为丢失更新问题或并发更新问题。

2. 脏读(未确认的相关性)

脏读就是指当一个事务正在访问数据，并且对数据进行了修改，而这种修改还没有提交到数据库中时，另外一个事务也访问这个数据，然后使用了这个数据。因为这个数据是还没有提交的数据，那么另外一个事务读到的这个数据是脏数据，依据脏数据所做的操作可能是不正确的。

例如，用户 A 从 Item100 的库存中提取 5 套后，将结果提交(Item100 的库存减为 5)；用户 B 从 Item100 的库存(库存为 5)中提取 3 套后，用户 A 由于某种原因将操作撤销，这时用户 A 已修改过的数据恢复原值(库存为 10)；用户 B 读到的数据就与数据库中的数据不一致，则用户 B 读取的数据就为"脏"数据，即不正确的数据。

3. 不可重复读(不一致的分析)

不可重复读是指在一个事务内，多次读同一数据，而在这个事务还没有结束时，另外一个事务也访问该数据；那么，在第一个事务中的两次读数据之间，由于第二个事务的修改，那么第一个事务两次读到的数据可能是不一样的。这样就出现了在一个事务内两次读到的数据不一样的情况，因此称为是不可重复读。

例如，用户 A 两次读取同一数据(Item100 的库存)，但在两次读取之间，用户 B 修改了该数据，即用户 A 第二次读取时，数据已被更改，因此原始数据读取不可重复。如果在用户 A 全部完成修改后，用户 B 再读取数据，则可以避免该问题。

4. 幻觉读

幻觉读是指当事务不是独立执行时发生的一种现象，例如第一个事务对一个表中的数据进行了修改，这种修改涉及表中的所有数据行。同时，第二个事务也修改了这个表中的数据，这种修改是向表中插入一行新数据。那么，以后就会发生操作第一个事务的用户发现表中还有没有修改的数据行，就好像出现了幻觉一样。

8.5.2 SQL Server 锁模式

事务对数据库的操作可以概括为读和写。当两个事务对同一个数据项进行操作时，可能的情况有"读－读"、"读－写"、"写－读"和"写－写"。除"读－读"这种情况外，其他情况下都可能会导致数据不一致，因此要通过锁来避免这种情况的发生。

SQL Server 2008 提供了多种锁模式，主要包括排他锁、共享锁、更新锁、意向锁、键范围锁、架构锁和大容量更新锁，如表 8-7 所示。

表 8-7 锁模式及其含义

锁 类 型	含 义
排他锁	如果事务 T1 获得了数据项 R 上的排他锁，则 T1 对数据项既可读又可写。事务 T1 对数据项 R 加上排他锁，则其他事务对数据项 R 的任何封锁请求都不会成功，直至事务 T1 释放数据项 R 上的排他锁
共享锁	如果事务 T1 获得了数据项 R 上的共享锁，则 T1 对数据项 R 可以读但不可以写。事务 T1 对数据项 R 加上共享锁，则其他事务对数据项 R 的排他锁请求不会成功，而对数据项 R 的共享锁请求可以成功
更新锁	更新锁可以防止出现死锁的情况。当一个事务修改数据时，可以对数据项施加更新锁，如果事务修改资源，则更新锁会转换成排他锁；否则会转换成共享锁。一次只有一个事务可以获得资源上的更新锁，它允许其他事务对资源的共享式访问，但阻止排他式的访问
意向锁	意向锁用来保护共享锁或排他锁放置在锁层次结构的底层资源上。之所以命名为意向锁，是因为在较低级别锁前可获取它们，因此会通知意向将锁放置在较低级别上
键范围锁	键范围锁可防止幻觉读。通过保护行之间键的范围，还可防止对事务访问的记录集进行幻象插入或删除
架构锁	执行表的 DDL 操作(例如添加列)时使用架构修改锁。在架构修改锁起作用的期间，会防止对表的并发访问。这意味着在释放架构修改锁之前，该锁之外的所有操作都将被阻止
大容量更新锁	大容量更新锁允许多个进程将数据并行地大容量复制到同一表，同时防止其他不进行大容量复制的进程访问该表

8.5.3 查看锁

上面介绍了有关锁的机制以及 SQL Server 2008 支持的锁模式，下面来学习如何查看锁。由于锁是 SQL Server 2008 内部维护数据完整性的一种机制，因此不能使用普通的方式进行创建、设置和修改，但是提供了一个 sys.dm_tran_locks 视图来快速了解 SQL Server 2008 的加锁情况。

在默认情况下，任何一个拥有 VIEW SERVER STATE 权限的用户均可查询 sys.dm_tran_locks 视图。例如，在查询窗口中输入下列语句：

```
SELECT * FROM sys.dm_tran_locks
```

执行语句，结果如图 8-9 所示。

图 8-9　使用 sys.dm_tran_locks 视图查看锁

sys.dm_tran_locks 视图有两个主要用途。

步骤 01 帮助数据库管理员查看服务器上的锁，如果 sys.dm_tran_locks 视图的输出包含许多状态为 WAIT 或 CONVERT 的锁，就应该怀疑存在死锁问题。

步骤 02 sys.dm_tran_locks 视图可以帮助了解一条特定 SQL 语句所放置的实际锁，因为用户可以检索一个特定进程的锁。

也可以使用 sp_lock 系统存储过程显示 SQL Server 2008 中当前持有的所有锁的信息，了解服务器的运行情况，从而诊断可能出现的问题。执行结果如图 8-10 所示。

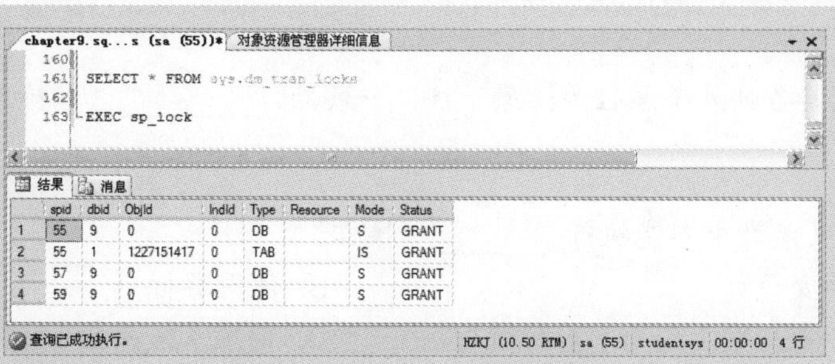

图 8-10　使用 sp_lock 查看锁

在图 8-10 中，sp_lock 返回的结果集中各列的含义如下。

- spid：SQL Server 进程标识号。
- dbid：锁定资源的数据库标识号。
- Objid：锁定资源的数据库对象标识号。
- Indid：锁定资源的索引标识号。
- Type：锁的类型，可选值有 DB(数据库)、FIL(文件)、IDX(索引)、PG(页)、KBY(键)、TAB(表)、EXT(区域)和 RID(行标识符)。
- Resource：被锁定的资源信息。
- Mode：锁请求资源的锁定类型。
- Status：锁的请求状态，可选值有 GRANT(锁定)、WAIT(阻塞)和 CONVERT(转换)。

8.6   思考与练习

一、填空题

1. 在下面程序空白处填写合适语句，使 getMax()可以返回@num1 和@num2 中的最大数。

```
CREATE _____getMax(@num1 int,@num2 int)
RETURNS int
AS
BEGIN
    IF @num1>@num2
            _____ @num1
    ELSE
        RETURN @num2
END
```

2. 假设有语句 CAST(getdate() AS varchar(10))，编写使用 CONVERT()函数的实现语句_____。

3. 下列语句执行后的输出结果是_____。

```
DECLARE @result int
SET @result=POWER(3,2)
SET @result=SQUARE(4)+@result
PRINT @result
```

4. 事务必须具备的 4 个属性为：原子性、一致性、_____和持久性。

二、选择题

1. 在自定义函数中不能执行_____操作。

    A. 声明变量   B. 使用游标

    C. 对不在函数上的局部游标进行操作   D. 调用系统函数

2.　下列语句中可以实现删除 fun()函数的是_____。

　　A. CREATE FUNCTION fun　　　　B. ALTER FUNCTION fun

　　C. DELEE FUNCTION fun　　　　　D. DROP FUNCTION fun

3.　表达式 SUBSTRING('abcdefg' , 3 , 2)的返回结果为_____。

　　A. 'cd'　　　　　B. 'ef'　　　　　C. 'bcde'　　　　　D. 'cdef'

4.　使用下列的_____语句可以创建事务保存点。

　　A. SAVE TRANSACTION　　　　　B. ROLLBACK

　　C. COMMIT　　　　　　　　　　D. SAVEPOINT

5. 系统中有两个并发事务，第 1 个事务修改表中的数据，第 2 个事务在提交第 1 个事务所做的修改前查看了这些改变，然后第 1 个事务再撤销了这些改变。这样会发生的数据现象是_____。

　　A. 幻觉读　　　　B. 不可重复读　　　　C. 丢失更新　　　　D. 脏读

8.7　练　一　练

作业：使用常用函数

本次作业主要针对 8.1 节列出的几类系统函数来进行，包括聚合函数、字符串函数及日期和时间函数等。

(1)　使用聚合函数统计出每个系的学生数量。

(2)　分析下面两段程序代码的执行结果。

```
--代码
DECLARE @str VARCHAR(16)
SET @str = '清华大学出版社'
SELECT SUBSTRING(@str,1,4)
--代码
DECLARE @str VARCHAR(20)
SET @str = '清华大学'
SELECT REPLACE(@str,'清华','北京')
```

(3)　使用日期函数来获得当前年、月、日。如下所示为部分查询结果：

```
年    月   日
------------------------------------
2012 12 23
```

(4)　用时间函数创建一个新年倒计时程序。

第9章

T-SQL 修改表数据

第 7 章曾介绍 T-SQL 语言有三种类型，其中的数据操纵语言(DML)主要用于对表中的数据进行操作。例如，添加一行或者多行数据，更新表的几个列，或者根据条件删除表的行等等。

本章将详细介绍用数据操纵语言中的 INSERT、UPDATE 和 DELETE 语句对数据进行插入、更新和删除的方法。

本章重点：

➥ 熟悉 INSERT 语句的语法
➥ 掌握用 INSERT 语句插入单行、多行数据的用法
➥ 掌握用 INSERT SELECT 和 SELECT INTO 语句插入数据的用法
➥ 熟悉 UPDATE 语句的语法
➥ 掌握用 UPDATE 语句更新单行、多行和部分数据的用法
➥ 熟悉 DELETE 语句的语法
➥ 掌握用 DELETE 语句删除数据的用法

9.1 插入数据

表创建之后只是建立了一个规范，例如规定数据库包含哪些表、表中可以存放哪些数据等等。但是只有表中存在数据，表才真正有意义。

向表中插入数据有两种方式，最简单的方式是使用 SQLSMS 工具，这里不再介绍。下面重点介绍用 INSERT 语句插入数据的方法，它可以一次插入多行，或者从其他表获取数据进行插入。

9.1.1 INSERT 语句简介

INSERT 语句是最常用的向数据表中插入数据的方法，它的最简单形式如下：

```
INSERT [INTO] table_or_view [(column_list)] data_values
```

上面语句的作用是将 data_values 作为一行或多行插入到已命名的表或视图中。其中，column_list 是能用逗号分隔的一些列名称，可用来指定为其提供数据的列。如果未指定 column_list，表或视图中的所有列都将接收到数据。

> **注意**：如果 column_list 未列出表或视图中所有列的名称，则在未列出的所有列中插入默认值(如果为列定义了默认值)或 NULL 值。column_list 中未指定的所有列必须允许插入空值或指定的默认值。

在用 INSERT 语句向表中插入数据时，所提供的数据值必须与列表匹配。数据值的数目必须与列数相同，每个数据值的数据类型、精度和小数位数也必须与相应列的这些属性匹配。

指定数据值的常用方式有以下两种。

● 用 VALUES 子句为一行指定数据值，例如：

```
INSERT INTO 客户 (编号，描述) VALUES (101, '新增')
```

● 用 SELECT 子查询为一行或多行指定数据值，例如：

```
INSERT INTO 地址表 (编号，描述)
    SELECT 地址号，说明 FROM 客户表
```

由于 SQL Server 2008 数据库引擎会为特定类型的列生成值，因此 INSERT 语句不需要为这些类型的列指定值，它们是：

● 具有 IDENTITY 属性的列。

● 具有默认值的列，此默认值用 NEWID 函数生成唯一的 GUID 值。

● 计算列，这些是虚拟列，被定义为 CREATE TABLE 语句中从另外一列或多列计算的表达式。

例如，下列语句中的"平方"列和"立方"列：

```
CREATE TABLE N 的平方和立方
(
数字 INT NOT NULL,
平方 AS 数字*数字,
立方 AS 数字*数字*数字
)
```

9.1.2　INSERT 语句语法详解

上一节简单介绍了使用 INSERT 语句向表中添加数据的两种方式。在具体使用
INSERT 语句之前，了解其语法是很有必要的。其完整语法格式如下：

```
INSERT
    [ TOP ( expression ) [ PERCENT ] ]
    [ INTO]
    { <object> | rowset_function_limited
      [ WITH ( <Table_Hint_Limited>[ ...n ] ) ]
    }
{
    [ ( column_list ) ]
    [ <OUTPUT Clause> ]
    { VALUES ( { DEFAULT | NULL | expression } [ ,...n ] )
    | derived_table
    | execute_statement
    }
}
    | DEFAULT VALUES
[; ]
```

其中，尖括号(<>)为必选项；方括号([])为可选项；大括号({ })为可重复出现的选项。下
面具体说明语句中各参数的含义。

- WITH <common_table_expression>：指定在 INSERT 语句作用域内定义的临时命
  名结果集(也称为公用表表达式)。结果集源自 SELECT 语句，公用表表达式还可
  以与 SELECT、DELETE、UPDATE 和 CREATE VIEW 语句一起使用。
- TOP (expression) [PERCENT]：指定将插入的随机行的数目或百分比，
  expression 可以是行数或行的百分比值。在和 INSERT、UPDATE 或 DELETE
  语句结合使用的 TOP 表达式中引用的行不按任何顺序排列。

　警告：在 INSERT、UPDATE 和 DELETE 语句中，需要使用括号分隔 TOP 中的
expression。

- INTO：一个可选的关键字，可以将它用在 INSERT 和目标表之间。
- server_name：表或视图所在服务器的名称。如果指定了 server_name，则需要
  database_name 和 schema_name。
- database_name：数据库的名称。
- schema_name：表或视图所属架构的名称。

- table_orview_name：要接收数据的表或视图的名称。
- table：变量在其作用域内可用作 INSERT 语句中的表源。
- table_or_view_name：引用的视图必须可更新，并且只在该视图的 FROM 子句中引用一个基表。例如，多表视图中的 INSERT 必须使用只引用一个基表中各列的column_list。
- rowset_function_limited OPENQUERY 或 OPENROWSET 函数
- WITH (<table_hint_limited>[... n])：指定目标表所允许的一个或多个表提示，需要有 WITH 关键字和括号。
- (column_list)：要在其中插入数据的一列或多列的列表。必须用括号将 column_list 括起来，并且用逗号进行分隔。如果某列不在 column_list 中，则 SQL Server 2005 数据库引擎必须能够基于该列的定义提供一个值；否则不能加载行。

> 提示：当向标识列中插入显式值时，必须使用 column_list 和 VALUES 列表，并且表的 SET IDENTITY_INSERT 选项必须为 ON。

- OUTPUT 子句：将插入行作为插入操作的一部分返回。引用本地分区视图、分布式分区视图或远程表的 DML 语句，或包含 execute_statement 的 INSERT 语句，都不支持 OUTPUT 子句。
- VALUES：引入要插入的数据值的列表。对于 column_list(如果已指定)或表中的每个列，都必须有一个数据值。必须用圆括号将值列表括起来。如果 VALUES 列表中的各值与表中各列的顺序不相同，或者未包含表中各列的值，则必须使用 column_list 显式指定存储每个传入值的列。
- DEFAULT：强制数据库引擎加载为列定义的默认值。如果某列并不存在默认值，并且该列允许空值，则插入 NULL。对于使用 timestamp 数据类型定义的列，插入下一个时间戳值。DEFAULT 对标识列无效。
- expression：一个常量、变量或表达式，不能包含 SELECT 或 EXECUTE 语句。
- derived_table：任何有效的 SELECT 语句，它返回将加载到表中的数据行。
- execute_statement：任何有效的 EXECUTE 语句，它使用 SELECT 或 READTEXT 语句返回数据。

  如果 execute_statement 使用 INSERT，则每个结果集必须与表或 column_list 中的列兼容。可以使用 execute_statement 对同一服务器或远程服务器执行存储过程。

> 警告：如果 execute_statement 使用 READTEXT 语句返回数据，则每个 READTEXT 语句最多可以返回 1MB(1024KB)的数据。execute_statement 还可以用于扩展过程。execute_statement 插入由扩展过程的主线程返回的数据，但不插入主线程以外的线程的输出。

- DEFAULT VALUES：强制新行包含为每个列定义的默认值。

在插入行时，如果要将值写入到 char、varchar 或 varbinary 数据类型的列中，则尾随空格的填充或截断方式由创建表时为该列定义的 SET ANSI_PADDING 值所确定。该值默认为 OFF，执行表 9-1 所示的操作。

表 9-1　ANSI_PADDING 为 OFF 的操作

数据类型	默认操作
char	将带有空格的值填充到已定义的列宽
varchar	删除最后的非空格字符后面的尾随空格，而对于只由空格组成的字符串，一直删除到只留下一个空格
varbinary	删除尾随的零

【示例 1】

根据上面介绍的 INSERT 语句语法，向 9.1.1 小节创建的"N 的平方和立方"表插入一行数据。

第一种是采用指定列名和值列表的 INSERT 语句形式。

```
INSERT INTO N 的平方和立方(数字) VALUES(5)
```

由于该表除第 1 列外其他为计算列，因此也可以省略列名，变成如下形式。

```
INSERT INTO N 的平方和立方 VALUES(6)
```

执行上述两个 INSERT 语句后，表中的数据如图 9-1 所示。

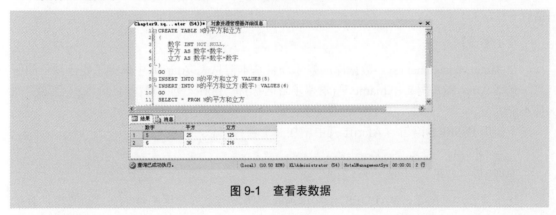

图 9-1　查看表数据

【示例 2】

向 HotelManagementSys 数据库的 RoomInfo 表中添加一个房间信息，所需 INSERT 语句如下：

```
INSERT INTO RoomInfo(Rno,Rtype,Rprice,Rfloor,Toward)
VALUES('R110','VIP 套房',600,6,'正西')
GO
SELECT * FROM RoomInfo
```

打开 SQL Management Studio 窗口新建一个查询，然后在窗口输入上述语句并执行，结果如图 9-2 所示。

图 9-2　插入客户信息

如图 9-2 所示，在上方输入窗口显示了要执行的语句。由于返回的是结果集，在【结果】窗格中以表格的形式显示了出来，在列表的底部可以看到最新插入的房间信息。

9.1.3　插入单条记录

使用 INSERT 语句向数据表中插入数据最简单的方法是：一次插入一行数据，并且每次插入数据时都必须指定表名以及要插入数据的列名。这种方法适用于插入列不多的情况。

【示例3】

在 HotelManagementSys 数据库的娱乐项目基本信息表 Atariff 中保存了娱乐项目的信息，包括 Atno 列(编号)、Atname 列(消费项目名称)和 Atprice 列(消费项目价格)，且这三列都不能为空。

下面用 INSERT 语句向 Atariff 表中增加一个项目信息，语句如下：

```
INSERT INTO Atariff(Atno,Atname,Atprice)
VALUES('D-CNF','川菜小炒',20)
```

这里需要注意的是，VALUES 子句中所有字符串类型的数据都被放在单引号中，且按 INSERT INTO 子句指定列的次序为每个列提供值，这个 INSERT INTO 子句中列的次序允许与表中列定义的次序不相同。也就是说上述的语句可以写成：

```
INSERT INTO Atariff(Atname,Atno,Atprice)
VALUES('川菜小炒','D-CNF',20)
```

或者：

```
INSERT INTO Atariff(Atprice,Atname,Atno)
VALUES(20,'川菜小炒','D-CNF')
```

使用这种方式插入数据时可以指定哪些列接受新值，而不必为每个列都输入一个新值。但是，如果在 INSERT 语句省略了一个 NOT NULL 列或没有用默认值定义的列，那么在执行时则会发生错误。

9.1.4 省略 INSERT INTO 子句列表

从 INSERT 语句的语法结构可以看出，INSERT INTO 子句后可不带列名。如果在 INSERT INTO 子句中只包括表名，而没有指定任何一列，则默认为向该表中所有列赋值。这种情况下，VALUES 子句中所提供的值的顺序、数据类型、数量必须与列在表中定义的顺序、数据类型、数量相同。

例如，对于同样向 Atariff 表中增加一个项目信息，图 9-3 和图 9-4 展示了两种不同的结果。

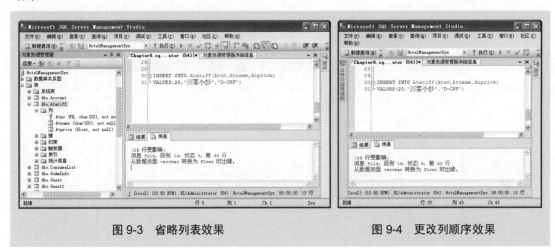

<table>
<tr><td>图 9-3　省略列表效果</td><td>图 9-4　更改列顺序效果</td></tr>
</table>

图 9-3 所示为正确使用 INSERT 省略列表的语句。在图 9-4 中，VALUES 子句中的值与定义表时列的顺序不同，并且未使用 INTO 子句指定，因此在执行时出错。

9.1.5 处理 NULL 值

在 INSERT 语句的 INTO 子句中，如果遗漏了列表和数值表中的一列，那么当该列有默认值存在时，将使用默认值。如果默认值不存在，SQL Server 2008 会尝试使用 NULL 值。如果列声明了 NOT NULL，尝试的 NULL 值会导致错误。

而在 VALUES 子句的列表中，如果明确指定了 NULL，那么即使默认值存在，列仍会设置为 NULL(假设它允许为 NULL)。当在一个允许 NULL 且没有声明默认值的列中使用 DEFAULT 关键字时，NULL 会被插入到该列中。如果在一个声明 NOT NULL 且没有默认值的列中指定 NULL 或 DEFAULT，或者完全省略了该值，都会导致错误。

在表中插入行时，使用 INSERT 语句中的关键字 DEFAULT 或 DEFAULT VALUES 输入值，可以节省时间。

使用关键字 DEFAULT 时，应该注意以下事项和原则。

- SQL Server 2008 可以把空值插入到允许空值而没有默认值的列中。
- 如果使用了关键字 DEFAULT，而列中不允许有空值并且没有默认值，那么 INSERT 语句将失败。

● 具有标识属性的列中不能使用关键字 DEFAULT。因此，不能在 column_list 或 VALUES 子句中列出具有标识属性的列。

【示例 4】

在 Members 表中保存了管理员的信息，有 id、username、userpass 和 useremail 列，除 id 列外其他都允许为空。下面使用 INSERT 语句插入一行管理员信息，如下所示：

```
INSERT INTO Members
VALUES(2,'somboy',NULL,'')
GO
SELECT * FROM Members
```

执行结果如图 9-5 所示。

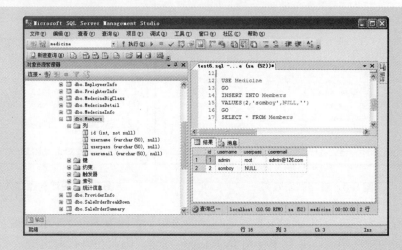

图 9-5 使用 NULL 和空值

9.1.6 使用 INSERT SELECT 语句

INSERT SELECT 语句可以完成一次插入一个数据块的功能，其语法结构如下：

```
INSERT INTO <table name>
SELECT column list
FROM table list
WHERE search conditions
```

由 SELECT 语句产生的结果集为 INSERT 语句中的插入值，INSERT SELECT 语句可以把其他数据源的行添加到现有的表中。使用 INSERT SELECT 语句比使用多个单行的 INSERT 语句效率要高得多。

当使用 INSERT SELECT 语句时，应该注意以下事项。

● 在最外面的查询表中插入所有满足 SELECT 语句的行。
● 必须检验插入了新行的表是否在数据库中。
● 必须保证接受新值的表中列的数据类型与源表中相应列的数据类型一致。

● 必须明确是否存在默认值，或所有被忽略的列是否允许为空值。如果不允许空值，必须为这些列提供值。

【示例 5】

在 HotelManagementSys 中创建一个房间信息表，该表收集了 RoomInfo 表中的 Rno、Rtype、Rprice、Rfloor 和 Toward 列的信息。如下所示为房间信息表的定义：

```
CREATE TABLE 房间信息
(
房间编号 char(10) NOT NULL,
房间类型 VARCHAR(20) NOT NULL,
价格 float NOT NULL,
所在楼层 smallint NOT NULL,
朝向 varchar(10) NOT NULL
)
```

下面通过 INSERT SELECT 语句从 RoomInfo 表中将房间信息批量插入到房间信息表，使用 INSERT 语句如下：

```
INSERT INTO 房间信息
SELECT Rno, Rtype, Rprice, Rfloor, Toward FROM RoomInfo
```

执行上面语句后，查看房间信息表的最终结果如图 9-6 所示。

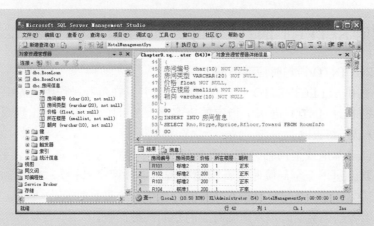

图 9-6　执行 INSERT SELECT 语句后的房间信息表

提示：在把值从一列复制到另一列时，值所在列不必具有相同的数据类型，只要插入目标表的值符合该表的数据限制即可。

【示例 6】

和其他 SELECT 语句一样，在 INSERT 语句中使用的 SELECT 语句中也可以包含 WHERE 子句。

例如，要将 RoomInfo 表中 Rno 为 R101、R103、R105 和 R107 的行添加到房间信息

表中，实现语句如下。

```
INSERT INTO 房间信息
SELECT Rno,Rtype,Rprice,Rfloor,Toward FROM RoomInfo
WHERE Rno IN('R101','R103','R105','R107')
```

上述语句执行后，房间信息表的内容如图 9-7 所示，可以看出在房间表中只添加了 4 行数据，而不是全部。这里 WHERE 子句的功能和任何 SELECT 语句中的 WHERE 子句一样，经过筛选后，只将符合查询条件的数据导入房间信息表中。

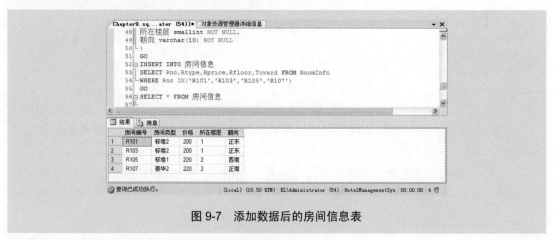

图 9-7　添加数据后的房间信息表

9.1.7　使用 SELECT INTO 语句

使用 SELECT INTO 语句时应遵循以下原则。

● 可以使用 SELECT INTO 语句创建一个表并且在单独操作中向表中插入行。确保在 SELECT INTO 语句中指定的表名是唯一的。如果表名出现重复，SELECT INTO 语句将失败。

● 可以创建本地或全局临时表。要创建一个本地临时表，需要在表名前加一个#符号；要创建一个全局临时表，需要在表名前加两个#符号。本地临时表只在当前的会话中可见，全局临时表在所有的会话中都可见。

● 当使用者结束会话时，本地临时表的空间会被回收。

● 当创建表的会话结束且当前参照表的最后一个 T-SQL 语句完成时，全局临时表的空间会被回收。

使用 SELECT INTO 语句的基本语法如下：

```
SELECT <select_list>
INTO new_table
FROM {<table_source>}[,…n]
WHERE <search_condition>
```

【示例 7】

从 HotelManagementSys 数据库的 RoomInfo 表中将"标准 1"和"标准 2"类型的房

间信息集中到临时表"普通房间"中。

SELECT INTO 语句如下：

```
SELECT Rno '房间编号',Rtype '房间类型',Rprice '价格',Rfloor '所在楼层',Toward
'朝向'
INTO #普通房间
FROM RoomInfo
WHERE Rtype='标准1' OR Rtype='标准2'
```

执行上述语句，然后再使用 SELECT 查看临时表的内容，如图 9-8 所示。

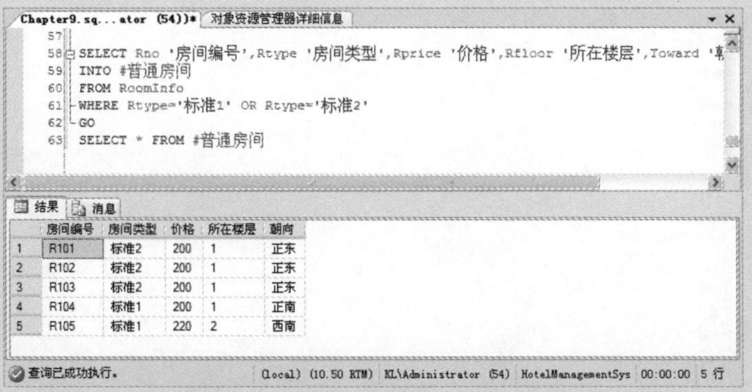

图 9-8　临时表"#普通房间"的内容

从图 9-8 中可以看到，INTO 子句指定的临时表中仅包含了符合 WHERE 条件的房间信息，这是由 SELECT 语句的 WHERE 子句限制的。

9.2　实践案例：向自增列中添加数据

标识列在表中是一种特殊的列，因此处理方法也与普通列不同。为了演示的方便，这里创建了一个适用于标识列的示例表 testIdentity，该表的创建语法如下：

```
CREATE TABLE testIdentity
(
idint IDENTITY,
words VARCHAR(50)
)
```

执行上述语句得到 testIdentity 表。首先介绍第一种方法也是最简单的方法，即：对于标识列在插入语句中可以忽略不指定，表中的其他列也不指定。使用语句如下：

```
INSERT INTO testIdentityVALUES('Hello')
```

这要求给出的 VALUES 子句与表中定义顺序相同。第二种是指定除标识列外，其他要插入数据的列，使用语句如下：

```
INSERT INTO testIdentity (words)  VALUES('SQL Server')
```

另一种方法是指定标识列，但前提是需要将表的 IDENTITY_INSERT 值设置为 ON。语句如下：

```
SET IDENTITY_INSERT testIdentity ON
INSERT INTO testIdentity (id,words)  VALUES(3,'very good')
```

分别使用上述的三种方法，向表中添加一条记录，最终执行结果如图 9-9 所示。

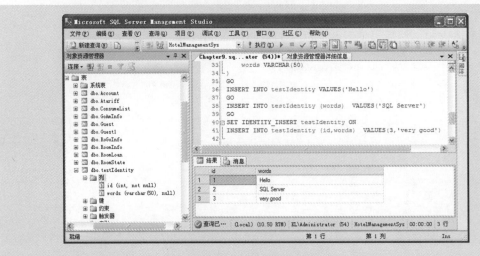

图 9-9　处理标识列

9.3　实践案例：使用 INSERT 语句插入多行数据

除了以上讲解的 INSERT 语句用法之外，还可以使用单个 INSERT 语句一次向表中插入多行数据。具体方法是在 VALUES 子句后使用多个小括号来指定每一行的内容，小括号之间用逗号分隔。

例如，要向上节创建的 testIdentity 表中一次性添加 4 行数据，语句如下：

```
SET IDENTITY_INSERT testIdentity ON
INSERT INTO testIdentity (id,words)
VALUES(1,'Spring'),(15,'Summer'),(52,'Autumn'),(34,'Winter')
```

在查询窗口执行上面的语句，将返回如下结果：

(4 行受影响)

可见插入操作成功。再使用 SELECT * FROM testIdentity 语句查看表中的数据，执行结果如图 9-10 所示。

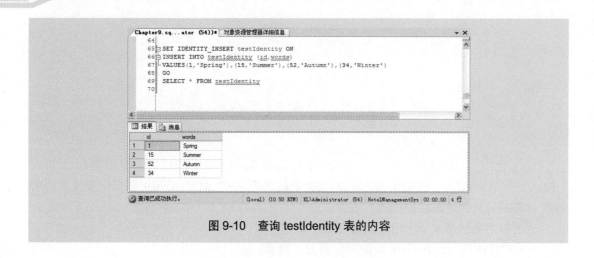

图 9-10　查询 testIdentity 表的内容

9.4　更 新 数 据

创建表并添加数据之后，更改或更新表中的数据也是日常维护数据库的操作之一。修改表中的数据需要使用 T-SQL 语言中的 UPDATE 语句。

9.4.1　UPDATE 语句语法详解

使用 UPDATE 语句可以更改表或视图中单行、行组或所有行的数据值，还可以用该语句更新远程服务器上的行，前提是用来访问远程服务器的 OLE DB 访问接口支持更新操作。

UPDATE 语句的完整语法如下：

```
UPDATE
  [ TOP ( expression ) [ PERCENT ] ]
  { <object> | rowset_function_limited
  [ WITH ( <Table_Hint_Limited>[ ...n ] ) ]
  }
  SET
      { column_name = { expression | DEFAULT | NULL }
        | { udt_column_name.{ { property_name = expression
                        | field_name = expression }
                       | method_name ( argument [ ,...n ] )
                          }
          }
      | column_name { .WRITE ( expression , @Offset , @Length ) }
      | @variable = expression
      | @variable = column = expression [ ,...n ]
    } [ ,...n ]
  [ <OUTPUT Clause> ]
  [ FROM{ <table_source> } [ ,...n ] ]
  [ WHERE { <search_condition>
        | { [ CURRENT OF
            { { [ GLOBAL ] cursor_name }
```

```
                 | cursor_variable_name
              }
           ]
        }
      }
   ]
   [ OPTION ( <query_hint>[ ,...n ] ) ]
[ ; ]
```

可以看出，UPDATE 子句和 SET 子句是必选的，而 WHRER 子句是可选的。UPDATE 子句中，必须指定将要更新的数据表的名称。WHRER 子句可以指定要搜索的条件，以限制只对满足条件的行进行更新。

语法中主要包括 4 个子句，其含义如下。

- UPDATE 子句：用来指定要更新的目标表。
- SET 子句：用来指定要被修改的列及修改后的数据。
- SET 子句：包括占位符<SET clause expression>，该占位符可分解为<Column_name>=<Value_expression>。SET 子句必须指定一个列名及要更新的数值。
- FROM 子句：指定为 SET 子句中的表达式提供值的表或视图，以及各个源表或视图之间可选的联接条件。
- WHERE 子句：这里的 WHERE 子句与其他 SQL 语句中的 WHERE 子句作用相同，都是起限制作用，用于指定更新表的条件。

 提示：对于引用某个表或视图的 UPDATE 语句，每次只能更改一个基表中的数据。

9.4.2 基于表中数据的更新

当使用 UPDATE 语句更新 SQL 数据时，应该注意以下事项和规则。

- 用 WHERE 子句指定需要更新的行，用 SET 子句指定新值。
- UPDATE 无法更新标识列。
- 如果行的更新违反了约束或规则，比如违反了列的 NULL 设置，或者新值是不兼容的数据类型，则将取消该语句，并返回错误提示，不会更新任何记录。
- SQL Server 不会更新任何违反完整性约束的行。该修改不会发生，语句将回滚。
- 每次只能修改一个表中的数据。
- 可以同时把一列或多列、一个变量或多个变量放在一个表达式中。

【示例 8】

对 HotelManagementSys 数据库中的房间价格进行调整，改为原来的 90%，使用 UPDATE 语句的实现如下。

```
UPDATE RoomInfo SET Rprice=Rprice*0.9
```

上述语句更新了 RoomInfo 表中 Rprice 列的所有数据，使每个房间的价格都减少了 10%。图 9-11 所示为更新前的结果，图 9-12 所示为更新后的结果。

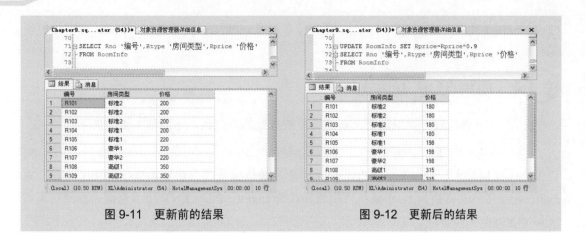

图 9-11 更新前的结果　　　　　　　　　图 9-12 更新后的结果

9.4.3 基于其他表的更新

UPDATE 语句不但可以在一个表中进行操作，而且还能在多个表中进行操作。使用带 FROM 子句的 UPDATE 语句可以基于其他表来修改表，其基本语法格式如下：

```
UPDATE table_or_view
SET {column_name=expression|DEFAULT|NULL}[,…n]
[FROM table_source]
[WHERE search_conditions]
```

当使用包含 UPDATE 语句的联接或子查询时，应注意以下事项和原则。

- 在一个单独的 UPDATE 语句中，SQL Server 不会对同一行作两次更新。这是一个内置限制，可以使在更新中写入日志的数量减至最小。
- 使用 SET 关键字可以引入列的列表或各种要更新的变量名。其中 SET 关键字引用的列必须明确。
- 如果子查询没有返回值，必须在子查询中引入 IN、EXISTS、ANY 或 ALL 等关键字。
- 可以考虑在相关子查询中使用聚合函数，因为在单独的 UPDATE 语句中，SQL Serve 不会对同一行做两次更新。

【示例 9】

子查询也可以嵌套在 UPDATE 语句中，用于构造修改的条件。例如，要在 HotelManagementSys 数据库中将消费过"象棋"的顾客积分增加 20，就需要用到两个子查询。最终 UPDATE 语句如下：

```
UPDATE Guest SET Grade=Grade+20 WHERE Gno IN(
    SELECT Gno FROM ConsumeList WHERE Atno=(
        SELECT Atno FROM Atariff WHERE Atname='象棋'
    )
)
```

其中，最内层的 SELECT 查询用于查找项目"象棋"的编号，再根据此编号从消费列表

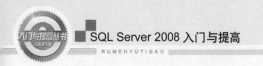
ConsumeList 中找到顾客编号。然后根据顾客编号，在 Guest 表中对 Grade 列进行更新操作。

9.4.4 使用 TOP 表达式

使用 TOP 表达式可以指定要更新的行数或行数的百分比，它的基本语法如下：

```
TOP (expression) [PERCENT] [WITH TIES]
```

在上述语法中，expression 指定返回行数的数值表达式。如果指定了 PERCENT，则 expression 将隐式转换为 float 值；否则将转换为 bigint。PERCENT 指示查询只返回结果集中前 expression%的行。

 注意：在 UPDATE 和 DELETE 语句中需要使用括号来分隔 TOP 中的 expression。

WITH TIES 指定从基本结果集中返回额外的行，对于 ORDER BY 列中指定的排序方式参数，这些额外的返回行的该参数值与 TOP n(PERCENT)行中的最后一行的该参数值相同。只能在 SELECT 语句中且只有在指定 ORDER BY 子句之后，才能指定 TOP…WITH TIES。

如果查询包含 ORDER BY 子句，则返回按 ORDER BY 子句排序的前 expression 行或 expression%行。如果查询没有 ORDER BY 子句，则行的顺序是随意的。在已分区视图中，不能将 TOP 与 UPDATE 和 DELETE 语句一起使用。

【示例 10】

假设，仅希望对 Atariff 表中前 5 条消费项目的价格增加 5，其他行数据保持不变，可以使用如下 UPDATE 语句实现。

```
UPDATE TOP(5) Atariff SET Atprice=Atprice+5
```

上述语句执行前如图 9-13 所示，执行后结果如图 9-14 所示。

图 9-13　TOP 语句执行前 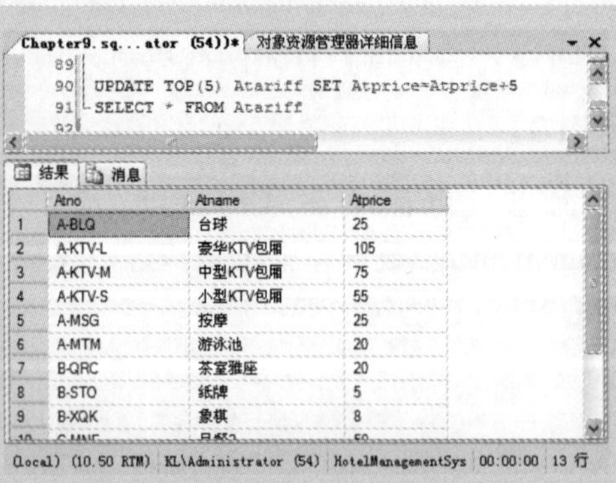　　　　图 9-14　TOP 语句执行后

【示例 11】

假设要对 30%的消费项目价格增加 5，则可以使用如下 TOP 语句实现。

```
UPDATE TOP(30) PERCENT Atariff SET Atprice=Atprice+5
```

9.5 实践案例：同时更新多列

前面介绍了对满足条件的一个列进行更新的方法。在实际应用中，不可能只对一个列进行修改，如果要同时修改满足条件的多个列，可在 SET 子句中指定，各列之间用逗号(,)隔开。

在 HotelManagementSys 数据库中对编号为 G001 的顾客信息进行修改，包括联系电话、地址、账户余额和积分。使用 UPDATE 语句的实现如下：

```
UPDATE Guest
SET Gtel='13612345678',Gaddress='河南郑州',Account=2000,Grade=1250
WHERE Gno='G001'
```

上述语句执行前如图 9-15 所示，执行后结果如图 9-16 示。

图 9-15 更新前　　　　　　　　　　　图 9-16 更新后

9.6 删 除 数 据

随着表中数据的更新和变动，可能会存在一些无用或过时的数据，而这些数据不仅会占用数据库的空间，还会影响数据修改和查询的速度，所以应及时将它们删除。

本节将介绍使用 T-SQL 语言中的 DELETE 语句删除表中数据的方法。

9.6.1 DELETE 语句语法详解的示例

使用 DELETE 语句时应该注意以下几点。

- DELETE 语句不能删除单个列的值，只能删除整行数据。要删除单个列的值，可以采用上节介绍的 UPDATE 语句，将其更新为 NULL。
- 使用 DELETE 语句仅能删除记录即表中的数据，不能删除表本身。要删除表，需要使用前面介绍的 DROP TABLE 语句。
- 同 INSERT 和 UPDATE 语句一样，从一个表中删除记录会引起其他表的参照完

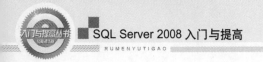

整性问题。这是一个潜在的问题，需要时刻注意。

DELETE 语句的基本格式如下：

```
DELETE table_or_view FROM table_sources WHERE search_condition
```

下面具体说明上述语句中各参数的具体含义。

- table_or_view：要删除数据的表或者视图的名称，其中所有满足 WHERE 子句的记录都将被删除。
- FROM table_sources：使 DELETE 先从其他表查询出一个结果集，然后删除 table_sources 中与该查询结果相关的数据。

9.6.2 使用 DELETE 语句的示例

使用 DELETE 语句可以删除数据库表中的单行数据、多行数据以及所有行数据，同时在 WHERE 子句中也可以通过子查询删除数据，本节主要通过示例说明如何从表中删除数据。

【示例 12】

使用 DELETE 语句删除房间信息表中房间编号为 R101 的信息，实现语句如下：

```
DELETE 房间信息 WHERE 房间编号='R101'
```

执行上述语句只有 1 行受影响，使用 "SELECT * FROM 房间信息" 语句查看删除后的表结果，如图 9-17 所示。

【示例 13】

不但可以删除单行数据，而且可以删除多行数据。将房间信息表中价格为 180 的信息都删除，可用如下语句。

```
DELETE 房间信息 WHERE 价格=180
```

执行上述语句有多行受影响，使用 "SELECT * FROM 房间信息" 语句查看删除后的表结果，如图 9-18 所示。

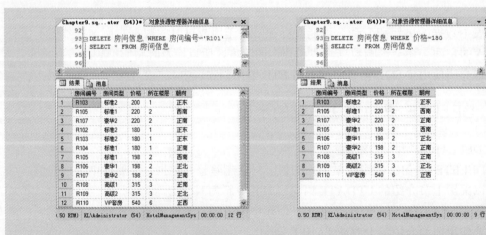

图 9-17　删除 1 行后的结果　　　　图 9-18　删除多行后的结果

【示例 14】

如果 DELETE 语句中没有 WHERE 子句，则表中所有记录都将被删除，例如，删除 Atariff 表中的所有客户信息，语句如下：

```
DELETE  FROM Atariff
```

执行上述语句，然后再查看 Atariff 表的数据，会发现所有记录都已被删除。

【示例 15】

在 DELETE 语句中结合 TOP 子句可以删除指定百分比数据。例如，HotelManagementSys 数据库中，需要删除 5%的消费项目信息，可以使用如下 DELETE 语句：

```
DELETE  TOP (5) PERCENT  FROM Atariff
```

如果需要删除 Atariff 表的前 1 行，使用如下 DELETE 语句：

```
DELETE TOP (1) Atariff
```

注意：通过使用 DELETE 语句中的 WHERE 子句，可以删除表或者视图中单行数据、多行数据以及所有行数据。如果 DELETE 语句中没有 WHERE 子句的限制，表或者视图中的所有记录都将被删除。

9.6.3 基于其他表删除数据

使用带有联接或子查询的 DELETE 语句可以删除基于其他表中的行数据。在 DELETE 语句中，WHERE 子句可以引用自身表中的值，并决定删除哪些行。如果使用了附加的 FROM 子句，就可以引用其他表来决定删除哪些行。当使用带有附加 FROM 子句的 DELETE 语句时，第一个 FROM 子句指出要删除行所在的表，第二个 FROM 子句引入一个联接作为 DELETE 语句的约束标准。

【示例 16】

假设要删除 HotelManagementSys 数据库中所有"抗生素"分类下的药品信息，可用如下 DELETE 语句。

```
DELETE FROM HotelManagementSysInfo WHERE HotelManagementSysId IN(
    SELECT BigClassId  FROM HotelManagementSysBigClass WHERE
BigClassName='抗生素'
)
```

上述语句通过在 WHERE 子句中使用嵌套子查询来获取"抗生素"分类的编号，再根据该编号在 HotelManagementSysInfo 表中进行删除。

9.6.4 TRUNCATE TABLE 语句的用法

使用 TRUNCATE TABLE 可以快速删除表中的所有记录，而且无日志记录，只记录整个数据页的释放操作。TRUNCATE TABLE 语句在功能上与不含 WHERE 子句的 DELETE 语句相同，但是，TRUNCATE TABLE 语句的速度更快，使用的系统资源和事务日志资源更少。使用 TRUNCATE TABLE 语句的基本语法如下：

```
TRUNCATE TABLE[[database.]owner.]table_name
```

虽然使用 DELETE 语句和 TRUNCATE TABLE 语句都能够删除表中的所有数据，但使用 TRUNCATE TABLE 语句要比用 DELETE 语句快得多，表现为以下两点。

● 使用 DELETE 语句，系统一次一行地处理要删除的表中的记录，在从表中删除行之前，在事务处理日志中记录相关的删除操作和删除行中的列值，以在删除失败时，可以使用事务处理日志来恢复数据。

● TRUNCATE TABLE 将一次性完成删除与表有关的所有数据页的操作。另外，TRUNCATE TABLE 语句并不更新事务处理日志。由此，在 SQL Server 中，使用 TRUNCATE TABLE 语句从表中删除行后，将不能用 ROLLBACK 命令取消对行的删除操作。

警告：TRUNCATE TABLE 语句不能用于有外关键字依赖的表。TRUNCATE TABLE 语句和 DELETE 语句都不删除表结构。若要删除表结构及其数据，可以使用 DROP TABLE 语句。

例如，删除 RoGoInfo 表中所有行的数据信息，也可以使用如下语句：

```
TRUNCATE TABLE  RoGoInfo
```

9.7   思考与练习

一、填空题

1. 使用_____语句可以实现一次插入一个数据块的功能。

2. 要快速删除表中的所有记录，最好使用_____语句。

3. 使用_____表达式可以更新和删除指定的行数或行数的百分比。

4. DELETE 语句中_____子句是必需的。

5. 若将客户信息表中一名客户"秦英"的邮箱地址更新为 2007_zp@163.com，应该使用_____语句。

二、选择题

1. 使用_____语句可以把数据从表中删除。

    A. SELECT   B. INSERT   C. UPDATE   D. DELETE

2. 有关 INSERT…SELECT 语句的描述，下面说法正确的是_____。

    A. 新建一个表   B. 语法不正确

    C. 一次最多只能插入一行数据   D. 向已有的表中插入数据

3. 在 DELETE 语句中，指定从表中删除行的语句或子句是_____。

    A. SELECT   B. INSERT   C. UPDATE   D. WHERE

4. 在 SQL Server 2008 数据库中创建了订单信息表：

```
CREATE TABLE 订单表
(订单号 int IDENTITY(1001,1) PRIMARY KEY ,
客户名称 varchar(20) NOT NULL,
客户代号 int NOT NULL,
订购日期 datetime NOT NULL,
订购金额 money NOT NULL
)
```

由于业务量很大，订单表已经存放了大量的数据。用户若想删除 5 年以前的订购信息，应该使用的语句是_____。

    A. DELETE FROM 订单表 WHERE 订购日期<DATEADD(YY,-5,GETDATE())

    B. DELETE FROM 订单表 WHERE 订购日期<DATEADD(YY,5,GETDATE())

    C. DELETE FROM 订单表 WHERE 订购日期<GETDATE()-5

    D. DELETE FROM 订单表 WHERE 订购日期<GETDATE()+5

三、简答题

1. 简述 SELECT 语句的基本语法。

2. 简述 WHERE 子句可以使用的搜索条件及其意义。

3. INSERT 语句的 VALUES 子句中必须指明哪些信息以及必须满足哪些要求？

4. 简述 UPDATE 语句中使用 WHERE 子句的作用。

5. 简述删除 SQL 数据表中所有数据信息的方法，并比较各方法的优、缺点。

9.8 练 一 练

作业：处理订单信息

本作业要求对订单信息表进行操作，首先将订单信息表中的付款方式改为直接支付，并且订购日期大于或等于 2013-03-01 的订单信息保存在一个新临时表#order 中。

然后插入一条订单信息，即订单号为 10023、客户名称为"周志强"、订货日期为"2013-12-25"、订单额为 64 807 元、发货日期为"2007-12-29"。

接下来将订单额在 50 000 元以上的订单日期向后推迟 1 个月，最后删除 "2013-01-01" 以前的订单信息。

第10章

T-SQL 查询数据

    T-SQL 语言的 DML 中包含 4 个语句，上一章介绍了其中与数据修改有关的 INSERT、UPDATE 和 DELETE 语句，本章将详细介绍剩下的 SELECT 语句。

    SELECT 语句在前面已经多次使用过，它的主要作用就是从数据表中查询数据。在查询时可以指定列、指定条件、甚至执行计算，还可以对查询结果进行排序、分组和统计。

本章重点：

➥ 掌握 SELECT 查询表中所有列和指定列的用法

➥ 掌握查询时为列添加别名的方法

➥ 掌握 SELECT 语句中 DISTINCT 和 TOP 的用法

➥ 掌握 WHERE 子句筛选结果条件的方法

➥ 掌握 GROUP BY 子句的用法

➥ 掌握 ORDER BY 子句的用法

➥ 掌握 HAVING 子句的用法

10.1 SELECT 语句语法

使用 SELECT 语句进行数据查询是数据库的核心操作，该语句具有灵活的使用方式和丰富的功能，能够完成复杂的查询操作。

SELECT 语句的语法格式如下：

```
SELECT [ALL | DISTINCT] select_list
FROM table_name
[WHERE <search_condition>]
[GROUP BY <group_by_expression>]
[HAVING <search_condition>]
[ORDER BY <order_expression>[ASC | DESC]]
```

在上面的语法格式中，[]内的子句表示可选项。下面对语法格式中的各参数进行说明。

- SELECT 子句：用来指定查询返回的列。
- ALL | DISTINCT：用来标识在查询结果集中对相同行的处理方式。关键字 ALL 表示返回查询结果集的所有行，其中包括重复行；关键字 DISTINCT 表示如果结果集中有重复行，则只显示一行，默认值为 ALL。
- select_list：如果返回多列，各列名之间用"，"隔开；如果需要返回所有列的数据信息，则可以用"*"表示。
- FROM 子句：用来指定要查询的表名。
- WHERE 子句：用来指定限定返回行的搜索条件。
- GROUP BY 子句：用来指定查询结果的分组条件。
- HAVING 子句：与 GROUP BY 子句组合使用，用来对分组的结果进一步限定搜索条件。
- ORDER BY 子句：用来指定结果集的排序方式。
- ASC | DESC：ASC 表示升序排列；DESC 表示降序排列。

在 SELECT 语句中，FROM、WHERE、GROUP BY 和 ORDER BY 子句必须按照语法中列出的次序依次执行。例如，如果把 GROUP BY 子句放在 ORDER BY 子句之后，就会出现语法错误。

10.2 简 单 查 询

本节将介绍 SELECT 语句在表中查询简单数据的方法，像获取所有行、获取指定列，以及排除重复数据等。

10.2.1 查询所有列

要把表中所有的列及列数据展示出来，可以使用符号"*"，它表示所有的。用*代替字段列表就可以包含所有字段了。

获取整张表中的数据的语法如下：

```
SELECT * FROM 表名
```

也可以使用"表名.*"来查询表中的所有列。但是用这种方式查询所有列时，不能对列重命名。

【示例 1】

假设要从 HotelManagementSys 数据库中查询出 Atariff 表的所有列，使用的查询语句如下：

```
SELECT *
FROM Atariff
```

按 F5 键执行，查询结果如图 10-1 所示。

图 10-1　查询 Atariff 表所有列

10.2.2　查询指定列

将 SELECT 语法中的"*"换成所需字段的字段列表就可以查询指定列数据，若将表中所有的列都放在这个列表中，将查询整张表的数据。语法如下：

```
SELECT 字段列表
FROM 表名
```

【示例 2】

假设要从 HotelManagementSys 数据库的 Guest 表中查询出 Gno、Gname、Gsex、Discount 和 Balance 字段。查询语句如下：

```
SELECT Gno,Gname,Gsex,Discount,Balance
FROM Guest
```

按 F5 键执行，查询结果如图 10-2 所示。

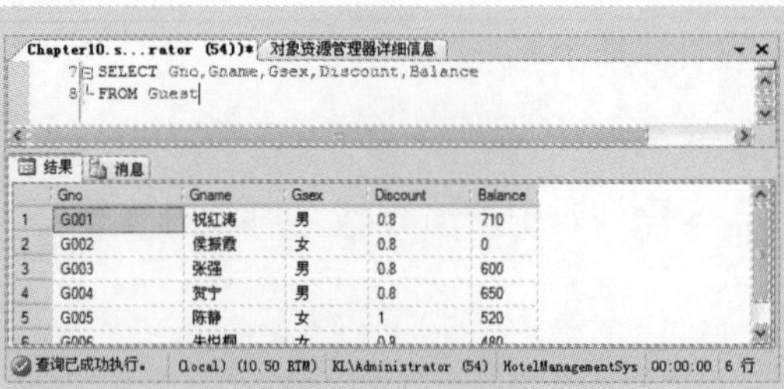

图 10-2 查询结果

10.2.3 避免重复项

使用 DISTINCT 关键字筛选结果集，对于重复行只保留并显示一行。这里的重复行是指结果集数据行的每个字段数据值都一样。

使用 DISTINCT 关键字的语法格式如下：

```
SELECT DISTINCT column 1[,column 2 ,…, column n]
FROM table_name
```

【示例3】

查询 HotelManagementSys 数据库中 RoomInfo 表中 Toward 字段的所有数据，SELECT 语句如下：

```
SELECT Toward
FROM RoomInfo
```

查询结果如图 10-3 所示，可以看到有很多重复的值。下面在 SELECT 语句中添加 DISTINCT 关键字筛选重复的值，语句如下：

```
SELECT DISTINCT Toward
FROM RoomInfo
```

使用 DISTINCT 关键字后的结果如图 10-4 所示，可以看到结果中仅保留了不重复的值。

图 10-3 使用 DISTINCT 关键字前

图 10-4 使用 DISTINCT 关键字后

提示：在使用 DISTINCT 关键字时，如果表中存在多个为 NULL 的行，它们将作为相等处理。

10.2.4 返回部分结果

在查询信息时，有时需要表中前 n 行的信息，这时就要用到 SELECT 子句中的 TOP 关键字。语法格式如下：

```
SELECT TOP 整数数值或整数数值 PERCENT *
FROM 表名
```

具体说明如下。

- 使用 TOP 和整形数值，返回确定条数的数据。
- 使用 TOP 和百分比，返回结果集的百分比。
- 若 TOP 后的数值大于数据总行数，则显示所有行。

【示例 4】

从 HotelManagementSys 数据库中的 Atariff 表中查询前 5 条数据，并显示 Atno 字段、Atname 字段和 Atprice 字段，使用语句如下：

```
SELECT TOP 5 Atno,Atname,Atprice
FROM Atariff
```

执行结果如图 10-5 所示。使用如下语句可以获取 Atariff 表中 50%的数据，执行结果如图 10-6 所示。

```
SELECT TOP 50 PERCENT Atno,Atname,Atprice
FROM Atariff
```

图 10-5　获取前 5 条数据　　　　图 10-6　获取 50%数据

提示：将 TOP 关键字和 ORDER BY 结合使用可以根据字段数据值排序并提取数据。

10.2.5 为结果列使用别名

使用别名也就是为表中的列名另起一个名字，通常有以下三种设定方法。

- 采用符合 ANSI 规则的标准方法，即在列表达式中给出列名。
- 使用"AS"连接表达式和别名。
- 使用 SQL Server 2008 支持的"="符号连接表达式。

【示例 5】

从 HotelManagementSys 数据库的 Guest 表中查询出 Gno、Gname、Gsex、Discount 和 Balance 字段，并将字段依次重命名为"顾客编号"、"姓名"、"性别"、"折扣率"和"余额"。

采用第一种方法的 SELECT 语句如下：

```
SELECT Gno '顾客编号',Gname '姓名',Gsex '性别',Discount '折扣率',Balance '余额'
FROM Guest
```

执行后的结果集如图 10-7 所示。

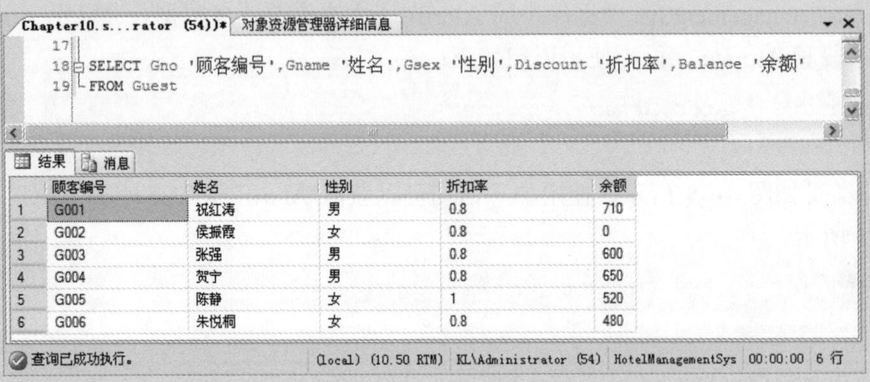

图 10-7　使用别名

采用第二种方法的 SELECT 语句如下：

```
SELECT Gno AS '顾客编号',Gname AS '姓名',Gsex AS '性别',Discount AS '折扣率',
Balance AS '余额'
FROM Guest
```

采用第三种方法的 SELECT 语句如下：

```
SELECT  '顾客编号'=Gno, '姓名'=Gname, '性别'=Gsex, '折扣率'=Discount, '余额'
=Balance
FROM Guest
```

无论使用哪种方式给列添加别名，操作时都要注意以下三点。

- 当引用中文别名时，可以不加引号，但是不能使用全角引号，否则查询会出错。
- 当引用英文的别名超过两个单词时，则必须用引号将其引起来。

- 可以同时使用以上三种方法，会返回同样的结果集。

10.2.6 查询计算列

SELECT 子句后的列也可以是一个表达式。表达式是经过对某些列的计算而得到的结果数据。通过在 SELECT 语句中使用计算列可以实现对表达式的查询。

【示例 6】

查询 HotelManagementSys 数据库中的 RoomInfo 表中的所有房间的原价，以及优惠价格(原价的 80%)，语句如下。

```
SELECT Rno '编号',Rtype '房间类型',Rprice '原价',Rprice*0.8 '优惠价格'
FROM RoomInfo
```

执行后的结果集如图 10-8 所示，优惠价格可以用"Rprice*0.8"表达式计算出来。由于计算列在表中没有相应的列名，因此这里指定了一个别名"优惠价格"。

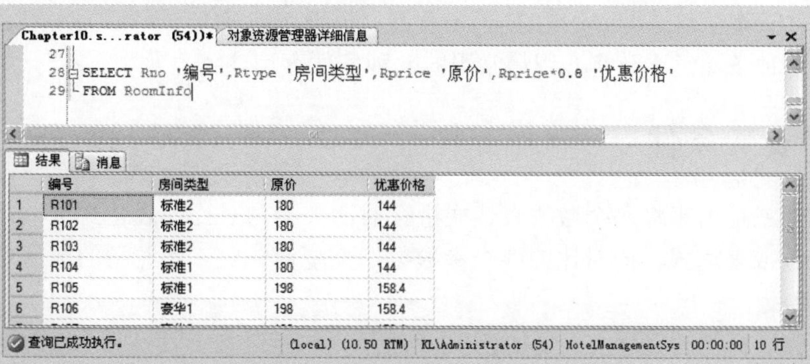

图 10-8 查询计算列

技巧：对于计算列，SQL Server 2008 不仅允许使用+、-、*、/基本运算符，也可以使用按照位进行计算的逻辑运算符。

【示例 7】

例如，将 RoomInfo 表中的 Rno、Rtype 和 Rprice 列进行合并，并使用"房间摘要"作为列名，语句如下。

```
SELECT '编号：'+Rno +' | 房间类型：'+Rtype+' | 价格：'+CAST(Rprice as varchar(10))
AS '房间摘要'
FROM RoomInfo
```

执行后结果集如图 10-9 所示。

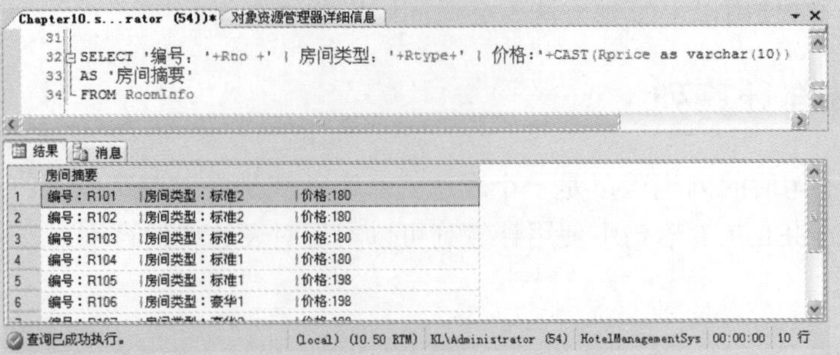

图 10-9 运用连接符 "+"

10.3 条件查询

在查询数据时，若只需要查询表中的部分数据而不是全部数据，则可以在 SELECT 语句中使用条件查询子句，即 WHERE 子句查询。根据 WHERE 子句后面使用运算符的不同可以分为很多种条件，本节将介绍最常用的 6 种条件查询。

10.3.1 比较条件

比较条件就是用来将两个数值表达式进行对比。参与对比的表达式可以是具体的值，也可以是函数或表达式，但对比的两个参数数据类型要一致。字符型的数值要用单引号引用，如性别='女'。

常用比较运算符的符号及含义如表 10-1 所示。

表 10-1 比较运算符

运算符	>	<	=	<>	>=	<=
含义	大于	小于	等于	不等于	大于等于	小于等于

参与比较的表达式以及比较运算符在 WHERE 中的语法如下：

WHERE 表达式1 比较运算符 表达式2

【示例 8】

从 Guest 表中查询余额在 200 元以上的顾客编号、姓名、性别、折扣率和余额，实现语句如下：

```
SELECT Gno '顾客编号',Gname '姓名',Gsex '性别',Discount '折扣率',Balance '余额'
FROM Guest
WHERE Balance>200
```

执行后的查询结果如图 10-10 所示。

图 10-10　余额大于 200 的顾客信息

【示例 9】

从 RoomInfo 表中查询出朝向为正北的房间信息，实现语句如下：

```
SELECT  Rno '编号',Rtype '房间类型',Rprice '价格',Rfloor '所在楼层',Toward '
朝向'
FROM RoomInfo
WHERE Toward='正北'
```

由于这里的 Toward 是字符类型所以使用单引号将值括住，执行后的查询结果如图 10-11 所示。

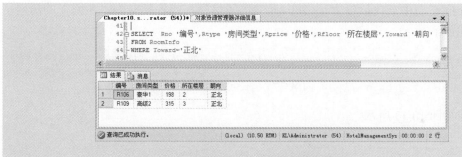

图 10-11　正北朝向房间信息

10.3.2　逻辑条件

逻辑运算符用于连接一个或多个条件表达式，相关符号和具体含义以及注意事项如下。

- AND：与，当相连接的两个表达式都成立时才成立。
- OR：或，当相连接的两个表达式中有一个成立时就成立。
- NOT：非，若原表达式成立，则语句不成立；若原表达式不成立，则语句成立。
- 三个逻辑运算符的优先级从高到低为 NOT、AND、OR，可以使用小括号改变执行的顺序。

逻辑运算符与 WHERE 子句结合的语法如下：

```
WHERE 表达式 AND 表达式
WHERE 表达式 OR 表达式
```

```
WHERE NOT 表达式
```

【示例 10】

在 Guest 表中查找余额大于 400 元，且性别为"女"的顾客信息，实现语句如下：

```
SELECT Gno '顾客编号',Gname '姓名',Gsex '性别',Discount '折扣率',Balance '余额'
FROM Guest
WHERE Gsex='女' AND Balance>400
```

查询结果如图 10-12 所示。

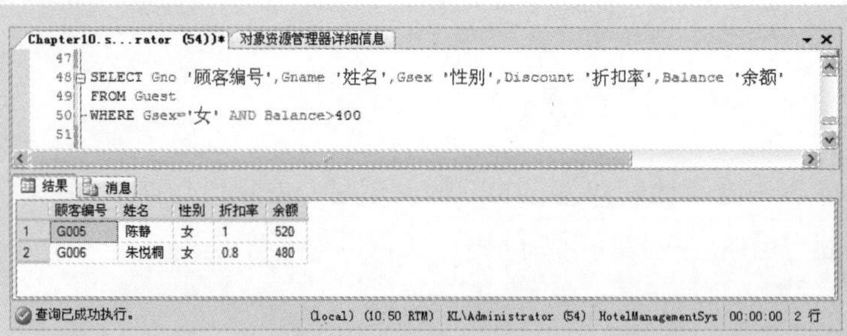

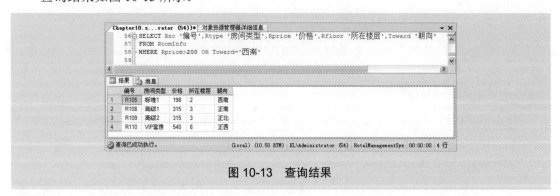

图 10-12   查询结果

【示例 11】

从 RoomInfo 表中查找价格大于 200 元的房间信息，或者朝向为"西南"的房间信息，实现语句如下：

```
SELECT Rno '编号',Rtype '房间类型',Rprice '价格',Rfloor '所在楼层',Toward '朝向'
FROM RoomInfo
WHERE Rprice>200 OR Toward='西南'
```

查询结果如图 10-13 所示。

图 10-13   查询结果

10.3.3   列表条件

使用 IN 关键字指定一个包含具体数据值的集合，以列表形式展开，并查询数据值在这个列表内的行。列表可以有一个或多个数据值，放在小括号内并用半角逗号隔开。具体语法如下：

```
WHERE 列名 IN 列表
```

【示例 12】

从 RoomInfo 表中查询出房间朝向分别为正北、正西或者西南的信息，实现语句如下：

```
SELECT Rno '编号',Rtype '房间类型',Rprice '价格',Rfloor '所在楼层',Toward '朝向'
FROM RoomInfo
WHERE Toward IN('正北','正西','西南')
```

执行结果如图 10-14 所示。

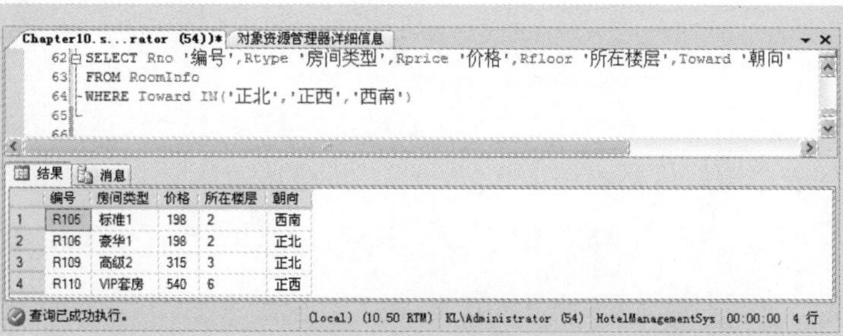

图 10-14　查询结果

【示例 13】

从 RoomInfo 表中查询出朝向不是正北、正西或者西南的房间信息，实现语句如下：

```
SELECT Rno '编号',Rtype '房间类型',Rprice '价格',Rfloor '所在楼层',Toward '朝向'
FROM RoomInfo
WHERE Toward NOT IN('正北','正西','西南')
```

10.3.4　范围条件

BETWEEN AND 关键字和 NOT BETWEEN AND 关键字与 WHERE 关键字结合使用可以限制查询条件的范围，语法如下：

```
WHERE 列名 BETWEEN | NOT BETWEEN 表达式 1  AND 表达式 2
```

上述语法结构要满足以下几个条件。

- 两个表达式的数据类型要和 WHERE 后的列的数据类型一致。
- 表达式 1<=表达式 2。

【示例 14】

从 RoomInfo 表中查找价格在 150～200 元之间的房间信息，实现语句如下：

```
SELECT Rno '编号',Rtype '房间类型',Rprice '价格',Rfloor '所在楼层',Toward '朝向'
FROM RoomInfo
WHERE Rprice BETWEEN 150 AND 200
```

查询结果如图 10-15 所示。

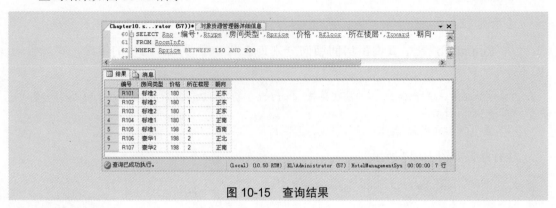

图 10-15   查询结果

【示例 15】

从 RoomInfo 表中查找价格不在 150～200 元之间的房间信息，实现语句如下：

```
SELECT Rno '编号',Rtype '房间类型',Rprice '价格',Rfloor '所在楼层',Toward '朝向'
FROM RoomInfo
WHERE Rprice NOT BETWEEN 150 AND 200
```

查询返回的结果与图 10-15 相反。

10.3.5 模糊条件

在 SELECT 中使用通配符和 LIKE 关键字可以实现模糊条件的查询，常见通配符
如下。

- %：使用字符与%结合，如查找姓名时使用'胡%'，可以找出所有姓胡的人。
- _：使用字符与_结合，与使用%相比精确了字符个数，如使用'胡_'，则只查询名
  字为两个字并且第一个字为“胡”的人。
- []：在[]内的任意单个字符，如[H-J]可以是 H、I 或 J。
- [^]或[!]：不在[^]或[!]内的任意单个字符，如[^H-J]可以是 1、2、3、d、e、
  A 等。

_、[]、[^]和[!]都是有明确字符个数的，%可以是一个或多个字符。

【示例 16】

从 Atariff 表中查询出所有娱乐项目编号中带字符 q 的数据，包括项目编号、名称和单
价，实现语句如下：

```
SELECT Atno '项目编号',Atname '名称',Atprice '单价'
FROM Atariff
WHERE Atno LIKE '%q%'
```

查询结果如图 10-16 所示。

【示例 17】

从 Atariff 表中查询出所有娱乐项目编号为 5 位字符，且以字符 C 开头的项目信息，包括项目编号、名称和单价，实现语句如下：

```
SELECT Atno '项目编号',Atname '名称',Atprice '单价'
FROM Atariff
WHERE Atno LIKE '[A-Z]-[A-Z][A-Z][A-Z]'
AND Atno LIKE 'C%'
```

查询结果如图 10-17 所示。

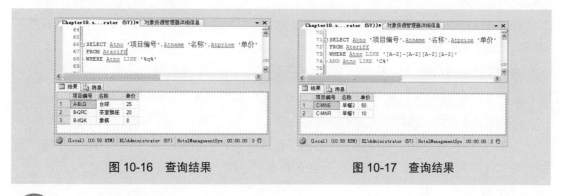

图 10-16　查询结果　　　　　　　　　　图 10-17　查询结果

10.3.6　未知条件

使用 IS NULL 关键字可以查询数据库中为 NULL 的值，语法格式如下：

```
WHERE 字段名 IS NULL
```

【示例 18】

查询 Guest 表中顾客联系电话(Gtel 列)为空的数据，查询结果包含顾客编号、姓名、性别、联系电话、折扣率和余额，实现语句如下：

```
SELECT Gno '顾客编号',Gname '姓名',Gsex '性别',Gtel '联系电话',Discount '折扣率',Balance '余额'
FROM Guest
WHERE Gtel IS NULL
```

执行结果如图 10-18 所示。

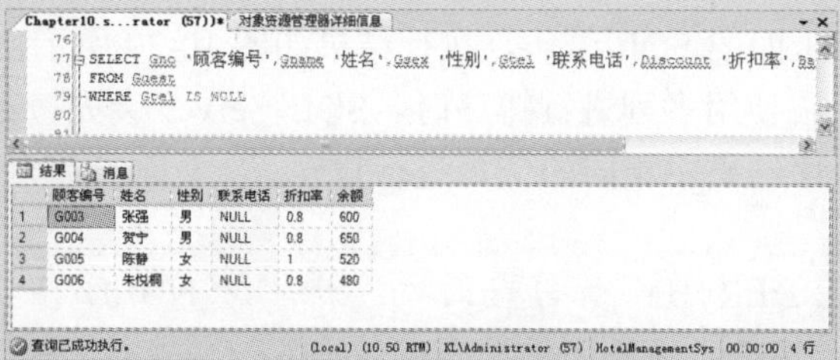

图 10-18　运行结果

10.4   操作查询结果

WHERE 子句只能对数据表进行筛选，以获得满足条件的数据。如果要对 SELECT 的查询结果进行操作就需要借助于其他子语句，例如用 ORDER BY 子句进行排序、用 GROUP BY 子句进行分组和用 HAVING 子句进行统计等等。

10.4.1   ORDER BY 子句

使用 ORDER BY 子句可以对查询结果集的相应列进行排序。ASC 关键字表示升序，DESC 关键字表示降序，默认情况下为 ASC。其语法格式如下：

```
SELECT <derived_column>
FROM table_name
WHERE search_conditions
ORDER BY order_expression [ASC|DESC]
```

在语法格式中，order_expression 指明了排序列或列的别名和表达式。当有多个排序列时，每个排序列之间用逗号隔开，而且各列后都可以跟一个排序要求。

【示例 19】

从 Atariff 表中查询出所有娱乐项目的编号、名称和单价，并按单价的降序排序显示，实现语句如下：

```
SELECT Atno '项目编号',Atname '名称',Atprice '单价'
FROM Atariff
ORDER BY Atprice DESC
```

在查询窗口执行上面的语句，执行结果如图 10-19 所示。

【示例 20】

是从 Guest 表中查询出所有的顾客编号、姓名、折扣率和余额，要求按折扣率升序排序，按余额降序排序显示，实现语句如下：

```
SELECT Gno '顾客编号',Gname '姓名',Discount '折扣率',Balance '余额'
FROM Guest
ORDER BY Discount,Balance DESC
```

在查询窗口中执行上面的 SQL 语句，执行结果如图 10-20 所示。

由图 10-20 得知，在使用多列进行排序时，SQL Server 会先按第一列进行排序，然后使用第二列对前面的排序结果中相同的值再进行排序。

> 注意：使用 ORDER BY 子句查询时，若存在 NULL 值，按照升序排序则含 NULL 值的行将在最后显示，按照降序排序则 NULL 值将在最前面显示。

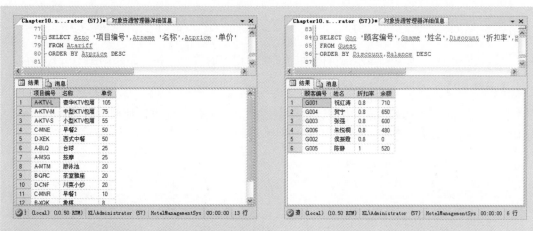

图 10-19　运用 ORDER BY 子句为查询结果集排序　　　图 10-20　多个属性列排序查询

10.4.2　GROUP BY 子句

在查询语句 SELECT 中，可以用 GROUP BY 子句对结果集进行分组。其语法格式如下：

```
GROUP BY group_by_expression[WITH ROLLUP|CUBE]
```

语法说明如下。

- group_by_expression：表示分组所依据的列。
- WITH ROLLUP：表示只返回第一个分组条件指定的列的统计行，若改变列的顺序就会使返回的结果行数据发生变化。
- WITH CUBE：CUBE 是 ROLLUP 的扩展，表示除了返回由 GROUP BY 子句指定的列外，还返回按组统计的行。

GROUP BY 子句通常与统计函数一起使用，常用的统计函数如表 10-2 所示。

表 10-2　常用的统计函数

函 数 名	功　　能	示　　例
COUNT	求数据的数量，返回整数	COUNT(1,3,5,7)=4
SUM	求和，返回表达式中所有值的和	SUM(1,3,5,7)=16
AVG	求均值，返回表达式中所有值的平均值	AVG(1,3,5,7)=4
MAX	求最大值，返回表达式中所有值的最大值	MAX(1,3,5,7)=7
MIN	求最小值，返回表达式中所有值的最小值	MIN(1,3,5,7)=1

【示例 21】

要从房间信息表 RoomInfo 中统计每个方向上的房间数量，就可以使用 GROUP BY 子句对 Toward 列进行分组，然后统计结果集的个数，实现语句如下：

```
SELECT Toward '朝向',COUNT(*) '房间数量'
```

```
FROM RoomInfo
GROUP BY Toward
```

这段代码在执行以后会显示出房间朝向位置和相应的数量，执行结果如图 10-21 所示。

【示例 22】

要从房间信息表 RoomInfo 中统计每个楼层的房间数量，就可以使用 GROUP BY 子句对 Rfloor 列进行分组，然后统计结果集的个数，实现语句如下：

```
SELECT Rfloor '楼层',COUNT(*) '房间数量'
FROM RoomInfo
GROUP BY Rfloor
```

执行结果如图 10-22 所示。

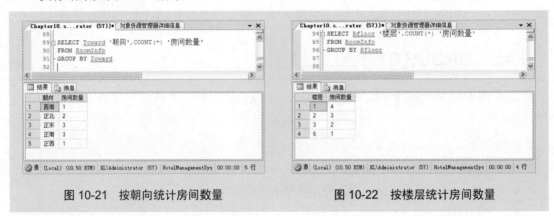

图 10-21 按朝向统计房间数量   图 10-22 按楼层统计房间数量

【示例 23】

要从 RoomInfo 表中按楼层统计房间的数量，以及这些房间的平均价、最高价、最低价和总价格，就需要对房间的楼层进行分组，再使用统计函数来完成，最终语句如下：

```
SELECT Rfloor '楼层',COUNT(*) '房间数量',AVG(Rprice) '平均价',MAX(Rprice) '最高价',MIN(Rprice) '最低价',SUM(Rprice) '总价格'
FROM RoomInfo
GROUP BY Rfloor
```

执行结果如图 10-23 所示。

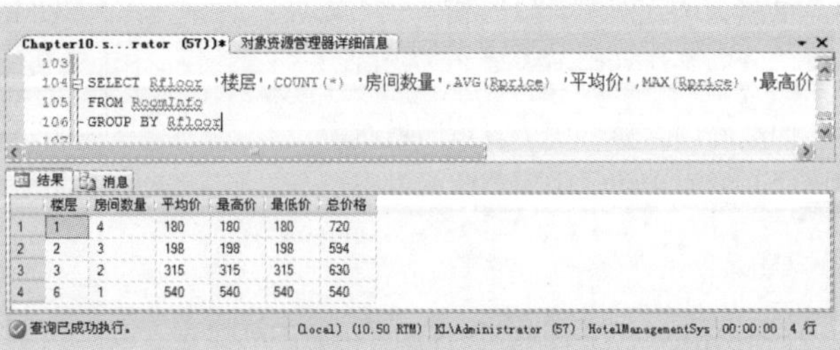

图 10-23 统计结果

10.4.3　HAVING 子句

使用 HAVING 语句查询和 WHERE 关键字类似，都是在关键字后面插入条件表达式来规范查询结果，两者的不同体现在以下几点。

- WHERE 关键字针对列的数据，HAVING 则是针对结果组。
- WHERE 关键字不能与统计函数一起使用，而 HAVING 语句可以，且一般都和统计函数结合使用。
- WHERE 关键字在分组前对数据进行过滤，HAVING 语句只过滤分组后的数据。

【示例 24】

例如，这里要筛选出房间信息表 RoomInfo 中数量多于 1 个的房间朝向，及该朝向上的房间数量，就可以使用 HAVING 子句进行过滤，代码如下：

```
SELECT Toward '朝向',COUNT(*) '房间数量'
FROM RoomInfo
GROUP BY Toward
HAVING COUNT(*)>1
```

执行结果如图 10-24 所示。

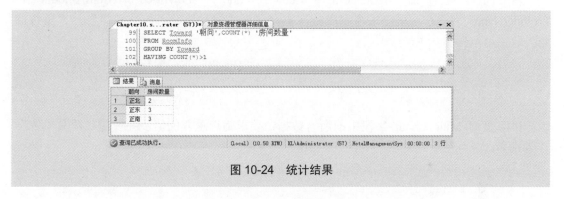

图 10-24　统计结果

10.5　实践案例：查询药品信息

本章首先介绍了 SELECT 语句的语法，然后详细介绍了如何使用 SELECT 语句按照用户的需求从数据表中查询数据，并将查询结果进行格式化后输出。

本节以一个药品信息表为例，使用 SELECT 语句进行各种数据的查询。如表 10-3 所示为药品信息(MedicineDetail)表的结构定义。

表 10-3　MedicineDetail 表结构

列　名	数据类型	是否允许为空	备　注
ProviderName	varchar(50)	否	生产厂家
MedicineId	int	否	药品编号
MedicineCode	char(10)	否	药品编码

列　名	数据类型	是否允许为空	备　注
MedicineName	varchar(50)	否	药品名称
MultPrice	int	否	批发价格
ShowPrice	int	否	零售价格
ReBuyStandard	int	否	批发标准
MultAmount	varchar(50)	否	单位

对 MedicineDetail 表完成如下查询。

(1) 查询 MedicineDetail 表中的所有内容。

```
SELECT * FROM MedicineDetail
```

(2) 仅查询出 MedicineId、MedicineName、ShowPrice、MultiAmount 和 ProviderName 字段。

```
SELECT MedicineId,MedicineName,ShowPrice,MultiAmount,ProviderName
FROM MedicineDetail
```

(3) 同样是查询 MedicineId、MedicineName、ShowPrice、MultiAmount 和 ProviderName 字段。这里要求将字段依次重命名为"编号"、"药品名称"、"零售价格"、"单位"和"生产厂家"。

```
SELECT MedicineId '编号',MedicineName '药品名称',ShowPrice '零售价格
',MultiAmount '单位',ProviderName '生产厂家'
FROM MedicineDetail
```

(4) 查询 MultiAmout 字段中的所有数据，要求筛选重复的值，并使用"药品单位"作为别名。

```
SELECT DISTINCT MultiAmount AS '药品单位'
FROM MedicineDetail
```

(5) 查询前 10 条数据，并显示 MedicineId、MedicineName 和 ShowPrice 字段。

```
SELECT TOP 10
MedicineId '编号',MedicineName '药品名称',ShowPrice '零售价格'
FROM MedicineDetail
```

(6) 查询价格在 43 元以上的药品编号、药品名称和药品价格。

```
SELECT MedicineId AS '编号',MedicineName AS '药品名称',ShowPrice AS '价格'
FROM MedicineDetail
WHERE ShowPrice>43
```

(7) 查找价格小于 20 元的药品信息，或者规格为"每箱 10 盒"的药品信息。

```
SELECT MedicineId AS '编号',MedicineName AS '药品名称',ShowPrice AS '价格
',MultiAmount '规格'
FROM MedicineDetail
WHERE MultiAmount='每箱10盒' OR ShowPrice<20
```

(8) 查询出所有药品名称中包含有"素"字的数据,结果包括编号、药品名称、价格和规格信息。

```
SELECT MedicineId AS '编号',MedicineName AS '药品名称',ShowPrice AS '价格',
MultiAmount '规格'
FROM MedicineDetail
WHERE MedicineName LIKE '%素%'
```

(9) 查询出医药编码(MedicineCode 列)为"2 个字母+4 个数字"组成的药品信息,查询结果包括编号、药品名称、价格和医药编码信息。

```
SELECT MedicineId AS '编号',MedicineName AS '药品名称',ShowPrice AS '价格',
MedicineCode '医药编码'
FROM MedicineDetail
WHERE MedicineCode LIKE '[a-z][a-z][0-9][0-9][0-9][0-9]'
```

(10) 查询出所有药品信息的编号、药品名称、生产厂家和价格,要求按价格降序排序,按编号升序排序显示。

```
SELECT MedicineId '编号',MedicineName '药品名称',ProviderName '生产厂家
',ShowPrice '价格'
FROM MedicineDetail
ORDER BY ShowPrice DESC,MedicineID
```

(11) 统计每个厂家生产药品的数量。

```
SELECT ProviderName '生产厂家',COUNT(*) '药品数量'
FROM MedicineDetail
GROUP BY ProviderName
```

10.6　思考与练习

一、填空题

1. 在 SELECT 查询语句中使用_____关键字可以消除重复行。
2. 在 WHERE 子句中使用字符匹配查询时,通配符_____可以表示任意多个字符。
3. 在为列名指定别名的时候,为了方便,有时候可以省略_____关键字。
4. 逻辑运算符有 OR、_____和 AND。
5. 使用 GROUP BY 进行排序时,使用 ASC 关键字升序,使用_____关键字降序。

二、选择题

1. WHERE 子句用来指定_____。
   A. 查询结果的分组条件　　　　B. 结果集的排序方式
   C. 组或聚合的搜索条件　　　　D. 限定返回行的搜索条件
2. 当利用 IN 关键字进行子查询时,能在 SELECT 子句中指定_____个列名。
   A. 1　　　　　B. 2　　　　　C. 3　　　　　D. 任意多
3. 使用_____关键字可以将返回的结果集数据按照指定的条件进行分组。

A. GROUP BY　　　B. HAVING　　　　C. ORDER BY　　　D. DISTINCT

4. GROUP BY 分组查询中可以使用的函数是_____。

A. COUNT　　　　B. SUM　　　　　C. MAX　　　　　D. 上述都可以

5. 使用_____函数可以返回表达式中所有值的平均值。

A. AVG()　　　　B. MAX()　　　　C. MIN()　　　　D. COUNT()

三、简答题

1. 简述 SELECT 语句的基本语法。

2. DISTINCT 子句的作用是什么？

3. 简述 WHERE 子句可以使用的搜索条件及其意义。

4. 简述 HAVING 子句的作用以及意义。

10.7　练　一　练

作业：查询商品管理系统的数据信息

假设商场商品管理系统数据库中包含了如下几个表：

- 货架信息表 helf：包含货架编号 Sno、货架名称 Sname、货架分类性质 Stype。
- 商品信息表 Product：包含商品编号 Pno、商品名称 Pname、商品分类性质 Ptype、商品价格 Pprice、商品进货日期 Ptime、商品过期时间 Pdate。
- 分类信息表 Part：包含商品编号 Pno、货架编号 Sno。

根据具体功能创建需要的表，查询需要的表数据，具体要求如下。

(1) 查询商品信息表，并且为列名增加别名。

(2) 查询商品价格信息，并且按商品价格降序排列。

(3) 查询出每件商品的保质期。

(4) 将货架信息表和商品信息表连接，查询出每个商品所属的货架信息。

(5) 删除商品信息表中已经过期的商品信息。

第11章

入门与提高丛书
经典清华版

T-SQL 复杂查询

上一章介绍了从单个表中查询指定列、指定条件和规范结果的方法。然而，数据库中通常有多个表，且各个表之间存在着一定的联系，为了获取完善的数据信息，就需要通过查询多个表，将多个表连接起来并根据表之间的关系进行操作。

本章首先介绍在 SELECT 中使用子查询的 4 种方式和嵌套子查询的应用；接下来介绍使用 SELECT 语句连接多个表的方法，包括基本连接、内连接、外连接以及自连接等等。

本章重点：

➥ 掌握单值和多值子查询

➥ 了解多表连接

➥ 掌握内连接

➥ 掌握左外连接和右外连接

➥ 灵活掌握自连接

➥ 简单了解联合查询

11.1 实现子查询

使用子查询可以实现根据多个表中的数据获取查询结果。子查询遵守 SQL Server 查询规则，它可以运用在 SELECT、INSERT、UPDATE 等语句中。

根据子查询的用法不同可以将其分为 5 类，下面详细介绍每类的用法。

11.1.1 使用比较运算符

在子查询语句中可以使用比较运算符进行一些逻辑判断，查询的结果集返回一个列表值，语法格式如下：

```
SELECT select_list
FROM table_source
WHERE expression operator [ANY|ALL|SOME] (subquery)
```

operator 表示比较运算符，ANY、ALL 和 SOME 是 SQL 支持的在子查询中进行比较的关键字。ANY、ALL 和 SOME 的含义如下。

- ANY 和 SOME：表示相比较的两个数据集中，至少有一个值的比较为真，就满足搜索条件。若子查询结果集为空，则不满足搜索条件。
- ALL：与结果集中所有值比较都为真，才满足搜索条件。

【示例 1】

在 HotelManagementSys 数据库中查询价格在 20 元以上的物品消费信息。

由于物品信息保存在 Atariff 表中，因此首先需要编写一个子查询获取价格在 20 元以上的物品编号，再根据物品编号在消费表 ConsumeList 中查找消费编号、物品编号、数量和价格。

使用 ANY 比较运算符的实现语句如下：

```
SELECT * FROM ConsumeList
WHERE Atno=ANY(
    SELECT Atno FROM Atariff WHERE Atprice>20
)
```

上面语句首先执行括号内的子查询，在子查询中返回所有价格在 20 元以上的物品编号，然后判断外部查询中的 Atno 字段是否在子查询列表中。

执行结果显示如下：

```
Gno               Atno            Amount         Wtime
---------------   ----------      ------------   ------------------------------
G001              D-XEK           1              2013-05-01 00:00:00.000
G002              A-BLQ           2              2013-05-01 00:00:00.000
G002              A-MSG           1              2013-05-02 00:00:00.000
G002              D-XEK           2              2013-06-01 00:00:00.000
G006              A-KTV-M         1              2013-05-01 00:00:00.000
```

比较运算符和进行比较的关键字的不同组合所表示的意义也不同，表 11-1 列出了常见组合。

表 11-1　比较运算符和进行比较的关键字的常见组合

类　别	含　义
>ANY	大于子查询结果中的某个值
>ALL	大于子查询结果中的所有值
<ANY	小于子查询结果中的某个值
<ALL	小于子查询结果中的所有值
>=ANY	大于等于子查询结果中的某个值
>=ALL	大于等于子查询结果中的所有值
<=ANY	小于等于子查询结果中的某个值
<=ALL	小于等于子查询结果中的所有值
!=ANY(<>)	不等于子查询结果中的某个值
!=ALL (<>)	不等于子查询结果中的所有值

11.1.2　单值子查询

单值子查询是指子查询的查询结果只返回一个值，然后将某一列值与这个返回的值进行比较。在返回单值的子查询中，比较运算符不需要使用 ANY、SOME 等关键字，在 WHERE 子句中可以直接使用比较运算符来连接子查询。

【示例2】

在 HotelManagementSys 数据库中输出顾客姓名为"祝红涛"的入住信息，包括入住房间编号、顾客编号、入住时间、价格和天数，实现语句如下：

```
SELECT Rno '房间编号',Gno '顾客编号',Atime '入住时间',IntoPrice '价格',Days '天数'
FROM RoomState
WHERE Gno=(
    SELECT Gno FROM Guest WHERE Gname='祝红涛'
)
```

上面代码首先执行子查询，得到顾客姓名为"祝红涛"对应的顾客编号，然后使用外部查询的编号与其比较，并输出信息。执行结果如图 11-1 所示。

【示例3】

从房间信息表 RoomInfo 中查询出价格最高的一个房间编号，再显示该房间编号对应的入住信息。实现语句如下：

```
SELECT Rno '房间编号',Gno '顾客编号',Atime '入住时间',IntoPrice '价格',Days '天数'
FROM RoomState
```

```
WHERE Rno=
(
    SELECT TOP 1 Rno FROM RoomInfo ORDER BY Rprice DESC
)
```

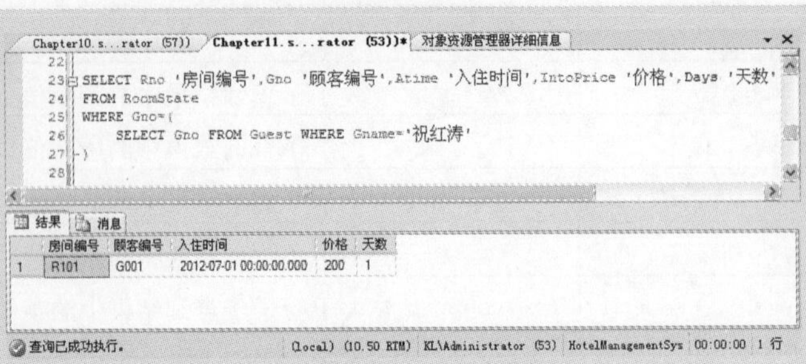

图 11-1　子查询结果

执行结果如图 11-2 所示。

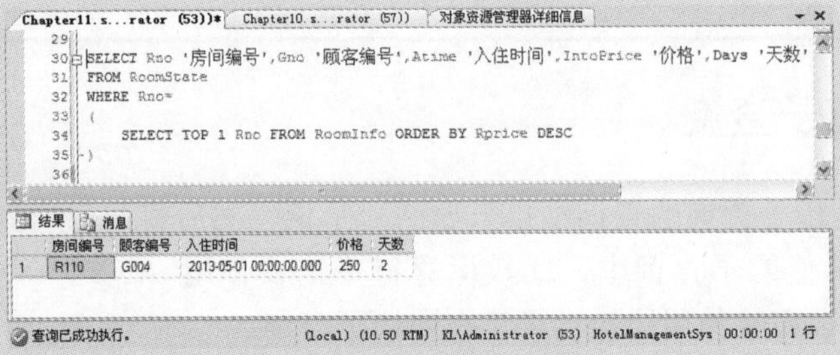

图 11-2　子查询结果

11.1.3　使用 IN 关键字

IN 关键字可以用来判断指定的值是否包含在另外一个查询结果集中。使用 IN 关键字将一个指定的值(或表的某一列)与返回的子查询结果集相比较，如果指定的值与子查询的结果集一致或存在相匹配的行，则使用该子查询的表达式值为 TRUE。

使用 IN 关键字的子查询语法格式如下：

```
SELECT select_list
FROM table_source
WHERE expression IN|NOT IN (subquery)
```

在上面的语法格式中，subquery 表示相应的子查询，括号外的查询将子查询结果集作为查询条件进行查询。

【示例 4】

在 HotelManagementSys 数据库中查询所有空房间的编号、类型、价格、楼层和朝向。在这里需要连接房态表 RoomStage 和房间信息表 RoomInfo，最终实现语句如下：

```
SELECT  Rno '编号',Rtype '房间类型',Rprice '价格',Rfloor '所在楼层',Toward '
朝向'
FROM RoomInfo
WHERE Rno IN
(
    SELECT Rno FROM RoomState
    WHERE flag=2
)
```

上述 WHERE 子句内的 SELECT 语句用于从房态表 RoomState 中查询所有空房间(flag 列为 2)的编号，这个查询返回的值可能有多个。IN 关键字则根据这多个值在房间信息表 RoomInfo 中查询对应的信息。执行结果如图 11-3 所示。

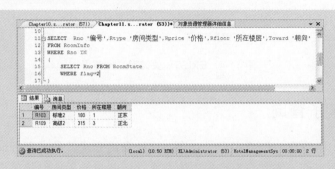

图 11-3　IN 关键字查询结果

试一试：将语句中的 IN 改为 NOT IN 可以查询不是空房间的信息，即包括已经预定的房间和已入住的房间。

11.1.4　使用 EXISTS 关键字

EXISTS 关键字的作用是在 WHERE 子句中测试子查询返回的数据行是否存在，但是不会使用子查询返回的任何数据行，只产生逻辑值 TRUE 或 FALSE。语法格式如下：

```
SELECT select_list
FROM table_source
WHERE EXISTS|NOT EXISTS (subquery)
```

【示例 5】

在 HotelManagementSys 数据库中如果有编号 G001 顾客的损坏物品信息，那么就显示该顾客的基本信息。

这就需要使用 EXISTS 关键字判断损坏物品表 GoAmInfo 中是否有编号为 G001 的记录，如果有则查询顾客信息表，最终语句如下：

```
SELECT Gno '顾客编号',Gname '姓名',Gsex '性别',Gtel '联系电话',Discount '折扣
率',Balance '余额'
FROM Guest
```

```
WHERE EXISTS(
    SELECT * FROM GoAmInfo WHERE Gno='G001'
)
AND Gno='G001'
```

执行结果如图 11-4 所示。如果将此处的 AND 条件去掉，则会查询所有顾客信息。

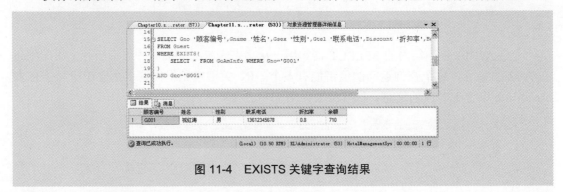

图 11-4　EXISTS 关键字查询结果

11.1.5　嵌套子查询

若在查询语句中包含一个或多个子查询，这种查询方式就是嵌套查询。嵌套子查询的执行不依赖于外部查询，通常放在括号内先被执行，并将结果传给外部查询，作为外部查询的条件来使用，然后执行外部查询，并显示整个查询结果。

【示例 6】

查询在物品损坏表 GoAmInfo 中没有出现过的顾客编号、姓名、性别、折扣率和余额。使用语句如下：

```
SELECT Gno '顾客编号',Gname '姓名',Gsex '性别',Discount '折扣率',Balance '余额'
FROM Guest
WHERE Gno NOT IN(
    SELECT Gno FROM GoAmInfo
)
```

执行结果如图 11-5 所示。

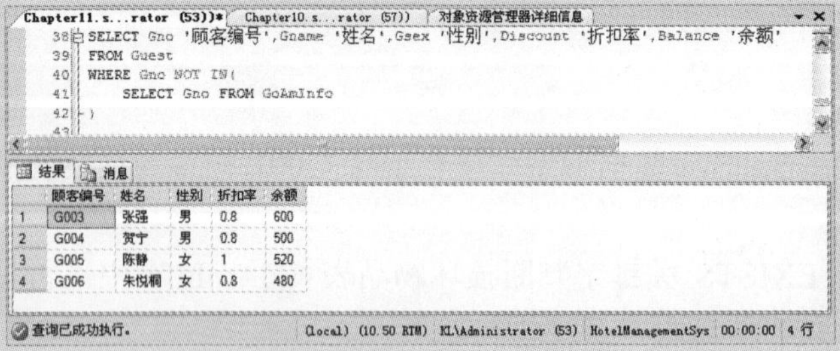

图 11-5　查询结果

11.2 多 表 连 接

涉及多个表的查询在实际应用中很常见，有简单的两个表之间的查询，也有多个表之间的查询。多表连接语法结构其实很简单，但首先要清楚各表之间的关联，这是多表查询的基础。将多个表结合在一起的查询也叫作连接查询。

三个表以上的表连接的查询虽然可以实现，但表之间的复杂联系使这个过程和结果不好控制，容易出错。通常使用两个表的连接，即一次连接两个表，将查询结果存为视图，再与第三个表连接。

11.2.1 基本连接操作

基本连接操作是建立在同一个数据库基础上的，语法结构同单表数据查询类似，多表查询和单表查询的语法比较如下。

单表查询语法：

```
SELECT 字段列表❶
FROM 表名❷
[WHERE 条件表达式]❸
```

多表查询语法：

```
SELECT 字段列表❹
FROM 表名❺
WHERE 同等连接表达式❻
```

以下是两种语法的对比以及多表连接的语法解释。

1) 字段列表比较

单表中的字段列表不用指明字段来源，每个字段源于同一个表，通过 FROM 来指定；多表中的字段为避免因不同表的相同字段名引起的查询不明确，要使用"表名.字段"的格式。

2) 表名比较

单表情况的表名只能是一个，如果要使用多个表名需要用逗号隔开。

3) WHERE 条件比较

单表中 WHERE 关键字后面跟着的是一条限制性的表达式，用来定义查询结果的范围，一般针对字段值。而在多表 WHERE 关键字后也是限制性的表达式，但多表连接 WHERE 表达式可以定义一个同等的条件，将多表数据联系在一起。

如果要在多表查询中加入对字段值的限制，也可以使用条件表达式，将条件表达式放在 WHERE 的后面，使用 AND 与同等连接表达式结合在一起。这里的条件表达式最好放在括号内，以免因优先级的问题发生错误。

> **提示**：多表查询中，列名与连接的表不重复的可以单独使用列名。但列名若有重复，必须使用"表.列"的形式。

下面通过两个实例看一下单表查询和多表查询的异同。

【示例 7】

从顾客娱乐消费信息表 ConsumeList 中查询出仅享用 1 项娱乐的消费信息，语句如下：

```
SELECT Gno '顾客编号',Atno '项目编号',Amount '数量',Wtime '消费时间'
FROM ConsumeList
WHERE Amount=1
```

执行结果如下：

```
顾客编号          项目编号              数量        消费时间
------------------------------------------------------------------------
G001            B-STO                1         2013-05-01 00:00:00.000
G001            D-XEK                1         2013-05-01 00:00:00.000
G002            A-MSG                1         2013-05-02 00:00:00.000
G006            A-KTV-M              1         2013-05-01 00:00:00.000
G006            B-XQK                1         2013-05-01 00:00:00.000
```

【示例 8】

同样是从顾客娱乐消费信息表 ConsumeList 中查询出仅享用 1 项娱乐的消费信息，但是在这里要求结果中显示顾客名称和项目名称。

由于顾客名称保存在 Guest 表，而项目名称保存在 Atariff 表，因此要实现这个查询需要连接多个表。最终语句如下：

```
SELECT Gname '顾客名称',Atname '项目名称',Amount '数量',Wtime '消费时间'
FROM ConsumeList,Atariff,Guest
WHERE ConsumeList.Atno=Atariff.Atno
AND ConsumeList.Gno=Guest.Gno
AND Amount=1
```

执行结果如图 11-6 所示。从图中可以看出查询出来的结果集更实用，这就是基本多表连接的意义。

图 11-6　连接多个表

11.2.2　使用别名

在第 10 章介绍简单 SELECT 语句时曾介绍过 AS 关键字为列指定别名的方法。这里实现别名也是使用 AS 关键字，但增加了对表使用别名。对表使用别名除了可以增强可读性之外，还可以简化原有的表名，使用方便。语法格式如下：

```
USE 数据库名
SELECT 字段列表
FROM 原表 1 AS 表 1，原表 2 AS 表 2
WHERE 表 1.字段名=表 2.字段名
```

上面语法中的 AS 也只是改变查询结果中的列名，对原表不产生影响；AS 关键字可以省略，而用空格隔开原名与别名。

【示例 9】

查询娱乐消费信息表 ConsumeList 中的顾客编号、项目编号和消费时间，并根据顾客编号在 Guest 表中找出顾客名称，根据项目编号在 Atariff 表中找出项目名称。最终语句如下：

```
SELECT Gname '顾客名称',Atname '项目名称',Amount '数量',Wtime '消费时间'
FROM ConsumeList C,Atariff A,Guest G
WHERE C.Atno=A.Atno
AND C.Gno=G.Gno
```

从 FROM 子句可以看到查询来自三个表，其中 ConsumeList 别名为 C，Atariff 表别名为 A，Guest 表别名为 G。查询结果如图 11-7 所示。

图 11-7　查询时使用别名

注意：若为表指定了别名，则只能用"别名.列名"来表示同名列，不能用"表名.列名"表示。

11.2.3　多表连接查询

多表连接查询与两个表之间的连接查询类似，只是在 WHERE 后使用 AND 将同等连接表达式接在一起。基本语法如下：

```
USE 数据库
SELECT 字段列表
```

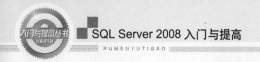
```
FROM 表 1，表 2，表 3…
WHERE 表 1.字段名=表 2.字段名 AND 表 1.字段名=表 3.字段名
```

多表连接查询的原理同两个表之间的查询一样，即找出表之间关联的列，将表数据组合在一起。

【示例 10】

从娱乐消费信息表 ConsumeList 中根据顾客编号 Gno 列查找顾客信息表 Guest 中的姓名列 Gname，根据项目编号列 Atno 查找项目信息表 Atariff 表中的项目名称列 Atname。

查询语句如下：

```
SELECT Gname '顾客名称',Atname '项目名称',Amount '数量',Wtime '消费时间'
FROM ConsumeList C,Atariff A,Guest G
WHERE C.Atno=A.Atno
AND C.Gno=G.Gno
```

【示例 11】

查询出房间价格在 200 元以上的入住信息，包括房间类型、顾客编号、入住时间和天数。使用语句如下：

```
SELECT Rtype '房间类型',Gno '顾客编号',Atime '入住时间',Days '天数'
FROM RoomState RS,RoomInfo RI
WHERE RS.Rno=RI.Rno
AND Rprice>200
```

执行结果如图 11-8 所示。

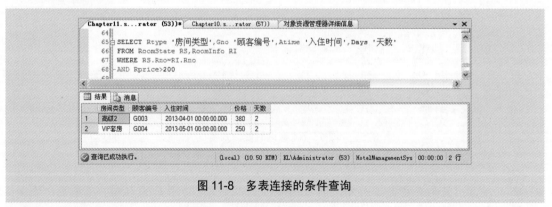

图 11-8　多表连接的条件查询

11.2.4　使用 JOIN 关键字连接查询

使用 JOIN 关键字同样可以完成表的连接，它通过如下两种方式指明两个表在查询中的关系。

- 指定表中用于连接的字段，即指出相连接的一个表中用来与另一个表对应的列。若在一个基表中指定了外键，则另一个表要指定与其关联的键。
- 使用比较运算符连接两个表中的列，与多表的基本连接用法相似。

连接语句可以用在 SELECT 后、FROM 后或 WHERE 后，使用 JOIN 与不同的关键字组合可以实现多种不同类型的连接，如内连接、外连接、交叉连接和自连接。

使用[INNER] JOIN [ON] 关键字构成内连接查询方式或自连接查询方式；使用 LEFT/RIGHT/FULL OUTER 关键字与 JOIN 连用构成外连接查询方式；使用 CROSS 关键字与 JOIN 连用构成交叉连接查询方式。从下节开始将详细介绍每种 JOIN 关键字连接查询的应用。

11.3　内　连　接

内连接是指将两个表中满足连接条件的记录组合在一起。连接条件的一般格式如下：

```
ON 表名1.列名　比较运算符　表名2.列名
```

内连接的完整语法格式有两种。

```
第一种格式：SELECT 列名列表 FROM 表名1,表名2  WHERE 表名1.列名=表名2.列名
第二种格式：SELECT 列名列表 FROM 表名1 [INNER] JOIN 表名2  ON 表名1.列名=表名2.列名
```

第一种格式之前使用过，是基本的两个表的连接。第二种格式是用 JOIN 关键字与 ON 关键字将两个表的字段联系在一起，实现多表数据的连接查询。

下面通过一个示例比较这两种内连接的具体应用。

【示例 12】

根据顾客编号 Gno 查询顾客信息表 Guest 中的姓名 Gname，以及消费项目表 ConsumeList 中的项目编号、数量和消费时间。

使用第一种格式连接 Guest 表和 ConsumeList 表的语句如下：

```
SELECT Gname '顾客名称',Atno '项目编号',Amount '数量',Wtime '消费时间'
FROM ConsumeList,Guest
WHERE ConsumeList.Gno=Guest.Gno
```

执行结果如图 11-9 所示。

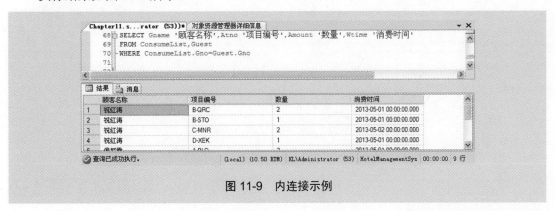

图 11-9　内连接示例

使用第二种格式连接 Guest 表和 ConsumeList 表的语句如下：

```
SELECT Gname '顾客名称',Atno '项目编号',Amount '数量',Wtime '消费时间'
FROM ConsumeList INNER JOIN Guest
ON ConsumeList.Gno=Guest.Gno
```

执行结果与图 11-9 相同，可以看到，在 WHERE 和 ON 后使用包含比较运算符的同等表达式将多表字段联系在了一起。当比较运算符为 "=" 时，称为等值连接。若在等值连接的结果集中去除相同的列，则为自然连接。使用 "=" 以外的运算符连接为非等值连接。在实际应用中，连接条件通常采用 "on 主键=外键" 的形式。

11.3.1 等值连接查询

等值连接查询属于内连接的一种，等值查询将列出连接表中所有的列，包括重复列。

【示例 13】

根据顾客编号 Gno 查询房态表 RoomState 中的房间编号、入住时间和价格，以及顾客信息表 Guest 中的姓名、性别和折扣率。

根据要求这里需要连接 RoomState 表和 Guest 表，使用 WHERE 关键字的实现语句如下：

```
SELECT Rno '房间编号',Atime '入住时间',IntoPrice '价格',Gname '姓名',Gsex '性
别',Discount '折扣率'
FROM Guest G,RoomState RS
WHERE G.Gno=RS.Gno
```

使用 JOIN 关键字的实现语句如下：

```
SELECT Rno '房间编号',Atime '入住时间',IntoPrice '价格',Gname '姓名',Gsex '性
别',Discount '折扣率'
FROM Guest G INNER JOIN RoomState RS
ON G.Gno=RS.Gno
```

执行结果如图 11-10 所示。

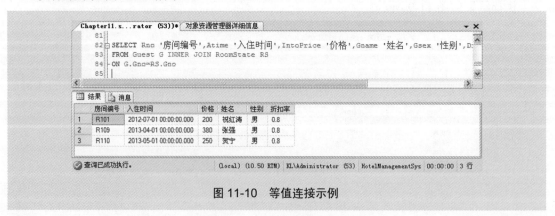

图 11-10 等值连接示例

11.3.2　非等值连接查询

连接条件使用除=以外的运算符连接为非等值连接，这些运算符包括<、>、<=、>=、<>，也可以是范围，如 BETWEEN AND。

【示例 14】

找出价格最低的一项消费项目的编号 Atno，然后找出没有消费该项目的顾客消费信息，包括顾客编号、项目名称、数量和消费时间。

在这里首先使用 ORDER BY 子句按价格升序排列，并取出第一条，即价格最低的一项。然后再使用不等于运算符(<>)作为条件查询 ConsumeList 表和 Guest 表，最终语句如下：

```
SELECT CL.Gno '顾客编号',Atno '项目名称',Amount '数量',Wtime '消费时间'
FROM ConsumeList CL, Guest G
WHERE Atno<>(SELECT TOP 1 Atno FROM Atariff ORDER BY Atprice)
```

执行结果如图 11-11 所示。

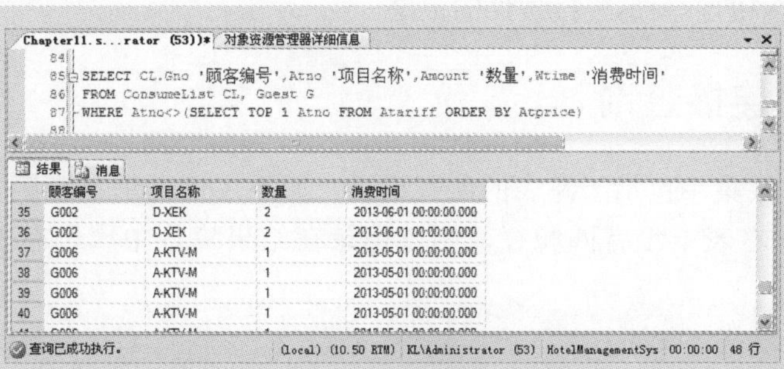

图 11-11　非等值连接示例

11.3.3　自然连接查询

去掉重复列的等值连接为自然连接，自然连接是连接的主要形式，在实际应用中最为广泛。

【示例 15】

从上一示例的运行结果图 11-11 中可以看到有很多重复的行。下面使用自然连接的方式来连接 ConsumeList 表和 Guest 表，最终语句如下：

```
SELECT CL.Gno '顾客编号',Atno '项目名称',Amount '数量',Wtime '消费时间'
FROM ConsumeList CL INNER JOIN Guest G
ON CL.Gno=G.Gno
WHERE Atno<>(SELECT TOP 1 Atno FROM Atariff ORDER BY Atprice)
```

执行结果如图 11-12 所示，从中可以看到消除了重复行。

图 11-12　自然连接示例

11.4　外　连　接

外连接通常用于相连接的表中至少有一个表需要显示所有数据行的情况。外连接又分为左外连接、右外连接和全外连接三种。外连接的结果集中不但包含满足连接条件的记录，还包含相应表中的不满足连接条件的记录。

11.4.1　左外连接查询

左外连接的结果集中包括了左表的所有记录，而不仅仅是满足连接条件的记录。如果左表的某条记录在右表中没有匹配行，则该记录在结果集行中属于右表的相应列值均为NULL。

左外连接的语法格式如下：

```
SELECT 列名列表
FROM 表名1 LEFT [OUTER] JOIN 表名2
ON 表名1.列名=表名2.列名
```

下面通过实例将左外连接与基本表连接进行比较。

【示例 16】

根据 Atno 从 Atariff 表中查询出 Atname 列，从 ConsumeList 表中查询出 Gno 列、Amount 列和 Wtime 列。

使用基本连接方式连接两表的语句如下：

```
SELECT Atname '项目名称',Gno '顾客编号',Amount '数量',Wtime '消费时间'
FROM Atariff A INNER JOIN ConsumeList C
ON C.Atno=A.Atno
```

执行结果如图 11-13 所示，其中仅包含了符合连接条件的数据。

对上面的语句进行修改，使用左外连接来连接两个表，语句如下：

```
SELECT Atname '项目名称',Gno '顾客编号',Amount '数量',Wtime '消费时间'
FROM Atariff A LEFT OUTER JOIN ConsumeList C
ON C.Atno=A.Atno
```

上述语句指定 Atariff 表为左表，ConsumeList 表为右表。查询时首先显示左表中的所有数据，再到右表中查询符合条件的数据，如果不符合则显示为 NULL，结果如图 11-14 所示。

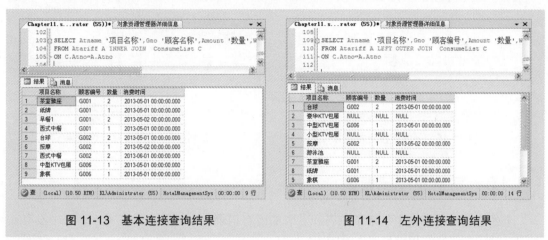

图 11-13　基本连接查询结果　　　　　　图 11-14　左外连接查询结果

11.4.2　右外连接查询

右外连接的结果集中包括右表的所有记录，而不仅仅是满足连接条件的记录。如果右表的某条记录在左表中没有匹配行，则该记录在结果集行中属于左表的相应列值均为NULL。右外连接的语法格式如下：

```
SELECT 列名列表
FROM 表名1 RIGHT [OUTER] JOIN 表名2
ON 表名1.列名=表名2.列名
```

下面通过实例将右外连接与基本表连接进行比较。

【示例 17】

根据 Gno 从 RoomState 表中查询出 Rno 列、Atime 列和 IntoPrice 列，从 Guest 表中查询出 Gname 列和 Gsex 列。

假设使用基本连接两表，语句如下：

```
SELECT Rno '房间编号',Atime '入住时间',IntoPrice '价格',Gname '姓名',Gsex '性别'
FROM RoomState RS INNER JOIN Guest G
ON G.Gno=RS.Gno
```

执行结果如图 11-15 所示。将 INNER JOIN 替换为 RIGHT OUTER JOIN 来实现右外连接，最终语句如下：

```
SELECT Rno '房间编号',Atime '入住时间',IntoPrice '价格',Gname '姓名',Gsex '性别'
FROM RoomState RS RIGHT OUTER JOIN Guest G
ON G.Gno=RS.Gno
```

此次执行将看到图 11-16 所示的查询结果。

图 11-15　基本连接查询结果

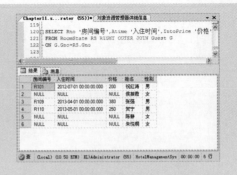

图 11-16　右外连接查询结果

11.4.3　完全外连接查询

全外连接的结果集中包括了左表和右表的所有记录。当某条记录在另一个表中没有匹配记录时，则该表的相应列值为 NULL。

全外连接的语法格式如下：

```
SELECT 列名列表
FROM 表名 1 FULL [OUTER] JOIN 表名 2
ON 表名 1.列名=表名 2.列名
```

【示例 18】

使用完全外连接根据 Gno 从 RoomState 表中查询出 Rno 列、Atime 列和 IntoPrice 列，从 Guest 表中查询出 Gname 列和 Gsex 列。

语句如下：

```
SELECT Rno '房间编号',Atime '入住时间',IntoPrice '价格',Gname '姓名',Gsex '性别'
FROM  RoomState RS FULL OUTER JOIN Guest G
ON G.Gno=RS.Gno
```

执行结果如图 11-17 所示。

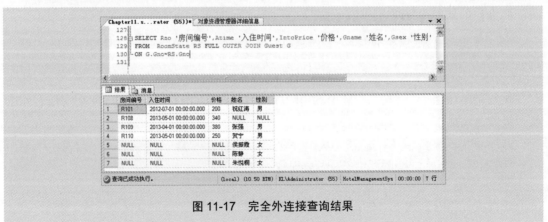

图 11-17　完全外连接查询结果

11.5 自 连 接

自连接是指将一个表与它自身连接，即将表如同分身一样分成两个，使用不同的别名，成为两个独立的表，之后的操作与多表连接的操作一致。自连接通常用于查询表中具有相同列值的行数据。

【示例 19】

查询顾客表 Guest 中折扣率相同的男女顾客信息。

```
SELECT A.Gname,A.Gsex,A.Discount,B.Gname,B.Gsex,B.Discount
FROM Guest A,Guest B
WHERE A.Discount =B.Discount AND A.Gsex='男' AND A.Gsex<>B.Gsex
```

执行结果如图 11-18 所示。

图 11-18 自连接结果

11.6 交 叉 连 接

之前讲述的表联系都要通过两表之间的列将两个表的数据对应在一起，构成有一定条件的表连接查询。交叉连接没有这种限制，它将两个表组合在一起而不限制两基表列之间的联系。交叉连接生成的是两个基表中各行的所有可能组合。

交叉连接使用 CROSS JOIN 连接两个基表，语法结构如下：

```
SELECT 列名列表
FROM 表名 1 [ CROSS JOIN ]表名 2
[WHERE 条件表达书]
[ORDER BY 排序列]
```

不使用 WHERE 的交叉查询会将两个表不加任何约束地组合在一起，也就是将第一个表的所有记录分别与第二个表的每条记录拼接组成新记录，连接后结果集的行数就是两个表行数的乘积，结果集的列数就是两个表的列数之和。

【示例 20】

现有两个表如图 11-19 所示，将两个表 Customer_top 和 UserTb 交叉连接，查询 Customer_top 表的 Uid 字段和 Uname 字段，UserTb 表的 Unum 字段和 Uname 字段，使用 CROSS JOIN 语句如下。

```
SELECT C.Uid,C.Uname,U.Unum,U.Uname
FROM Customer_top CCROSS JOIN UserTb U
```

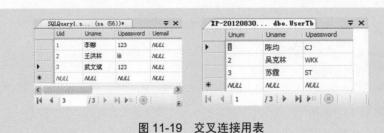

图 11-19　交叉连接用表

执行结果如下：

Uid	Uname	Unum	Uname
1	李娜	1	陈均
2	王洪林	1	陈均
3	武文斌	1	陈均
1	李娜	2	吴克林
2	王洪林	2	吴克林
3	武文斌	2	吴克林
1	李娜	3	苏霆
2	王洪林	3	苏霆
3	武文斌	3	苏霆

交叉连接也有 WHERE 限制条件，这里的一个条件表达式一般只针对一个表中的列，多个条件表达式之间使用 AND 连接。

【示例 21】

现有两个表如图 11-19 所示，将两个表 Customer_top 和 UserTb 交叉连接，查询 UserTb 表中 Unum 小于 3 的数据行，使用语句如下：

```
USE Users
SELECT C.Uid,C.Uname,U.Unum,U.Uname
FROM Customer_top C,UserTb U
WHERE U.Unum<3
```

执行结果如下：

Uid	Uname	Unum	Uname
1	李娜	1	陈均
2	王洪林	1	陈均

3	武文斌	1	陈均
1	李娜	2	吴克林
2	王洪林	2	吴克林
3	武文斌	2	吴克林

11.7 联 合 查 询

联合查询是将多个查询结果组合在一起，使用 UNION 语句连接各个结果集，语法格式如下：

```
SELECT 语句 1 UNION [ALL] SELECT 语句 2 …..
```

语法的解释如下。

- UNION 合并的各结果集的列数必须相同，对应的数据类型也必须兼容。
- 默认情况下系统将自动去掉合并后的结果集中重复的行，使用关键字 ALL 将所有行合并到最终结果集。
- 最后结果集中的列名来自第一个 SELECT 语句。

联合查询合并的结果集通常是同样的基表数据在不同查询条件下的查询结果。例如查询几个年级的学生情况，然后将结果集联合构成一个学校的学生情况。

【示例 22】

查询消费项目表 Atariff 中价格在 20 以下的项目编号、项目名称和价格，语句如下：

```
SELECT Atno ,Atname ,Atprice  FROM Atariff WHERE Atprice<20
```

执行结果如下：

编号	名称	价格
B-STO	纸牌	5
B-XQK	象棋	8
C-MNR	早餐 1	10

查询房间信息表 RoomInfo 中价格在 300 元以下的房间编号、名称和价格，语句如下：

```
SELECT Rno,Rtype,Rprice FROM RoomInfo WHERE Rprice>300
```

执行结果如下：

编号	名称	价格
R108	高级 1	315
R109	高级 2	315
R110	VIP 套房	540

将查询结果联合在一起，语句如下：

```
SELECT Atno '编号',Atname '名称',Atprice '价格' FROM Atariff WHERE
Atprice<20
```

```
UNION
SELECT Rno,Rtype,Rprice FROM RoomInfo WHERE Rprice>300
```
执行结果如图 11-20 所示。

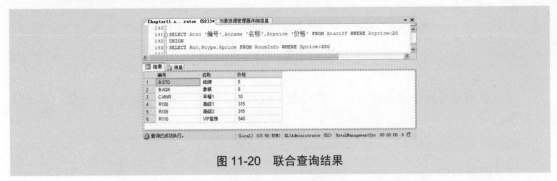

图 11-20　联合查询结果

11.8　实践案例：查询学生信息

本章学习了 SQL Server 2008 中查询复杂数据和多表数据的方法。本节将通过对学生管理系统数据库中的学生信息进行查询，演示多表查询的应用。该库包含如下表及列：

- 班级表 CLASS 包含 claid 和 claname 列。
- 学生表 STUDENT 包含 stuid、stunumber、stuname、stupassword、stusex、stubirthday 和 claid 列。
- 班级科目表 CLA_SUB 包含 cla_sub_id、claid 和 subid 列。
- 科目表 SUBJECT 包含 subid 和 subname 列。

对上述表完成以下学生信息的查询。

(1)　在 student 表中查询"唐晓阳"所在班级的学生信息。

```
SELECT * FROM student
WHERE claid IN (
 SELECT claid FROM student  WHERE stuname='唐晓阳'
)
```

(2)　在 student 表中查询.NET 班的学生信息。

```
SELECT * FROM student
WHERE claid IN (
 SELECT claid FROM class  WHERE claname='.NET 班'
)
```

(3)　查询 Java 班所学的科目信息。

```
SELECT * FROM subject
WHERE EXISTS (
    SELECT * FROM cla_sub
    WHERE cla_sub.subid = subject.subid
    AND claid IN (
       SELECT claid FROM class
       WHERE claname ='Java 班'
```

```
        )
    )
```

(4) 在 student 表中，查询其他班中比 Java 班中某一学生年龄小的学生的详细信息。

```
SELECT * FROM  student
WHERE stubirthday>ANY(
   SELECTstubirthday
   FROM  student
   WHERE student.claid IN (
        SELECT class.claid  FROM class  WHERE claname ='Java 班'
        )
   )
 AND student.claid IN(
   SELECT class.claid  FROM class  WHERE claname !='Java 班'
 )
```

(5) 查询 claname 为 Java 班的学生的 stunumber、stuname、stusex、subname，并且 stunumber 按升排列。

```
SELECT s.stunumber,s.stuname,s.stusex,sub.subname
FROM subject sub,student s
WHERE s.claid IN(
   SELECT class.claid  FROM class WHERE class.claname='Java 班' )
AND sub.subid IN(
  SELECT cla_sub.subid
  FROM cla_sub
  WHERE cla_sub.claid IN(
    SELECT class.claid  FROM class  WHERE class.claname = 'Java 班'
  )
 )
ORDER BY s.stunumber
```

(6) 从 class 表、subject 表和 cla_sub 表中查询 claname 和 subname，要求 claname 为"Java 班"，班级与科目相对。

```
SELECT c.claname,s.subname
FROM class AS c,  subject AS s,  cla_sub AS cs
WHERE c.claid = cs.claid
AND cs.subid = s.subid
AND c.claname ='Java 班'
```

(7) 基于表 student 和表 class 使用内连接查询，查询条件为两个表中的 claid 相等时返回，要求结果集中显示 stunumber、stuname、stusex 和 claname，并且 claid 以降序排列。

```
SELECT s.stunumber,s.stuname,s.stusex,c.claname
FROM student s  INNER JOIN class c
ON s.claid = c.claid
ORDER BY c.claid DESC
```

(8) 基于表 student 和表 class 查询出生日期在 1983 年 1 月 1 日到 1987 年 12 月 31 日的学生信息。要求结果集显示 stunumber、stuname、stupassword、stubirthday 和 claname，

并按入库日期升序排列。

```
SELECT s.stunumber,s.stuname, s.stupassword,s.stubirthday, c.claname
FROM student s  INNER JOIN class c
ON s.claid = c.claid
    AND s.stubirthday
    BETWEEN '1983-1-1' AND '1987-12-31'
ORDER BY s.stubirthday
```

(9) 基于表 class、表 teacher 和表 cla_tea 使用左外连接查询。要求结果集显示 teacher 表和 clatea 表的所有信息，查询条件为表 class 与表 cla_tea 中的 claid 相等，表 teacher 与表 cla_tea 的 teaid 相等。

```
SELECT teacher.*,class.claname
FROM teacher
    LEFT OUTERJOIN cla_tea
    ON teacher.teaid = cla_tea.teaid
    LEFT OUTERJOIN class
    ONclass.claid = cla_tea.claid
```

(10) 对表 student 和表 class 进行交叉查询，要求查询返回 class.claid 为 1 的学生的 stunumber、stuname、stubirthday、student.claid 以及 class.claid 信息，并按照 student.claid 降序排列。

```
SELECT student.stunumber,student.stuname,
student.stubirthday,student.claid , class.*
FROM student  CROSS  JOIN class
WHERE class.claid = 1
ORDER BY student.claid DESC
```

11.9   思考与练习

一、填空题

1. 使用_____关键字返回一个真值或假值。

2. 能与比较运算符一起使用的关键字有_____、ANY 和 ALL。

3. 左外连接在 OUTER JOIN 语句前使用_____关键字。

4. 联合查询使用_____关键字连接各个 SELECT 子句。

二、选择题

1. 关于约束，下列说法不正确的是_____。

    A. 使用别名的语句：FROM 表名 AS 别名

    B. 多表连接，FROM 关键字后使用 '，' 隔开各表

    C. 使用别名的语句：FROM 表名 别名

    D. 使用 SELECT DISTINCT 就是自然连接

2. 下列说法正确的是_____。
   A. 自连接就是表内部的连接，就是单个表的查询
   B. 嵌套连接要使用嵌套关键字
   C. 交叉连接的结果集行数是两基表满足查询条件的行的乘积
   D. 表的连接只能通过 WHERE 联系各表的列

3. 下列说法正确的是_____。
   A. 右外连接只保存 JOIN 右边的表中满足连接条件的记录
   B. 完全外连接与交叉连接的结果是一样的
   C. 在查询中进行比较的关键字中，ANY 和 SOME 的用法是一样的
   D. 左外连接和右外连接联合查询，就是获取 JOIN 左右两边的表中满足连接条件的记录

4. 下面关于自连接说法不正确的是_____。
   A. 自连接是指一个表与自身相连接的查询，连接操作是通过给基表定义别名的方式来实现
   B. 自连接可以将自身表的一个镜像当作另一个表来对待，从而能够得到一些特殊的数据
   C. 在自连接中可以使用内连接和外连接
   D. 在自连接中不能使用内连接和外连接

三、简答题

1. 使用 EXISTS 关键字引入的子查询与使用 IN 关键字引入的子查询在语法上有哪两方面不同？
2. 简述比较运算符和关键字的组合。
3. 请分析何时才会使用自连接。
4. 简述左外连接和右外连接的主从表位置。
5. 在含有 JOIN 关键字的连接查询中，其连接条件主要是通过哪些方法定义两个表在查询中的关联方式？
6. 连接表时，根据 SELECT 语句的不同，有时查询结果中会返回重复的行。那么怎样能够使查询结果中不出现重复的行？
7. 请分析何时才会运用联合查询。

11.10 练 一 练

作业：查询图书管理系统借阅信息

假设图书管理系统数据库中包含才以下几个表。

- BorrowerInfo 表：包含 CardNumber、BookNumber、BorrowerDate、ReturnDate、RenewDate 和 BorrowerState 列。
- CardInfo 表：包含 CardNumber、UserId、CreateTime、Scope 和 MaxNumber 列。

● UserInfo 表：包含 ID、UserName、Sex、Age、IdCard、Phone 和 Address 列。

根据具体功能创建表查询需要的语句，具体要求如下。

(1) 查询借书卡表 CardInfo 中的所有信息，但要求同时列出每一张借书卡对应的用户信息。

(2) 查询借书卡表 CardInfo 中的所有信息，并且同时列出每一张借书卡对应的用户信息。不过这里要求只连接查询出 2011 年 6 月 1 日以前创建的借书卡信息。

(3) 查询借书卡表 CardInfo 中的所有信息，但要求同时列出每一张借书卡对应的用户姓名。

(4) 使用左外连接查询 UserInfo 表和 CardInfo 表中的内容，并将表 UserInfo 作为左外连接的主表，CardInfo 作为左外连接的从表。

第12章

管理数据库对象

  表是数据库中的核心对象，因此在前面几章详细介绍了表的创建、修改、查询以及数据的更新操作。本章将介绍数据库中的另外三个对象：架构、视图和索引。通过使用架构可以简化管理和创建可以共同管理的对象子集。通过使用索引和视图辅助查询和组织数据，可以提高查询数据的效率。

本章重点：

➤ 了解架构的概念

➤ 熟练创建、修改和删除架构

➤ 熟练移动对象到新的架构

➤ 了解视图的概念以及与基表的区别

➤ 掌握视图的创建、修改和删除

➤ 熟悉使用视图修改数据的方法

➤ 了解索引的概念

➤ 理解不同索引类型的作用及检索方式

➤ 熟悉选择使用索引列的方法

➤ 掌握索引的创建和查看索引属性的方法

➤ 掌握索引的修改和删除

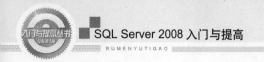
12.1 架　　构

架构是对象的容器，用于对数据库内定义的对象进行分组。使用架构可以简化管理和创建可以共同管理的对象子集。下面详细介绍架构的概念及其相关操作。

12.1.1　架构简介

在架构中可以包含的对象主要有：XML 架构集合、表、视图、存储过程、函数、聚合函数、约束、同义词、队列和统计信息等等。架构位于数据库内部，而数据库位于服务器内部。这些实体就像嵌套框放置在一起。服务器是最外面的框，而架构是最里面的框，如图 12-1 所示。

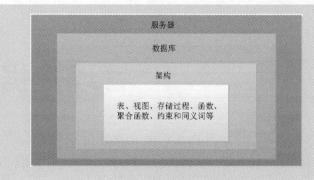

服务器

数据库

架构

表、视图、存储过程、函数、聚合函数、约束和同义词等

图 12-1　架构示意

架构所有权与用户相分离。因此，架构的所有权和架构范围内的安全对象可以转移，并且对象可以在架构之间移动。单个架构可以包含多个数据库用户拥有的对象，多个数据库用户可以共享单个默认架构。

> 提示：架构可以由任何数据库主体拥有，包括角色和应用程序角色，可以删除数据库用户而不删除相应架构中的对象。

用户拥有架构，并且当服务器在查询中解析对象时，总是会使用名为 dbo 的默认架构。在访问默认架构中的对象时，不需要指定架构名称。如果要访问其他架构中的对象，可通过两种格式来指定。

第一种是两部分的标识符，即指定架构名称和对象名称，格式如下：

```
schema_name.object_name
```

第二种是三部分的标识符，即指定数据库的名称、架构名称和对象名称，格式如下：

```
database_name.schema_name.object_name
```

例如，HotelManagementSys 数据库的默认架构是 dbo，要查询 Guest 表中的数据，可用如下三种形式：

```
SELECT * FROM Guest
SELECT * FROM dbo.Guest
SELECT * FROM HotelManagementSys.dbo.Guest
```

12.1.2　使用 SQLSMS 创建架构

在创建架构之前要了解架构的命名规则：架构的名称最长可达 128 个字符，必须以英文字母开头，而且在同一个数据库中必须唯一。

使用 SQL Server 2008 的 SQLSMS 图形界面工具，可以非常简单地通过几步创建一个新的架构。

【示例 1】

在"教务管理系统"数据库中创建一个名为 Admins 的架构，在 SQLSMS 中的实现步骤如下。

步骤 01　打开 SQLSMS 并连接包含"教务管理系统"数据库的 SQL Server 2008 服务器实例。

步骤 02　在【对象资源管理器】窗格中展开【服务器】\【数据库】\【教务管理系统】\【安全性】节点，右击【架构】节点并在弹出的快捷菜单中选择【新建架构】命令，打开【架构-新建】对话框。

步骤 03　在【常规】页面可以指定架构的名称以及设置架构的所有者，这里输入名称 Admins，如图 12-2 所示。

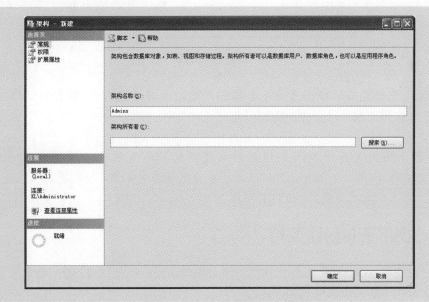

图 12-2　【架构-新建】对话框

步骤 04　单击【搜索】按钮打开【搜索角色和用户】对话框，如图 12-3 所示。

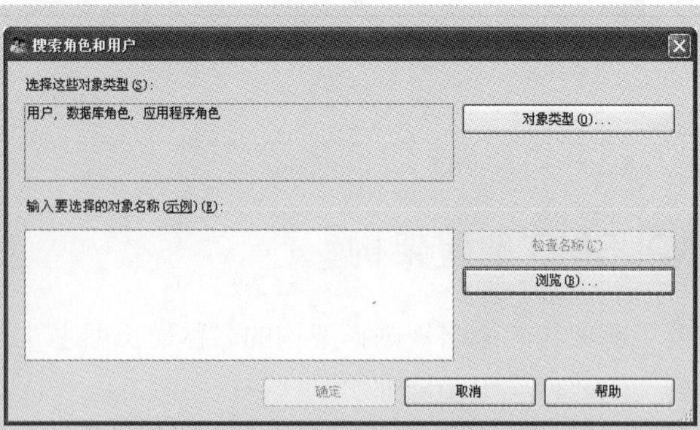

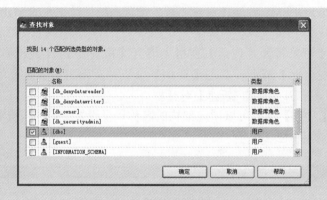

图 12-3　搜索角色和用户

步骤05　在【搜索角色和用户】对话框中单击【浏览】按钮打开【查找对象】对话框。在【查找对象】对话框中选择架构的所有者，可以选择当前系统的所有用户或者角色，如图 12-4 所示。

图 12-4　查找对象

步骤06　选择完成后单击【确定】按钮，然后单击【架构-新建】对话框中的【确定】按钮，就可以完成架构的创建。

　　警告：要指定另一个用户作为所创建架构的所有者，必须拥有对该用户的 IMPERSONATE 权限。如果一个数据库角色被指定作为所有者，当前用户必须是 sys 角色的成员，并且拥有对角色的 ALTER 权限。

12.1.3　使用语句创建架构

　　除了可以使用 SQLSMS 图形化界面创建架构外，还可以使用 T-SQL 语句来创建一个架构。创建架构的具体语法格式如下：

```
CREATE SCHEMA schema_name_clause [ <schema_element>[ ...n ] ]
<schema_name_clause>::=
    {
```

```
schema_name
    | AUTHORIZATION owner_name
    | schema_name AUTHORIZATION owner_name
    }
<schema_element> ::=
    {
table_definition | view_definition | grant_statement
revoke_statement | deny_statement
    }
```

由语法格式得知，在使用 T-SQL 语句创建架构时，可以指定架构的所有者。schema_element 语句允许使用 CREATE TABLE、CREATE VIEW、GRANT、REVOKE 和 DENY 语句来定义该架构内应被创建和包含的表、视图和权限。

上述语法格式中各参数的说明如下。

● schema_name：在数据库内标识架构的名称。

● AUTHORIZATION owner_name：指定将拥有架构的数据库级主体的名称。此主体还可以拥有其他架构，并且可以不使用当前架构作为其默认架构。

● table_definition：指定在架构内创建表的 CREATE TABLE 语句。执行此语句的主体必须对当前数据库具有 CREATE TABLE 权限。

● view_definition：指定在架构内创建视图的 CREATE VIEW 语句。执行此语句的主体必须对当前数据库具有 CREATE VIEW 权限。

● grant_statement：指定可以对除新架构以外的任何安全对象授予权限的 GRANT 语句。

● revoke_statement：指定可以对除新架构以外的任何安全对象撤销权限的 REVOKE 语句。

● deny_statement：指定可以对除新架构以外的任何安全对象拒绝授予权限的 DENY 语句。

【示例 2】

同样是在"教务管理系统"数据库中创建一个名为 Admins 的架构，使用 CREATE SCHEMA 语句的创建如下：

```
USE 教务管理系统
GO
CREATE SCHEMA Admins AUTHORIZATION dbo
```

12.1.4 修改架构

如果所有者不能使用架构作为默认的架构，也可能想允许或者拒绝基于每个用户或者每个角色指定的权限，那么就需要更改架构的所有权或者修改他的权限。

【示例 3】

假设要修改前面创建的 Admins 架构，在 SQLSMS 工具中的具体实现步骤如下。

步骤 01 在 SQL Server Management Studio 中连接到包含默认数据库服务器实例。

步骤 02 在【对象资源管理器】窗格中展开【服务器】\【数据库】\【教务管理系统】\【安全性】\【架构】节点，找到名称为 Admins 的架构，右击该节点并在弹出的快捷菜单中选择【属性】命令，打开【架构属性】对话框，如图 12-5 所示。

图 12-5　【架构属性】对话框

步骤 03 单击【搜索】按钮打开【搜索角色和用户】对话框，然后单击【浏览】按钮，在【查找对象】对话框中选择想要修改的用户或者角色，然后单击【确定】按钮两次，完成对架构所有者的修改。

注意：架构在创建之后，就不能更改架构的名称了，除非删除该架构然后使用新的名称重新创建一个架构。

【示例 4】

用户还可以在【架构属性】对话框的【权限】页面管理架构的权限。所有在对象上被直接地指派权限的用户或者角色都会显示在【用户或角色】列表中，通过下面的步骤可以配置用户或者角色的权限。

步骤 01 在【架构属性】对话框中选择【权限】页面。在【权限】页面单击【搜索】按钮添加用户。

步骤 02 添加用户完成后在【用户或角色】列表中选择用户，并在下面的权限列表中，选中相应的复选框，就可以完成对用户权限的配置，如图 12-6 所示。

图 12-6　配置用户的权限

步骤03 单击【确定】按钮完成配置。

12.1.5 删除架构

如果一个架构不再需要，就可以将其删除，即将其从数据库中清除。要删除一个架构，首先必须对架构拥有 CONTROL 权限，并且在删除架构之前，要移动或者删除该架构所包含的所有对象，否则删除操作将会失败。

【示例 5】

假设要删除"教务管理系统"数据库上名为 Admins 的架构，可以通过以下步骤来实现。

步骤01 在 SQL Server Management Studio 中，连接到包含默认数据库的服务器实例。

步骤02 在【对象资源管理器】窗格中展开【服务器】\【数据库】\【教务管理系统】\【安全性】\【架构】节点，找到 Admins 架构。

步骤03 右击该架构并在弹出的快捷菜单中选择【删除】命令，在弹出的【删除对象】对话框中单击【确定】按钮就可以完成删除操作。

同样，使用 T-SQL 的 DROP SCHEMA 语句也可以完成对架构的删除操作，具体语法格式如下：

```
DROP SCHEMA schema_name
```

其中，schema_name 表示架构在数据库中所使用的名称。

【示例6】

删除名称为 Admins 的架构，就可以使用如下代码：

```
DROP SCHEMA Admins
```

警告：在删除架构时，要确保正在使用正确的数据库，并且没有使用 master 数据库。

12.2　实践案例：移动对象到架构

移动对象到一个新的架构会更改与对象相关联的命名空间，也会更改对象查询和访问的方式。移动对象到新的架构也会影响对象的权限。

在 SQLSMS 工具中将对象移动到新的架构中的具体步骤如下。

步骤01　在 SQLSMS 中连接到包含数据库的服务器实例。

步骤02　在【对象资源管理器】窗格中展开【服务器】\【数据库】\【教务管理系统】\
　　　　【表】节点，右击【学生信息】表并在弹出的快捷菜单中选择【设计】命令，进
　　　　入表设计器。

步骤03　选择【视图】|【属性窗口】命令，打开【学生信息】表的【属性】窗格。

步骤04　在【属性】窗格中单击【架构】下拉列表，选择目标架构，如图 12-7
　　　　所示。

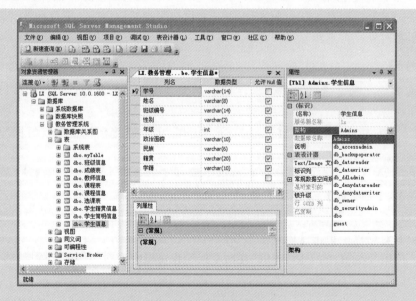

图 12-7　修改架构

步骤05　修改完成后，保存对表的修改，即可将对象移动到新的架构。

也可以使用 T-SQL 的 ALTER SCHEMA 语句将对象移动到新的架构，具体的语法格

式如下：

```
ALTER SCHEMA schema_name TRANSFER securable_name
```

上述语法格式中的各参数说明如下。

- schema_name：当前数据库中的架构名称，对象将移入其中。其数据类型不能为 SYS 或者 INFORMATION_SCHEMA。
- securable_name：由要移入架构中的源架构及安全对象的一部分或者两部分组成的名称。

同样，将【学生信息】表从当前 dbo 架构中移动到目标架构 Admins 中，可以使用如下代码：

```
ALTER SCHEMA Admins TRANSFER dbo.学生信息
```

> **提示**：当对象移动到新的架构中时，所有对象上的权限都会被删除。如果对象的所有者设置为特定的用户或者角色，那么该用户或者角色将继续成为对象的所有者。如果对象的所有者设置为 SCHEMA OWNER，所有权仍然为 SCHEMA OWNER 所有，并且移动后所有者将变成新架构的所有者。

12.3 视　　图

视图是用于查询表中数据的另一种方式。但与表不同，视图是一个虚表，是从一个或几个基本表中导出的表。因此数据库中只存在视图的定义，而不存在视图中相对应的数据，数据仍然存放在原来的基本表中。所以当基本表中的数据发生变化时，从视图中查询出的数据也随之改变。

12.3.1 视图简介

在 SQL Server 2008 中，视图是根据预定义的查询建立起来的一个表，定义以模式对象的方式存在。视图是一种逻辑对象，从一个或者几个基本表中导出的表，是一种虚拟表。

在定义一个视图时，只是把其定义存放在系统数据中，而不直接存储视图对应的数据，直到用户使用视图时才去查找对应的数据。在视图中被查询的表称为视图的基表。定义一个视图后，就可以把它当作表来引用。在每次使用视图时，视图都是从基表提取所包含的行和列，用户再从中查询所需要的数据。所以视图结合了基表和查询两者的特性。

视图的内容可以包括以下几个方面。

- 基表中列的子集或者行的子集视图可以是基表的一部分。
- 两个或者多个基表的联合视图是多个基表联合检索的产物。
- 两个或者多个基表的连接视图通过对多个基表的连接生成。
- 基表的统计汇总视图不仅是基表的映射，还可以是通过对基表的各种复杂运算得到的结果集。

- 其他视图的子集视图既可以基于表，也可以基于其他的视图。
- 视图和基表的混合视图和基表可以起到同样查看数据的作用。

对于使用数据库的每一项操作都有各自的优点，视图也不例外，视图的优点主要表现在以下几点。

- 数据集中显示。视图着重于用户感兴趣的某些特定数据及所负责的特定任务，可以提高数据的操作效率。
- 简化对数据的操作。在对数据库进行操作时，用户可以将经常使用的连接、投影、联合查询等定义为视图，这样在每次执行相同的查询时，就不必再重新写这些查询语句，而可以直接在视图中查询，从而大大地简化用户对数据的操作。
- 自定义数据。视图可以让不同的用户以不同的方式看到不同或者相同的数据集。
- 导出和导入数据。用户可以使用视图将数据导出至其他应用程序。
- 合并分割数据。在一些情况下，由于表的数据量过大，在表的设计过程中可能需要经常对表进行水平分割或者垂直分割，表的这种变化会对使用它的应用程序产生不小的影响。使用视图则可以重新保持原有的结构关系，从而使外模式保持不变，应用程序仍可以通过视图来重载数据。
- 安全机制。通过视图可以限定用户的查询权限，使部分用户只能查看和修改特定的数据，而对于其他数据库或者表中的数据既不可见也不能访问。

12.3.2 使用 SQLSMS 创建视图

与创建架构一样，在 SQL Server 2008 数据库系统中创建视图也可以采用图形界面和 T-SQL 语句两种方式。本节首先介绍使用 SQLSMS 图形界面创建视图的方法。

【示例 7】

在人事信息系统数据库 Personnel_sys 中创建一个视图，要求可以查看员工的基本信息、职务调动信息和薪酬调整信息。具体步骤如下。

步骤 01 在 SQLSMS 中连接到包含人事信息系统数据库的服务器实例。

步骤 02 在【对象资源管理器】窗格中展开数据库 Personnel_sys 节点，右击【视图】节点并在弹出的快捷菜单中选择【新建视图】命令，打开【添加表】对话框。

步骤 03 在【添加表】对话框中选择 Employees 表、Personnel_Changes 表和 Salary_Changes 表，如图 12-8 所示。

步骤 04 单击【添加】按钮添加到视图，再单击【关闭】按钮关闭【添加表】对话框。

步骤 05 在视图设计器窗口的最上方为【关系图】窗格，在这里可以选择查询中要包含的列；中间为【条件】窗格，这里显示了所选择的列名，而且可以设置排序类型、排序顺序和筛选器；再往下是【显示 SQL】窗格，这里显示了对上面两个窗格操作后生成的 SQL 语句；最下方的是【结果】窗格，用于显示视图执行的结果，默认为空。

图 12-8　【添加表】对话框

图 12-9 所示为视图最终设计后的关系、条件和 SQL 语句。

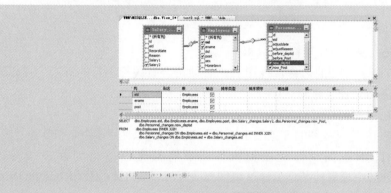

图 12-9　创建视图窗口

步骤06　单击 ![btn] 按钮执行视图，将在【结果】窗格中显示查询出的结果集，如图 12-10 所示。

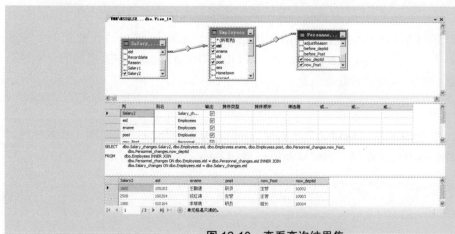

图 12-10　查看查询结果集

步骤07　单击 ![btn] 按钮保存视图。在弹出的【选择名称】对话框中输入视图名称 View_EmployeeInfo，单击【确定】按钮即可。

12.3.3 使用语句创建视图

使用 T-SQL 中的 CREATE VIEW 语句也可以创建视图，语法格式如下：

```
CREATE VIEW [ schema_name . ] view_name [ (column [ ,...n ] ) ]
[ WITH <view_attribute> [ ,...n ] ]
AS select_statement
[ WITH CHECK OPTION ] [ ; ]
<view_attribute> ::=
{
    [ ENCRYPTION ]
    [ SCHEMABINDING ]
    [ VIEW_METADATA ]
}
```

其中参数说明如下。

- schema_name：视图所属架构的名称。
- view_name：表示视图的名称，视图名称必须符合有关标识符的规则。可以选择 是否指定视图所有者名称。
- column：视图中的列使用的名称。
- select_statement：定义视图的 SELECT 语句，该语句可以使用多个表和其他视图。
- CHECK OPTION：强制针对视图执行的所有数据修改语句都必须符合在 select_statement 中设置的条件。通过视图修改行时，WITH CHECK OPTION 可确 保提交修改后，仍可通过视图看到数据。
- SCHEMABINDING：将视图绑定到基础表的架构。

> 注意：如果指定 SCHEMABINDING，则不能按照影响视图定义的方式修改基表 或表，而必须首先修改或删除视图定义本身，才能删除将要修改表的依赖关系。

- VIEW_METADATA：指定为引用视图的查询请求浏览模式的元数据时，SQL Server 实例将向 DB-Library、ODBC 和 OLE DB API 返回有关视图的元数据信 息，而不返回基表的元数据信息。

【示例 8】

使用 CREATE VIEW 语句创建一个名为 V_Employee_Department 的视图，要求视图可 以查询出每个员工的编号、姓名、职称以及所在部门名称。实现语句如下：

```
CREATE VIEW V_Employee_Department
(
编号,姓名,职称,所在部门名称
)
AS
SELECT E.eid,E.ename,E.post,D.dname
FROM Employees E INNER JOIN Departments D
ON E.did=D.did
```

执行上面的代码就可以创建一个 V_Employee_Department 视图，在小括号内为查询结果中的每个列定义了一个别名，AS 后面是视图的 SQL 语句。

成功创建视图之后就可以使用 SELECT 语句进行查询。与查询表的 SELECT 语句格式一样，具体的查询语句和结果如图 12-11 所示。

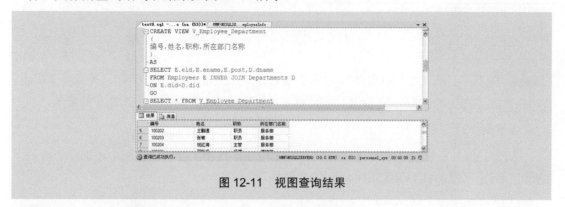

图 12-11　视图查询结果

12.3.4　查看视图

使用 sp_helptext 系统存储过程，可以查看视图的定义文本。

【示例 9】

查看 V_Employee_Department 视图的定义文本，代码如下：

```
EXEC sp_helptextV_Employee_Department
```

执行后的结果如图 12-12 所示，显示了 V_Employee_Department 视图的定义文本信息。

图 12-12　查看视图

12.3.5　修改视图

如果基表发生变化，或者要通过视图查询更多的信息，可以根据需要使用 ALTER VIEW 语句修改视图的定义。语法格式如下：

```
ALTER VIEW [ schema_name . ] view_name [ ( column [ ,...n ] ) ]
[ WITH <view_attribute> [ ,...n ] ]
```

```
AS select_statement
[ WITH CHECK OPTION ] [ ; ]
<view_attribute> ::=
{
    [ ENCRYPTION ]
    [ SCHEMABINDING ]
    [ VIEW_METADATA ]
}
```

提示：如果在创建视图时，使用了 WITH CHECK OPTION 子句，并且要保留选项提供的功能，则必须在 ALTER VIEW 语句中包含该子句，否则将丢失原有的定义。

【示例 10】

修改 12.3.3 小节创建的 V_Employee_Department 视图，要求向视图中添加一个政治面貌和学历列。使用 ALTER VIEW 语句的实现如下：

```
ALTER VIEW V_Employee_Department
(
编号,姓名,职称,政治面貌,学历,所在部门名称
)
AS
SELECT E.eid,E.ename,E.post,E.Titles,E.Educational,D.dname
FROM Employees E INNER JOIN Departments D
ON E.did=D.did
```

修改后查看 V_Employee_Department 视图的结果，会看到多出的政治面貌列和学历列，如图 12-13 所示。

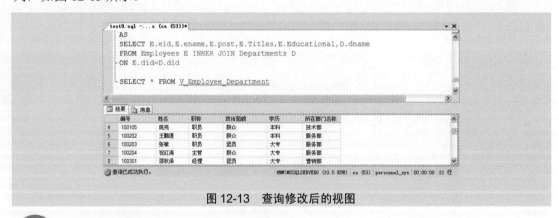

图 12-13   查询修改后的视图

12.3.6   删除视图

使用 DROP VIEW 语句可以删除视图，删除一个视图，就是删除其定义和赋予它的全部权限。使用 DROP VIEW 语句可以同时删除多个视图，语法格式如下：

```
DROP VIEW view_name
```

【示例 11】

删除 V_Employee_Department 视图的语句如下:

```
DROP VIEW V_Employee_Department
```

注意: 删除一个视图后, 不会对视图基于的表和数据造成任何影响, 但是对于依赖于该视图的其他对象或查询来说, 将会在执行时出现错误。

12.4　实践案例: 使用视图更新数据

通过视图可以向数据库表中插入数据、修改数据和删除表中数据。如果视图的 SELECT 语句中包含 DISTINCT、表达式(如计算列和函数), 或在 FROM 子句中引用多个表, 或引用不可更新的试图, 或有 GROUP BY 或 HAVING 子句, 那么都不能通过视图操作数据。

1. 新增数据

在视图中插入数据与在基本表中插入数据操作相同, 都是通过 INSERT 语句来实现。

【示例 12】

在 Personnel_sys 数据库中创建一个名为 V_Employee 的视图, 并用该视图查询员工受教育的情况。CREATE VIEW 语句如下:

```
CREATE VIEW V_Employee
(id,name,post,titles,educational,specialty)
AS
SELECT eid,ename,post,titles,educational,specialty
FROM Employees
```

使用 INSERT 语句向 V_Employee 视图中添加一条数据, 语句如下:

```
INSERT INTO V_Employee
VALUES(2013,'祝红涛','组长','党员','本科','管理')
```

在数据库中执行上面的语句, 执行成功后查询 V_Employee 视图中的数据, 如图 12-14 所示。

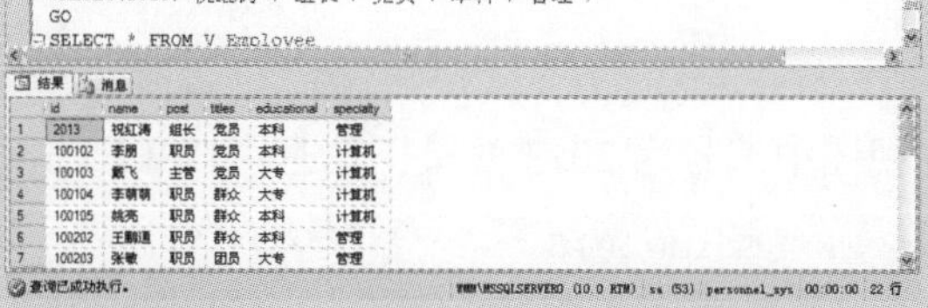

图 12-14　查询插入数据后的视图

提示：使用 INSERT 语句进行插入操作的视图必须能够在基表中插入数据，否则插入操作会失败。如果视图上没有包括基表中所有属性为 NOT NULL 的行，那么插入操作会由于那些列的 NULL 值而失败。如果在视图中包含使用统计函数的结果，或者是包含多个列值的组合，则插入操作不成功。如果创建视图的 CREATE VIEW 语句中使用了 WITH CHECK OPTION，那么所有对视图进行修改的语句必须符合 WITH CHECK OPTION 中限定的条件。对应由多个基表连接而成的视图来说，一个插入操作只能作用于一个基表。

2. 更新数据

与修改基本表相同，可以使用 UPDATE 语句更新视图中的数据。

【示例 13】

将 View_Student 视图中编号为 2013 的员工姓名修改为"陈景"，UPDATE 语句如下：

```
UPDATE V_Employee SET name='陈景'
WHERE id=2013
```

在数据库中执行上面的语句，执行成功后查询 V_Employee 视图中的数据，如图 12-15 所示。

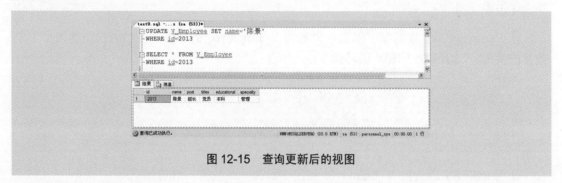

图 12-15　查询更新后的视图

注意：当视图是基于多个表创建时，那么修改数据只能修改一个表中的数据。

3. 删除数据

通过使用 DELETE 语句可以将视图中的数据删除，在视图中删除的数据同时在表中也被删除。

【示例 14】

删除 View_Student 视图中编号为 2013 的员工信息，DELETE 语句如下：

```
DELETE V_Employee WHERE id=2013
```

在数据库中执行上面的语句，执行成功后查询 View_Student 视图中的数据，如图 12-16 所示。

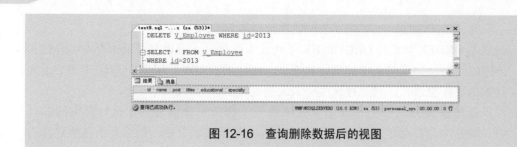

图 12-16　查询删除数据后的视图

提示：如果一个视图连接了两个以上的基表，则不允许进行数据删除操作。如果视图中的列是常数或者几个字符串列值的和，那么尽管插入和更新操作是不允许的，但却可以进行删除操作。

12.5　索　引

在关系数据库中，索引是一种可以加快数据检索速度的数据结构，主要用于提高数据库查询数据的性能。在 SQL Server 数据库中，一般在基本表上建立一个或多个索引，以提供多种存取路径，快速定位数据的存储位置。

12.5.1　索引简介

索引是一个单独的、物理的数据库结构，它是某个表中一列或者若干列的集合和相应的指向表中物理标识这些值的数据页的逻辑指针清单。索引的建立依赖于表，它提供了数据库中编排表中数据的内部方法。一个表的存储由两部分组成，一部分用来存放表的数据页面，另一部分存放索引页面。索引就存放在索引页面上，通常索引页面相对于数据页面来说要小得多。当进行数据检索时，系统先搜索索引页面从中找到所需数据的指针，再直接通过指针从数据页面中读取数据。在某种程度上，可以把数据库看作一本书，把索引看作书的目录，通过目录查找书中的信息，显然比没有目录的书方便、快捷。

索引一旦创建，将由数据库自动管理和维护。例如，在向表中插入、更新或者删除一条记录时，数据库会自动在索引中做出相应的修改。在编写 SQL 查询语句时，具有索引的表与不具有索引的表没有任何区别，索引只是提供一种快速访问指定记录的方法。

使用索引进行检索数据具有以下优点。

- 保证数据记录的唯一性。唯一性索引的创建可以保证表中数据记录不重复。
- 加快数据检索速度。表中创建了索引的列几乎可以立即响应查询，因为在查询时数据库会首先搜索索引列，找到要查询的值，然后按照索引中的位置确定表中的行，从而缩短了查询时间；而未创建索引的列在查询时就需要等待很长时间，因为数据库会按照表的顺序逐行进行搜索。
- 加快表与表之间的连接速度。如果从多个表中检索数据，而每个表中都有索引列，则数据库可以通过直接搜索各表的索引列，找到需要的数据。这样不但加快了表间的连接速度，也加快了表间的查询速度。

- 在使用 ORDER BY 和 GROUP BY 子句检索数据时，可以显著减少查询中分组和排序的时间。如果在表中的列创建索引，在使用 ORDER BY 和 GROUP BY 子句对数据进行检索时，其执行速度将大大提高。
- 可以在检索数据的过程中使用优化隐藏器，提高系统性能。在执行查询的过程中，数据库会自动地对查询进行优化，所以在建立索引后，数据会依据所建立的索引采取相应的措施而使检索的速度最快。

虽然索引具有诸多优点，但是仍要注意避免在一个表上创建大量的索引，否则不但会影响插入、删除、更新数据的性能，也会在更改表中的数据时，由于要调整索引而降低系统的维护速度。

12.5.2 索引类型

在 SQL Server 2008 系统中有两种基本类型的索引：聚集索引和非聚集索引。除此之外，还有唯一索引、包含索引、索引视图和全文索引等。

1. B-Tree 索引结构

SQL Server 将索引组织为 B-Tree(Balanced Tree，平衡树)结构。索引内的每一页包含一个页首，页首后面跟着索引行。每个索引行都包含一个键值以及一个指向较低级页或数据行的指针。

B-Tree 的顶端节点称为根节点(Root Node)，底层节点称为叶节点(Leaf Node)，在根节点和叶节点之间的节点称为中间节点(Intermediate Node)。每级索引中的页链接都在双向链接列表中。B-Tree 数据结构从根节点开始，以左右平衡的方式排列数据，中间可以根据需要分成许多层，如图 12-17 所示。

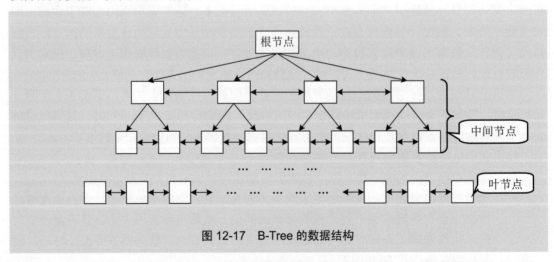

图 12-17 B-Tree 的数据结构

由于 B-Tree 的结构非常适合于检索数据，因此在 SQL Server 中采用该结构建立索引页和数据页。

2. 聚集索引

在 SQL Server 中，索引按 B-Tree 树结构进行组织。索引 B-Tree 树中的每一页称为一个索引节点。B-Tree 树的顶端节点称为根节点。索引中的底层节点称为叶节点。根节点与叶节点之间的任何索引级别统称为中间级。在聚集索引中，叶节点包含基础表的数据页。根节点和叶节点包含含有索引行的索引页。每个索引行包含一个键值和一个指针，该指针指向 B-Tree 树上的某一中间级页或者叶级索引中的某个数据行。每级索引中的页均被链接在双向链接列表中。

由于真正的数据页链只能按一种方式进行排序，因此，一个表只能包含一个聚集索引。聚集索引将数据行的键值在表内排序存储对应的数据记录，使得表的物理顺序与索引顺序一致。如果不是聚集索引，表中各行的物理顺序与键值的逻辑顺序就不会匹配。查询优化器非常适于聚集索引，因为聚集索引的叶级页不是数据页。聚集索引定义了数据的真正顺序，所以对一些范围查询来说该索引能够提供特殊的快速访问。

假如，对于聚集索引 Employee 中的 root_page 列指向该聚集索引某个特定分区的顶部。SQL Server 将在索引中向下移动以查找与某个聚集索引键对应的行。为了查找键的范围，SQL Server 将在索引中移动以查找该范围的起始键值，然后用向前或者向后指针在数据页中进行扫描。为了查找数据页链的首页，SQL Server 将从索引的根节点沿最左边的指针进行扫描，整个过程如图 12-18 所示。

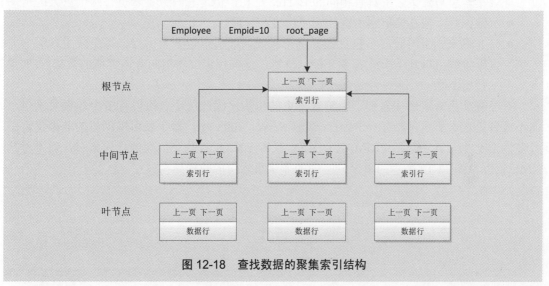

图 12-18　查找数据的聚集索引结构

默认情况下，表中的数据在创建索引时排序。但是，如果因聚集索引已经存在，且正在使用同一名称和列重新创建，而数据已经排序，则会重建索引，而不是从头创建该索引。这时就会自动跳过排序操作。重建索引操作会检查行是否在生成索引时进行了排序。如果有任何行排序不正确，就会取消操作，不创建索引。

由于聚集索引的索引页面指针指向数据页面，所以使用聚集索引查找数据几乎总是比使用非聚集索引快。每张表只能创建一个聚集索引，并且聚集索引至少需要相当于该表120%的附加空间，以存放该表的副本和索引中间页。

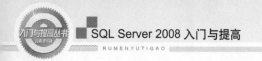
聚集索引通过下列方式实现。

1) PRIMARY KEY 和 UNIQUE 约束

在创建 PRIMARY KEY 约束时，如果不存在该表的聚集索引且未指定唯一非聚集索引，则将自动对一列或者多列创建唯一聚集索引；主键列不允许有空值。在创建 UNIQUE 约束时，默认情况下将创建唯一非聚集索引，以便强制 UNIQUE 约束。如果不存在该表的聚集索引，则可以指定唯一聚集索引。将索引创建为约束的一部分后，会自动将索引命名为与约束名称相同的名称。

2) 独立于约束的索引

指定非聚集主键约束后，可以对非主键的列创建聚集索引。

3) 索引视图

若要创建索引视图，可对一个或者多个视图列定义唯一聚集索引。此时视图将具体化，并且结果集存储在该索引的页级别中，其存储方式与表数据存储在聚集索引中的方式相同。

3. 非聚集索引

非聚集索引的数据存储在一个位置，索引存储在另一个位置，索引带有指针指向数据的存储位置。索引中的项目按索引值的顺序存储，而表中的信息按另一种顺序存储。

非聚集索引与聚集索引具有相同的 B-Tree 结构，但是它与聚集索引有两个重大区别。

- 数据行不按非聚集索引键的顺序排序和存储。
- 非聚集索引的叶层不包含数据页，相反，叶节点包含索引行。每个索引行包含非聚集键值以及一个或者多个行定位器，这些行定位器指向有该键值的数据行(如果索引不唯一，则可能是多行)。

有没有非聚集索引搜索都不影响数据页的组织，因此每个表可以有多个非聚集索引，而不像聚集索引那样只能有一个。在 SQL Server 2008 中，每个表可以创建的非聚集索引最多为 249 个，其中包括 PRIMARY KEY 或者 UNIQUE 约束创建的任何索引，但不包括 XML 索引。图 12-19 所示为单个分区中的非聚集索引的数据结构。

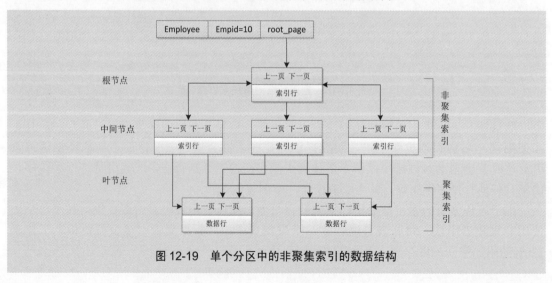

图 12-19　单个分区中的非聚集索引的数据结构

数据库在搜索数据值时，先对非聚集索引进行搜索，找到数据值在表中的位置，然后从该位置直接检索数据。这样使得非聚集索引成为精确查询的最佳方法，因为索引包含描述查询所搜索的数据值在表中的精确位置的条目。

非聚集索引可以提高从表中提取数据的速度，但它也会降低向表中插入和更新数据的速度。当用户改变一个建立了非聚集索引的表的数据时，必须同时更新索引。如果预计一个表需要频繁地更新数据，那么就不要给它建立太多的非聚集索引。另外，如果硬盘和内存空间有限，也应该限制使用非聚集索引的数量。

非聚集索引可以通过下列方法实现。

1)　PRIMARY KEY 和 UNIQUE 约束

在创建 PRIMARY KEY 约束时，如果不存在该表的聚集索引且未指定唯一非聚集索引，则将自动对一列或者多列创建唯一聚集索引。主键列不允许空值。在创建 UNIQUE 约束时，默认情况下将创建唯一非聚集索引，以便强制 UNIQUE 约束。如果不存在该表的聚集索引，则可以指定唯一聚集索引。

2)　独立于约束的索引

默认情况下，如果未指定聚集索引，则创建非聚集索引。每个表可以创建的非聚集索引最多为 249 个，其中包括 PRIMARY KEY 或者 UNIQUE 约束创建的任何索引，但不包括 XML 索引。

3)　索引视图的非聚集索引

对视图创建唯一的聚集索引后，便可以创建非聚集索引。

对更新频繁的表来说，表上的非聚集索引比聚集索引和没有索引需要更多的额外开销。对移到新页的每一行而言，指向该数据的每个非聚集索引的页级行也必须更新，有时可能还需要索引页的处理。从一个页面删除数据的进程也会有类似的开销，另外，删除进程还必须把数据移到页面上部，以保证数据的连续性。

4. 唯一索引

创建唯一索引可以确保索引列不包含任何重复的键值。如果创建的单个查询导致添加了重复的和非重复的键值，SQL Server 会拒绝所有的行。例如，如果一个单个的插入语句从表 table1 检索了 20 行，然后将它们插入到表 table2 中，而这些行中有 10 行包含重复键值，则默认情况下所有 20 行都将被拒绝。不过，在创建该索引时可以指定 IGNORE_DUP_KEY 子句，使得只有重复的键值才被拒绝，而非重复的键值将被添加。这样 SQL Server 将只会拒绝 10 个重复的键值，其他 10 个非重复的键值将被添加到表 table2 中。

在一个数据库表中，如果一个单个的列中有不止一行包含 NULL 值，则无法在该列上创建唯一索引。在列的组合中，如果其中有多个列包含 NULL 值，则这些 NULL 值被视为重复的值。因此，在这样的多个列上也不能创建唯一索引。

聚集索引和非聚集索引都可以是唯一的。因此，只要列中的数据是唯一的，就可以在同一个表上创建一个唯一的聚集索引和多个唯一的非聚集索引。

提示：只有当唯一性是数据本身的特征时，指定唯一索引才有意义。如果必须实施唯一性以确保数据的完整性，则应在列上创建 UNIQUE 或 PRIMARY KEY 约束，而不要创建唯一索引。

12.5.3 索引的使用标准

虽然，索引有许多优点，但是为表中的每一列都增加索引，非常不明智。因为增加索引也有许多不利的因素，主要体现在以下几点。

- 创建索引和维护索引要耗费时间，这种时间随着数据量的增加而增加。
- 除了数据表占用数据空间之外，每一个索引还要占一定的物理空间，如果要建立聚集索引，那么需要的空间就会更大。
- 对表中的数据进行增加、删除和修改的时候，索引也要动态地维护，这样就降低了数据的维护速度。

索引建立在数据库表中某些列的上面。因此，在创建索引时，应该仔细考虑在哪些列上可以创建索引，在哪些列上不能创建索引。表 12-1 列出了一些适合和不适合创建索引的表和列。

表 12-1　选择表和列创建索引的原则

适合创建索引的表或者列	不适合创建索引的表或者列
有许多行数据的表	几乎没有数据的表
经常用于查询的列	很少用于查询的列
有宽范围的值并且在一个典型的查询中，极有可能被选择的列	有宽范围的值并且在一个典型的查询中，不太可能被选择的列
用于聚合函数的列	列的字节数大
用于 GROUP BY 查询的列	有许多修改，但很少实际查询的表
用于 ORDER BY 查询的列	
用于表级联的列	

表 12-2 列出了应该使用聚集索引或者非聚集索引的列类型。

表 12-2　使用聚集索引和非聚集索引的原则

可以使用聚集索引的列	可以使用非聚集索引的列
被大范围地搜索的主键，如账户	顺序的标识符的主键，如标识列
返回大结果集的查询	返回小结果集的查询
用于许多查询的列	用于聚合函数的列
强选择性的列	外键
用于 ORDER BY 或者 GROUP BY 查询的列	
用于表级联的列	

12.6 索引的使用方法

在了解了索引的基础知识之后，本节将介绍索引的具体应用，如创建索引、查看索引以及修改索引等。

12.6.1 创建索引

创建数索引的方法主要有两种：一是在 SQLSMS 中使用图形化工具创建，二是通过 T-SQL 语句创建。

1. 使用 SQL Server Management Studio 创建索引

使用 SQL Server Management Studio 创建索引是初学者的首选，因为它的图形界面简单易懂。

【示例 15】

下面为医药系统数据库 Medicine 中的药品信息表 MedicineInfo 创建一个唯一性的非聚集索引 index_Medicine，操作步骤如下。

步骤01 在 SQL Server Management Studio 中，连接到包含默认的数据库的服务器实例。

步骤02 在【对象资源管理器】中，展开【服务器】\【数据库】\Medicine\【表】\MedicineInfo 节点，右击【索引】节点，在弹出的快捷菜单中选择【新建索引】命令。

步骤03 在【新建索引】对话框的【常规】页面可以设置索引的名称、索引的类型、是否是唯一索引等，如图 12-20 所示。

图 12-20 【新建索引】对话框

步骤 04　单击【添加】按钮打开【从 "dbo.MedicineInfo" 中选择列】对话框，在对话框中的【表列】列表中选中 MedicineName 复选框，如图 12-21 所示。

步骤 05　单击【确定】按钮返回【新建索引】对话框，然后再单击【新建索引】对话框中的【确定】按钮，【索引】节点下便生成了一个名为 index_Medicine 的索引，说明该索引创建成功，如图 12-22 所示。

图 12-21　选择索引列

图 12-22　索引创建成功

2. 使用 T-SQL 语句创建索引

使用 CREATE INDEX 语句创建索引，是最基本的索引创建方式，并且这种方法最具有适应性，可以创建出符合自己需要的索引。在使用这种方式创建索引时，可以使用许多选项，例如指定数据页的充满度、进行排序、整理统计信息等，从而优化索引。使用这种方法，也可以指定索引类型、唯一性、包含性和复合性，也就是说，既可以创建聚集索引，也可以创建非聚集索引，既可以在一个列上创建索引，也可以在两个或者两个以一的列上创建索引。

在 SQL Server 2008 中使用 CREATE INDEX 语句可以在关系表上创建索引，其基本的语法形式如下：

```
CREATE [UNIQUE] [CLUSTERED] [NONCLUSTERED] INDEX index_name
ON table_or_view_name (colum [ASC | DESC] [,…n])
[INCLUDE (column_name[,…n])]
[WITH
(  PAD_INDEX = {ON | OFF}
 | FILLFACTOR = fillfactor
 | SORT_IN_TEMPDB = {ON | OFF}
 | IGNORE_DUP_KEY = {ON | OFF}
 | STATISTICS_NORECOMPUTE = {ON | OFF}
 | DROP_EXISTING = {ON | OFF}
 | ONLINE = {ON | OFF}
 | ALLOW_ROW_LOCKS = {ON | OFF}
 | ALLOW_PAGE_LOCKS = {ON | OFF}
```

```
|  MAXDOP = max_degree_of_parallelism)[,…n]]
ON {partition_schema_name(column_name) | filegroup_name | default}
```

语法中各个参数的含义介绍如下。

- UNIQUE：该选项表示创建唯一性的索引，在索引列中不能有相同的列值。
- CLUSTERED：该选项表示创建聚集索引。
- NONCLUSTERED：该选项表示创建非聚集索引，这是 CREATE INDEX 语句的默认值。
- 第一个 ON 关键字：表示索引所属的表或者视图，这里用于指定表或者视图的名称和相应的列名称。列名称后面可以使用 ASC 或者 DESC 关键字，指定是升序还是降序排列，默认值是 ASC。
- INCLUDE：该选项用于指定将要包含到非聚集索引的页级中的非键列。
- PAD_INDEX：该选项用于指定索引的中间页级，也就是说为非叶级索引指定填充度。这时的填充度由 FILLFACTOR 选项指定。
- FILLFACTOR：该选项用于指定叶级索引页的填充度。
- SORT_INT_TEMPDB：该选项为 ON 时，用于指定创建索引时产生的中间结果，在 tempdb 数据库中进行排序。为 OFF 时，在当前数据库中排序。
- IGNORE_DUP_KEY：该选项用于指定唯一性索引键冗余数据的系统行为。当为 ON 时，系统发出警告信息，违反唯一性的数据插入失败。为 OFF 时，取消整个 INSERT 语句，并且发出错误信息。
- STATISTICS_NORECOMPUTE：该选项用于指定是否重新计算索引统计信息。为 ON 时，不自动计算过期的索引统计信息。为 OFF 时，启动自动计算功能。
- DROP_EXIXTING：该选项用于指定是否可以删除指定的索引，并且重建该索引。为 ON 时，可以删除并且重建已有的索引。为 OFF 时，不能删除重建。
- ONLINE：该选项用于指定索引操作期间基础表和关联索引是否可用于查询。为 ON 时，不持有表锁，允许用于查询。为 OFF 时，持有表锁，索引操作期间不能执行查询。
- ALLOW_ROW_LOCKS：该选项用于指定是否使用行锁，为 ON，表示使用行锁。
- ALLOW_PAGE_LOCKS：该选项用于指定是否使用页锁，为 ON，表示使用页锁。
- MAXDOP：该选项用于指定索引操作期间覆盖最大并行度的配置选项，主要目的是限制执行并行计划过程中使用的处理器数量。

【示例 16】

同样是为医药系统数据库 Medicine 中的药品信息表 MedicineInfo 创建一个唯一性的非聚集索引 index_Medicine，索引列为 MedicineName。

使用 CREATE INDEX 语句的实现如下：

```
USE Medicine
GO
```

```
CREATE UNIQUE NONCLUSTERED INDEX index_Medicine
ON MedicineInfo(MedicineName)
```

12.6.2 修改索引

当数据更改以后，要重新生成索引、重新组织索引或者禁止索引。这些操作统称为修改索引。修改索引既可以通过图形界面完成，也可以使用 ALTER INDEX 语句实现。

1. 使用图形界面

使用图形界面修改索引主要是修改索引的属性。在【索引属性】对话框中选择【选项】页，在该页中可以选择是否重新生成索引或是否禁止索引；选择【碎片】选项页，可以选择是否重新组织索引，如图 12-23 所示。

图 12-23　修改索引

2. 使用 ALTER INDEX 语句

ALTER INDEX 语句的基本语法形式如下：

1) 重新生成索引

```
ALTER INDEX index_name ON table_or_view_name REBUILD
```

2) 重新组织索引

```
ALTER INDEX index_name ON table_or_view_name REORGANIZE
```

3) 禁用索引

```
ALTER INDEX index_name ON table_or_view_name DISABLE
```

上述语句中，index_name 表示要修改的索引名称，table_or_view_name 表示当前索引基于的表名或者视图名。

【示例 17】

使用 ALTER INDEX 语句禁用 Medicine 数据库中 MedicineInfo 表上的 index_Medicine
索引，实现语句如下：

```
USE Medicine
GO
ALTER INDEX index_Medicine ON MedicineInfo DISABLE
```

执行后再次查看索引属性，可以看到【选项】页中的【使用索引】复选框未被选中，
表示已经禁用该索引，如图 12-24 所示。

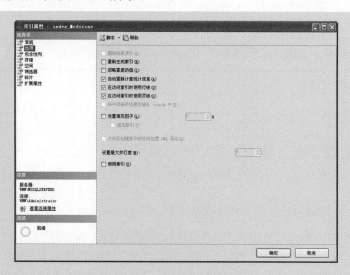

图 12-24　禁用后的索引属性

12.6.3　删除索引

当索引不再需要时可以将其删除。与创建索引一样，删除索引也可以通过两种方式完
成。最简单的一种是在 SQL Server Management Studio 中的【对象资源管理器】窗格下右
击要删除的索引，在弹出的快捷菜单中选择【删除】命令。

第二种方式是通过 DROP INDEX 语句将该索引删除，具体的语法格式如下：

```
DROP INDEX <table or view name>.<index name>
```

也可以使用如下语法格式：

```
DROP INDEX <index name> ON <table or view name>
```

【示例 18】

要删除 Medicine 数据库中 MedicineInfo 表上的 index_Medicine 索引，实现语句如下：

```
USE Medicine
```

SQL Server 2008 入门与提高

```
GO
DROP INDEX index_MedicineON MedicineInfo
```

执行完上面这段代码，即可删除 index_Medicine 索引。

12.6.4 查看索引属性

索引信息包括索引统计信息和索引碎片信息，通过查询这些信息分析索引性能，可以更好地维护索引。

1. 查看索引信息

在 Microsoft SQL Server 2008 系统中，可以使用一些目录视图和系统函数查看有关索引的信息，这些目录视图和系统函数如表 12-3 所示。

表 12-3   查看索引信息的目录视图和系统函数

目录视图和系统函数	含　义
sys.indexes	用于查看有关索引类型、文件组、分区方案、索引选项等信息
sys.index_columns	用于查看列 ID、索引内的位置、类型、排列等信息
sys.stats	用于查看与索引关联的统计信息
sys.stats_columns	用于查看与统计信息关联的列 ID
sys.xml_indexes	用于查看 XML 索引信息，包括索引类型、说明等
sys.dm_db_index_physical_stats	用于查看索引大小、碎片统计信息等
sys.dm_db_index_operational_stats	用于查看当前索引和表 I/O 统计信息等
sys.dm_db_index_usage_stats	用于查看按查询类型排列的索引使用情况的统计信息
INDEXKEY_PROPERTY	用于查看索引的索引列的位置以及列的排列顺序
INDEXPROPERTY	用于查看元数据中存储的索引类型、级别数量和索引选项的当前设置等信息
INDEX_COL	用于查看索引的键列名称

2. 查看索引碎片

在【对象资源管理器】窗格中右击要查看碎片信息的索引，从弹出的快捷菜单中选择【属性】命令，打开【索引属性】对话框。在【选择页】中选择【碎片】选项，可以看到当前索引的碎片信息，如图 12-25 所示。

3. 查看统计信息

在【对象资源管理器】窗格中展开 MedicineInfo 表中的【统计信息】节点，右击要查看统计信息的索引(如 index_Medicine 索引)，在弹出的快捷菜单中选择【属性】命令打开【统计信息属性】对话框。在【统计信息属性】对话框中选择【详细信息】选项即可看到当前索引的统计信息，如图 12-26 所示。

290

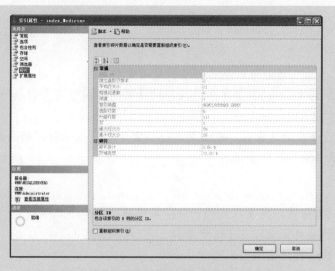

图 12-25 查看索引碎片

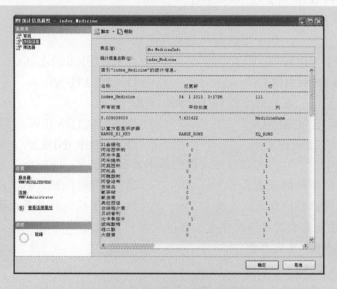

图 12-26 查看详细的统计信息

12.7 思考与练习

一、填空题

1. 创建架构的语句是_____。

2. _____是一种可以加快数据检索速度的数据结构。

3. 视图是由_____语句组成的查询定义的虚拟表。

4. 在空白处填写合适的语句完成创建一个名为 V_Teacher 的视图。

```
CREATE VIEW _____ ( 编号,教师姓名)
AS
SELECT * FROM Teacher
```

5. 使用_____语句可以查看已经创建的索引属性。

6. 在 SQL Server 2008 的数据库中，按存储结果的不同可将索引分为_____索引和非聚集索引。

7. 如果表中已存在聚集索引，或者显式地指定了非聚集索引，那么在创建索引时将会创建一个唯一的聚集索引，以实施_____约束。

二、选择题

1. 下面是创建架构时需要注意的一些命名规则，其中不正确的是_____。

   A. 架构的名称最长可达 128 个字符

   B. 架构的名称必须以英文字母开头

   C. 架构的名称可以以英文字母开头，也可以使用数字开头

   D. 架构的名称在同一个数据库中必须唯一

   E. 架构的名称在同一个数据库中不必唯一

2. 下面_____命令可以移动对象到新的架构。

   A. ALTER VIEW   B. ALTER SCHEMA

   C. CREATE SCHEMA   D. CREATE VIEW

3. 下面_____是创建索引的 Transact-SQL 命令。

   A. CREATE SCHEMA   B. CREATE VIEW

   C. CREATE INDEX   D. ALTER INDEX

4. 当_____时，可以通过视图向基本表插入记录。

   A. 视图所依赖的基表有多个   B. 视图所依赖的基表只有一个

   C. 视图所依赖的基表只有两个   D. 视图所依赖的基表最多有五个

5. 如果希望查看索引的碎片信息，可以使用的方式是_____。

   A. sys.indexes 系统目录

   B. UPDATE STATISTICS

   C. sys.dm_db_index_physical_stats 系统函数

   D. CREATE INDEX 命令

三、简答题

1. 为什么可以在架构之间移动对象？

2. 简述视图的优缺点。

3. 简述什么类型的视图不能操作数据表中的数据。

4. 利用索引检索数据有哪些优点？

5. 聚集索引和非聚集索引有什么特点？主要区别是什么？

12.8　练　一　练

作业：管理商品管理系统的数据信息

假设商场商品管理系统数据库中包含如下几个表。

- 货架信息表 Shelf：包含货架编号 Sno、货架名称 Sname、货架分类性质 Stype。
- 商品信息表 Product：包含商品编号 Pno、商品名称 Pname、商品分类性质 Ptype、商品价格 Pprice、商品进货日期 Ptime、商品过期时间 Pdate。
- 分类信息表 Part：包含商品编号 Pno、货架编号 Sno。

根据本章学习的内容，对上述表完成以下操作。

(1) 使用语句创建一个名为 mydb 的架构。

(2) 将上述三个表都移动到 mydb 架构中。

(3) 创建一个查看商品信息的视图，要求显示出商品编号、商品名称、货架编号、商品价格和商品过期时间。

(4) 查询视图的执行结果。

(5) 为 Product 表的 Pno 列创建一个聚集索引。

(6) 为 Shelf 表的 Sno 列创建一个唯一索引。

(7) 将 Part 表恢复到默认的架构 dbo。

第13章

触发器编程

为了保证数据的完整性和强制使用业务规则，在 SQL Server 2008 中除了使用约束外，还可以使用触发器(Trigger)来实现。

触发器与表紧密相连，也可以将触发器看作是表定义的一部分。当对表执行插入、更新或者删除时，触发器会自动执行以检查表的数据完整性和约束。

本章首先介绍 SQL Server 2008 中触发器的概念和分类，然后重点介绍 DML 触发器的创建、禁用与启用、修改和删除，以及触发器在 DDL、嵌套和递归中的用法。

本章重点：

- 了解 SQL Server 2008 中触发器的类型
- 掌握各种 DML 触发器的创建方法
- 掌握禁用和启用触发器的方法
- 掌握修改和删除触发器的方法
- 掌握 DDL 触发器的创建
- 理解嵌套触发器和递归触发器的概念

13.1 触发器简介

触发器是建立在触发事件上的。例如用户在对表执行 INSERT、UPDATE 或 DELETE 操作时，SQL Server 就会触发相应的事件，并自动执行和这些事件相关的触发器。触发器中包含了一系列用于定义业务规则的 SQL 语句，用来强制用户实现这些规则，从而确保数据的完整性。

触发器在下列情况下强制实现复杂的引用完整性：

● 强制数据库间的引用完整性。

● 创建多行触发器。当插入、更新或者删除多行数据时，必须编写一个处理多行数据的触发器。

● 执行级联更新或者级联删除这样的操作。

● 级联修改数据库中所有的相关表。

● 撤销或者回滚违反引用完整性的操作，防止非法修改数据。

按照触发事件的不同可以把触发器分成三大类型：DML 触发器、DDL 触发器和登录触发器。

1. DML 触发器

当数据库中发生数据操纵语言(DML)事件时将调用 DML 触发器。DML 事件包括所有对表或视图中数据进行改动的操作，如 INSERT、UPDATE 或 DELETE。

按照 DML 事件类型的不同，可以将 DML 触发器分为 INSERT 触发器、UPDATE 触发器和 DELETE 触发器，它们分别在对表执行 INSERT、UPDATE 和 DELETE 操作时执行。

按照触发器和触发事件操作时间的不同，可以将 DML 触发器分为如下两类。

1) AFTER 触发器

在执行了 INSERT、UPDATE 或 DELETE 操作之后执行的触发器类型就是 AFTER 触发器。INSERT、UPDATE 和 DELETE 触发器都属于 AFTER 触发器。AFTER 触发器只能在表上指定。

2) INSTEAD OF 触发器

执行 INSTEAD OF 触发器可以代替通常的触发动作，即可以使用 INSTEAD OF 触发器替代 INSERT、UPDATE 和 DELETE 触发事件的操作。

提示：DML 触发器将触发器本身和触发它的语句作为可在触发器内回滚的单个事务对待。如果检测到错误(如磁盘空间不足)，则整个事务自动回滚。

SQL Server 2008 为每个 DML 触发器语句创建两个特殊的表：deleted 表和 inserted 表，分别用于存放从表中删除的行和向表中插入的行。这是两个逻辑表，由系统自动创建和维护，存放在内存而不是数据库中，因此用户不能对它们进行修改。这两个表的结构总是与定义触发器的表的结构相同。触发器执行完成后，与该触发器相关的这两个表也会被删除。

这两个表的作用如下。

- deleted 表用于存放对表执行 UPDATE 或 DELETE 操作时，要从表中删除的所有行。
- inserted 表用于存放对表执行 INSERT 或 UPDATE 操作时，要向表中插入的所有行。

2. DDL 触发器

当数据库中发生数据定义语言(DDL)事件时将调用 DDL 触发器。DDL 事件主要包括 CREATE、ALTER、DROP、GRANT、DENY 和 REVOKE 等语句操作。

注意：DDL 触发器仅在 DDL 事件发生之后触发，所以 DDL 触发器只能作为 AFTER 触发器使用，而不能作为 INSTEAD OF 触发器使用。

3. 登录触发器

登录触发器响应 LOGIN 事件而激发存储过程。与 SQL Server 实例建立用户会话时将引发此事件。登录触发器将在登录的身份验证阶段完成之后且用户会话建立之前激发。因此，来自触发器内部且通常将到达用户的所有消息(例如错误消息和来自 PRINT 语句的消息)会传送到 SQL Server 错误日志。如果身份验证失败，将不激发登录触发器。

可以使用登录触发器来审核和控制服务器会话。例如跟踪登录活动、限制 SQL Server 的登录名或限制特定登录名的会话数。

提示：登录触发器可以在任何数据库中创建，但在服务器级注册，并保存在 master 数据库中。关于登录触发器的内容，本章不作详细介绍。

13.2 DML 触发器

当在数据库服务器中发生 DML 事件时会触发 DML 触发器，这些事件包括对表或者视图执行的 UPDATE、INSERT 或者 DELETE 语句。下面针对每个语句下的 DML 触发器创建进行详细介绍。

13.2.1 创建 DML 触发器语法

创建 DML 触发器的语法如下：

```
CREATE TRIGGER trigger_name
ON { table | view }
{
    { { FOR | AFTER | INSTEAD OF }
     { [DELETE] [,] [INSERT] [,] [UPDATE] }
      AS
sql_statement
```

```
    }
}
```

使用 CREATE TRIGGER 语句创建触发器，必须是批处理中的第一个语句，该语句后面的所有其他语句将被解释为 CREATE TRIGGER 语句定义的一部分。

上述语法中各主要参数的含义如下。

- trigger_name：用于指定创建触发器的名称。
- Table | view：用于指定在其上执行触发器的表或者视图。
- FOR|AFTER|INSTEAD OF：用于指定触发器触发的时机。
- DELETE|INSERT|UPDATE：用于指定在表或者视图上执行哪些数据修改语句时将触发触发器的关键字。
- sql_statement：用于指定触发器所执行的 Transact-SQL 语句。

13.2.2　INSERT 触发器

INSERT 触发器在对定义触发器的表执行 INSERT 语句时被执行。创建 INSERT 触发器，需要在 CREATE TRIGGER 语句中指定 AFTER INSERT 选项。

【示例 1】

在 HotelManagementSys 数据库的房间信息表 RoomInfo 中创建一个 AFTER INSERT 触发器，该触发器实现了在添加房间信息之后统计当前的房间总数。

触发器的创建语句如下：

```
USE HotelManagementSys
GO
CREATE TRIGGER Trig_GetRoomCount
ON RoomInfo
AFTER INSERT
AS
BEGIN
    DECLARE @numint
    SELECT @num = COUNT(*) FROM RoomInfo
    SELECT @num '总房间数量'
END
```

上述语句创建的触发器名称为 Trig_GetRoomCount，ON 关键字指定该触发器作用于 RoomInfo 表，AFTER INSERT 表示在 RoomInfo 表的 INSERT 操作之后触发。

现在向 RoomInfo 表使用 INSERT 语句插入一行数据测试触发器，语句如下：

```
INSERT RoomInfo VALUES('R111','豪华3',256,4,'正南')
```

上述 INSERT 语句执行后将会看到输出结果，说明触发器生效，如图 13-1 所示。

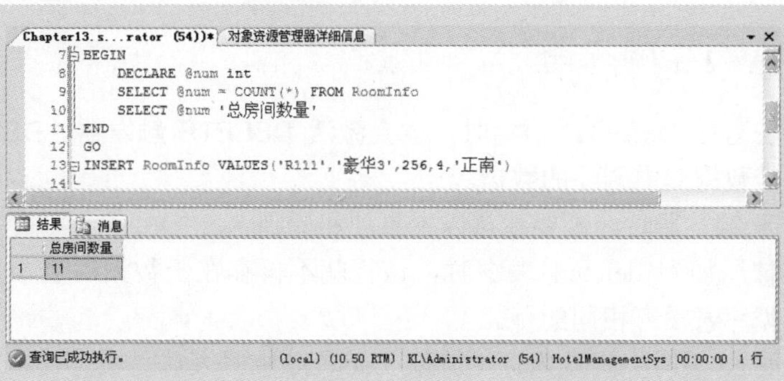

图 13-1　测试 Trig_GetClassCount 触发器

【示例2】

在 RoomInfo 表上创建一个 INSERT 触发器 Trig_CheckRoomFloor，用于检查新添加的房间楼层是否大于 10，如果是，则拒绝添加。触发器的创建语句如下：

```
CREATE TRIGGER Trig_CheckRoomFloor
ON RoomInfo
AFTER INSERT
AS
IF (SELECT Rfloor FROM inserted)>10
BEGIN
    PRINT '输入的楼层错误，请检查。'
    ROLLBACK TRANSACTION
END
```

使用 SELECT 语句从系统自动创建的 inserted 表中查询新添加房间的楼层，再与 10 进行比较。如果大于 10，则使用 PRINT 命令输出错误信息，并使用 ROLLBACK TRANSACTION 语句进行事务回滚，拒绝向 RoomInfo 表中添加。

例如，使用如下语句向 RoomInfo 表中插入一行数据测试上述触发器。

```
INSERT RoomInfo VALUES('R112','豪华2',256,14,'正南')
```

上面的 INSERT 语句中将 Rfloor 列(楼层)设为"14"，明显不符合规范。该语句执行时将会显示错误信息，如图 13-2 所示。

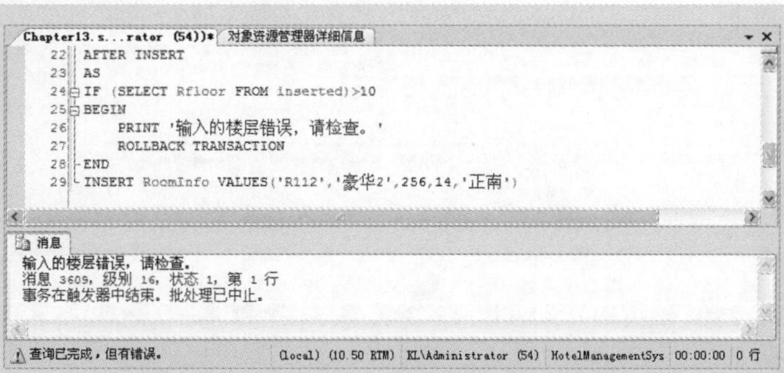

图 13-2　测试 Trig_CheckRoomFloor 触发器

13.2.3 DELETE 触发器

当针对目标表运行 DELETE 语句时，就会激活 DELETE 触发器。DELETE 触发器用于约束用户能够从数据库中删除的数据。

使用 DELETE 触发器时，需要注意以下事项和原则。

- 当某行被添加到 deleted 表中时，该行就不再存在于数据库表中，因此，deleted 表和数据库表没有相同的行。
- 创建 deleted 表时空间从内存中分配。deleted 临时表总是被存储在高速缓存中。

【示例 3】

下面为房间信息表 RoomInfo 添加一个 DELETE 触发器，使其在删除房间信息时显示删除的房间详细信息，代码如下：

```
CREATE TRIGGER Trig_DeleteRoomInfo
ON RoomInfo
AFTER DELETE
AS
    SELECT Rno '已删除房间编号',Rtype '已删除房间类型',Rprice '房间价格
',Rfloor '楼层',Toward '朝向'
    FROM deleted
GO
```

上面代码创建了一个名称为 Trig_DeleteRoomInfo 的触发器，在该触发器中从 deleted 中查询出要删除的数据信息，输出到屏幕中。

编写一条 DELETE 语句对 RoomInfo 表执行删除操作，语句如下：

```
DELETE RoomInfo WHERE Rno='R111'
```

使用该语句执行删除操作以后，可以删除编号为 R111 的房间信息。同时会执行触发器 Trig_DeleteRoomInfo，因此会将删除的该条记录显示出来，结果如图 13-3 所示。

图 13-3 删除 RoomInfo 表数据

注意：对于含有用 DELETE 操作定义的外键表，不能定义 INSTEAD OF DELETE 触发器。

13.2.4 UPDATE 触发器

当一个 UPDATE 语句在目标表上运行时，就会调用 UPDATE 触发器。这种类型的触发器专门用于约束用户能修改的现有数据。

可将 UPDATE 语句看作两步操作：捕获数据前的 DELETE 语句和捕获数据后的 INSERT 语句。当在定义有触发器的表上执行 UPDATE 语句时，原始行将被移入临时表 deleted，更新行被移入临时表 inserted。

> 提示：可以使用 IF UPDATE 语句定义一个监视指定数据列的更新操作的触发器，这样，就可以让触发器容易地隔离出特定列的活动。当它检测到指定数据列已经更新时，触发器就会进一步执行适当的动作。

【示例4】

在 HotelManagementSys 数据库中创建一个 UPDATE 触发器显示更新前后房间信息的变化。触发器的创建语句如下：

```
CREATE TRIGGER Trig_UpdateRoomInfo
ON RoomInfo
AFTER UPDATE
AS
BEGIN
    SELECT * FROM deleted
    SELECT * FROM inserted
END
```

在触发器的 BEGIN END 语句块中包含了两个 SELECT 语句，一个用于从 deleted 表查询更新之前的信息，一个用于从 inserted 表查询更新之后的信息。

编写 UPDATE 触发器的测试语句：

```
UPDATE RoomInfo
SET Rfloor=6,Rtype='豪华3',Toward='正北'
WHERE Rno='R110'
```

执行结果如图 13-4 所示。

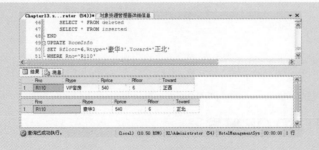

图 13-4　测试 UPDATE 触发器

【示例 5】

如果数据表中的某一列不允许被修改，那么可以在该列上定义 UPDATE 触发器，并且使用 ROLLBACK TRANSACTION 选项回滚事务。

例如，在房间信息表 RoomInfo 上定义 UPDATE 触发器，使其禁止更新房间朝向 Toward，触发器语句如下：

```
CREATE TRIGGER Trig_DenyUpdateToward
ON RoomInfo
FOR UPDATE
AS
IF UPDATE(Toward)
BEGIN
    PRINT '该列禁止修改。'
    ROLLBACK TRANSACTION
END
```

上述语句指定触发器名称为 Trig_DenyUpdateToward，然后使用 ON 关键字指定触发器作用于 RoomInfo 表。"IF UPDATE(Toward)"语句指定仅在更新 Toward 列时触发，接下来显示提示信息，使用 ROLLBACK TRANSACTION 选项回滚事务。

触发器创建完成之后，编写 Toward 表的更新语句以测试触发器创建是否成功。例如，更新房间编号 R110 的朝向为正北，语句如下：

```
UPDATE RoomInfo
SET Toward='正北'
WHERE Rno='R110'
```

执行后的结果如图 13-5 所示，显示了触发器中定义的提示信息。

图 13-5 创建并调用 UPDATE 触发器

注意：对于含有用 UPDATE 操作定义的外键的表，不能定义 INSTEAD OF UPDATE 触发器。

13.2.5 INSTEAD OF 触发器

INSTEAD OF 触发器可以指定执行触发器的 SQL 语句，从而屏蔽原来的 SQL 语句，转向执行触发器内部的 SQL 语句。对于每一种触发动作(INSERT、UPDATE 或者 DELETE)，一个表或者视图只能有一个 INSTEAD OF 触发器。

【示例 6】

假设，MedicineInfo 表中的 TypeID 列是外键关联 MedicineBigClass 表中的 MedicineId 列。因此，在删除 MedicineBigClass 表的药品分类时，如果该分类下的 MedicineId 在 MedicineInfo 中存在，则系统拒绝删除操作。

为了解决这个问题，可以在 MedicineBigClass 表上创建一个 INSTEAD OF DELETE 触发器，用于在对该表执行 DELETE 操作时，先从 MedicineInfo 表中删除与该分类编号有关的药品信息，然后再删除药品分类信息。

触发器的创建语句如下：

```
CREATE TRIGGER Trig_RmoveMedicineClass
ON MedicineBigClass
INSTEAD OF DELETE
AS
BEGIN
    DELETE FROM MedicineInfo
        WHERE TypeId IN (SELECT MedicineId FROM deleted)
    DELETE FROM MedicineBigClass
        WHERE MedicineId IN (SELECT MedicineId FROM deleted)
END
```

上述语句创建的触发器名称为 Trig_RmoveMedicineClass。其中包含两个 DELETE 语句，第一个 DELETE 语句删除 MedicineInfo 表中 TypeId 列包含 MedicineID 的数据行，第二个 DELETE 语句删除 MedicineBigClass 表包含 MedicineId 的数据行。也就是使用两个 DELETE 语句的组合，先删除从表，再删除主表。

提示：INSTEAD OF 触发器的主要优点是可以使不能更新的视图支持更新。基于多个基表的视图必须使用 INSTEAD OF 触发器来支持引用多个表中数据的插入、更新和删除操作。

13.3 管理触发器

前面详细讲解了 DML 触发器的创建和使用方法，本节来介绍如何对前面创建过的触发器执行修改、删除等管理操作。

13.3.1 禁用与启用

触发器在创建后将自动启用，不需要该触发器起作用时可以禁用它，然后在需要的时候再次启用它。

1. 禁用触发器

触发器被禁用后，触发器仍然作为对象存储在当前数据库中，但是当执行 INSERT、UPDATE 或 DETELE 语句时，触发器将不再激活。

禁用触发器的语法如下：

```
DISABLE TRIGGER { [ schema_name . ] trigger_name [ ,…n ] | ALL }
ON { object_name | DATABASE | ALL SERVER }
```

语法说明如下。

- schema_name：触发器所属架构名称，只针对 DML 触发器。
- trigger_name：触发器名称。
- ALL：指示禁用在 ON 子句作用域中定义的所有触发器。
- object_name：触发器所在的表或视图名称。
- DATABASE | ALL SERVER：针对 DDL 触发器，指定数据库范围或服务器范围。

【示例 7】

假设要禁用 RoomInfo 表上的 DML 触发器 Trig_DenyUpdateToward，语句如下：

```
DISABLE TRIGGER Trig_DenyUpdateToward ON RoomInfo
```

【示例 8】

同样是禁用 RoomInfo 表上的 DML 触发器 Trig_DenyUpdateToward，使用 ALTER TABLE…DISABLE 的实现语句如下：

```
ALTER TABLE RoomInfo
DISABLE TRIGGER Trig_DenyUpdateToward
```

2. 启用触发器

启用触发器的语法如下：

```
ENABLE TRIGGER { [ schema_name . ] trigger_name [ ,…n ] | ALL }
ON { object_name | DATABASE | ALL SERVER }
```

启用触发器的语法与禁用触发器大致相同，只是一个使用 DISABLE 关键字，一个使用 ENABLE 关键字。针对 DML 触发器，还可以使用 ALTER TABLE…ENABLE 语句启用。

【示例 9】

启用 RoomInfo 表上的 DML 触发器 Trig_DenyUpdateToward，语句如下：

```
ENABLE TRIGGER Trig_DenyUpdateToward ON RoomInfo
```

使用 ALTER TABLE…ENABLE 语句的实现如下：

```
ALTER TABLE RoomInfo
ENABLE TRIGGER Trig_DenyUpdateToward
```

试一试：使用图形界面禁用触发器。方法是右击需要禁用的触发器节点，选择【禁用】命令。

13.3.2 修改触发器

在 SQL Server 2008 中修改触发器有两种方法：第一种是先删除指定的触发器，再重新创建与之同名的触发器；第二种就是直接修改现有的触发器。

修改现有触发器需要使用 ALTER TRIGGER 语句，其语法格式如下：

```
ALTER TRIGGER trigger_name
ON { table | view }
{
    { { FOR | AFTER | INSTEAD OF }
{ [DELETE] [,] [INSERT] [,] [UPDATE] }
        AS
sql_statement
    }
}
```

【示例 10】

对 RoomInfo 表上的更新触发器 Trig_UpdateRoomInfo 进行修改，使它可以输出更新前后价格的变化。

如下所为使用 ALTER TRIGGER 语句修改触发器的代码：

```
ALTER TRIGGER Trig_UpdateRoomInfo
ON RoomInfo
AFTER UPDATE
AS
BEGIN
    SELECT deleted.Rprice '原来的价格',inserted.Rprice '更新后价格'
    FROM deleted,inserted
END
```

修改之后编写一个 UPDATE 语句进行测试，语句如下：

```
UPDATE RoomInfo SET Rprice=668 WHERE Rno='R110'
```

执行之后将看到如图 13-6 所示的输出，说明触发器修改成功。

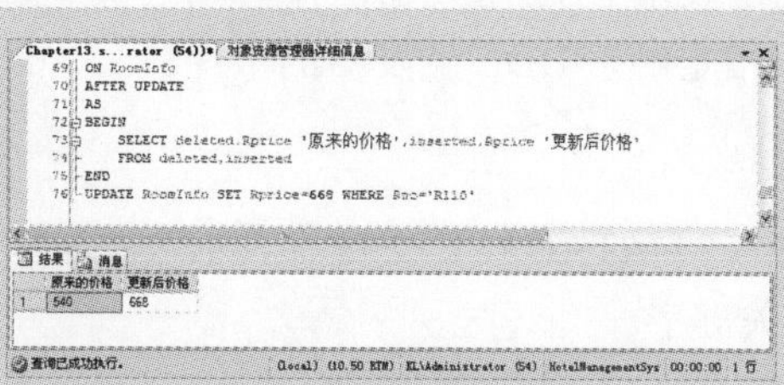

图 13-6 修改触发器

13.3.3　删除触发器

当不再需要某个触发器时，可以将其删除。删除触发器时，触发器所在表中的数据不会改变。但是当某个表被删除时，该表上的所有触发器也自动被删除。

在 SQL Server 2008 中可以使用 DROP TRIGGER 语句来删除当前数据库中的一个或者多个触发器。如果要同时删除多个触发器，则需要在多个触发器名称之间用半角逗号隔开。

【示例 11】

例如，要删除 Trig_UpdateRoomInfo 触发器，语句如下：

```
DROP TRIGGER Trig_UpdateRoomInfo
```

 试一试：使用图形界面删除触发器。方法是右击要删除的触发器，选择【删除】命令。

13.4　触发器的高级应用

通过前面的学习，读者一定掌握了 DML 触发器的创建、测试、禁用、启用及管理方法。本节将介绍触发器的另外一种类型——DDL 触发器，以及触发器嵌套和递归的使用。

13.4.1　DDL 触发器

DDL 触发器和 DML 触发器一样，可以根据相应事件而激活。与 DML 触发器不同的是，它在执行 CREATE、ALTER 和 DROP 等 DDL 语句时激活。

创建 DDL 触发器的 CREATE TRIGGER 语句的基本语法形式如下：

```
CREATE TRIGGER trigger_name
ON { ALL SERVER | DATABASE }
WITH ENCRYPTION
{ FOR | AFTER | {event_type }
AS sql_statement
```

下面对上述语法中的各参数进行说明。

- ALL SERVER：用于表示 DDL 触发器的作用域是整个服务器。
- DATABASE：用于表示 DDL 触发器的作用域是整个数据库。
- event_type：用于指定触发 DDL 触发器的事件。

1. 创建数据库 DDL 触发器

创建 DDL 触发器时指定 DATABASE 关键字表示触发器作用在数据库上。表 13-1 列出了与数据库事件有关的关键字。

表 13-1　数据库事件关键字

CREATE_APPLICATION_ROLE	ALTER_APPLICATION_ROLE	DROP_APPLICATION_ROLE
CREATE_FUNCTION	ALTER_FUNCTION	DROP_FUNCTION
CREATE_INDEX	ALTER_INDEX	DROP_INDEX
CREATE_PROCEDURE	ALTER_PROCEDURE	DROP_PROCEDURE
CREATE_ROLE	ALTER_ROLE	DROP_ROLE
CREATE_TABLE	ALTER_TABLE	DROP_TABLE
CREATE_USER	ALTER_USER	DROP_USER
CREATE_VIEW	ALTER_VIEW	DROP_VIEW

【示例 12】

创建一个作用于 HotelManagementSys 数据库作用域的 DDL 触发器，该触发器的作用是拒绝在 HotelManagementSys 数据库中创建新表。DDL 触发器的实现语句如下：

```
USE HotelManagementSys
GO
CREATE TRIGGER Trig_NoCreateTable
ON DATABASE
FOR CREATE_TABLE
AS
BEGIN
    PRINT '数据库已锁定，不能创建数据表！'
    ROLLBACK TRANSACTION
END
```

上面代码创建了一个名为 Trig_NoCreateTable 的 DDL 触发器。下面在 HotelManagementSys 数据库中创建一个临时表进行测试，语句如下：

```
CREATE TABLE TestTable
(
uname VARCHAR(20),
upass VARCHAR(20)
)
```

执行上述 CREATE TABLE 语句之后由于触发器的作用会提示"数据库已锁定，不能创建数据表！"，结果如图 13-7 所示。从图中可以看到，触发器拦截了创建数据库表的操作，并且向用户提示相应的信息。

图 13-7　创建数据库表的提示

2. 创建服务器 DDL 触发器

创建 DDL 触发器时指定 ALL SERVER 关键字表示触发器作用在 SQL Server 服务器上。表 13-2 列出了与服务器事件有关的关键字。

表 13-2 服务器事件关键字

CREATE_AUTHORIZATION_S ERVER	ALTER_AUTHORIZATION_SE RVER	DROP_AUTHORIZATION_SE RVER
CREATE_DATABASE	ALTER_DATABASE	DROP_DATABASE
CREATE_LOGIN	ALTER_LOGIN	DROP_LOGIN

【示例 13】

下面创建一个作用于整个 SQL Server 服务器的 DDL 触发器，该触发器实现了在服务器中禁止创建数据库的功能。实现语句如下：

```
CREATE TRIGGER Trig_NoCreateDatabase
ON ALL SERVER
FOR CREATE_DATABASE
AS
    PRINT '不能在当前服务器中创建数据库！'
    ROLLBACK TRANSACTION
GO
```

执行完该代码以后，即可禁止该服务器中的创建数据库操作。下面使用 CREATE DATABASE 语句来创建一个数据库，对上面的触发器进行测试，语句如下：

```
CREATE DATABASE TestDb
```

执行上面这段创建数据库的语句之后将看到触发器的输出，结果如图 13-8 所示。

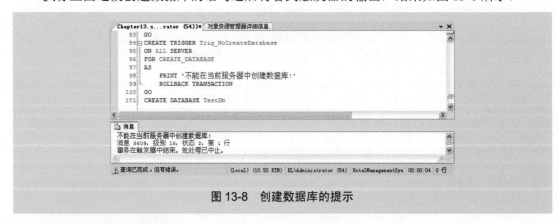

图 13-8　创建数据库的提示

3. 禁用 DDL 触发器

假设要禁用 DDL 触发器 Trig_NoCreateTable，语句如下：

```
DISABLE TRIGGER Trig_NoCreateTable ON DATABASE
```

假设要禁用作用于整个服务器上的 DDL 触发器 Trig_NoCreateDatabase，语句如下：

```
DISABLE TRIGGER Trig_NoCreateDatabase ON ALL SERVER
```

4. 启用 DDL 触发器

启用 DDL 触发器 Trig_NoCreateTable，语句如下：

```
ENABLE TRIGGER Trig_NoCreateTable ON DATABASE
```

启用作用于整个服务器上的 DDL 触发器 Trig_NoCreateDatabase，语句如下：

```
ENABLE TRIGGER Trig_NoCreateDatabase ON ALL SERVER
```

5. 删除 DDL 触发器

如果要删除的是 DDL 触发器，则需要在 DROP TRIGGER 语句后面加 ON DATABASE 关键字。

例如，要删除 DDL 触发器 Trig_NoCreateTable，语句如下：

```
DROP TRIGGER Trig_NoCreateTable ON DATABASE
```

13.4.2 嵌套触发器

如果一个触发器在执行操作时引发了另一个触发器，而这个触发器又接着引发下一个触发器，那么这些触发器就是嵌套触发器。嵌套触发器在安装时就被启用，但是可以使用系统存储过程 sp_configure 禁用和重新启用嵌套触发器。

试一试：DML 触发器和 DDL 触发器最多可以嵌套 32 层。可以通过 nested triggers 服务器配置选项来控制是否可以嵌套 AFTER 触发器。

使用嵌套触发器时，需要注意以下事项和原则。
- 默认情况下，嵌套触发器配置选项开启。
- 在同一个触发器事务中，一个嵌套触发器不能被触发两次。
- 由于触发器是一个事务，如果在一系列嵌套触发器的任意层中发生错误，则整个事务都将取消，而且所有数据修改将回滚。

试一试：嵌套触发器每次被触发，嵌套层数都会增加。用户可以限制嵌套的层数以避免超过最大嵌套层数。可以使用@@NESTLEVEL 函数来查看当前的嵌套层数。

嵌套是用来保持整个数据库数据完整性的重要功能，但有时可能需要禁用嵌套功能。如果禁用了嵌套，那么修改一个表触发器的实现不会再触发该表上的任何触发器。

禁用嵌套的语句如下：

```
EXEC sp_configure 'nested triggers',0
```

如果想再次启用嵌套可以使用如下语句：

```
EXEC sp_configure 'nested triggers',1
```

在下述情况下，用户可能需要禁止使用嵌套：

- 嵌套触发器要求复杂的设计，级联修改可能会修改用户不想涉及的数据。
- 在一系列嵌套触发器中的任意点的数据修改操作都会触发一系列触发器。尽管这时数据提供了很强的保护，但如果要求以特定的顺序更新表，就会产生问题。

【示例 14】

在 HotelManagementSys 数据库中，Atariff 表保存的是可供顾客消费的项目信息，ConsumeList 表保存了顾客的消费记录，两表之间是一对多的关系。Atno 是 Atariff 表的主键，在 ConsumeList 表中是外键。

现在要实现在删除 Atariff 表中的消费项目信息时，同时删除与之对应的顾客消费信息，并且输出删除的行数以及这些行的数据。

首先在主表 Atariff 上编写 AFTER DELETE 触发器，实现删除数据时根据主键在外键表 ConsumeList 中删除相应的数据。

```
CREATE TRIGGER Trig_DeleteConsumeList
ON Atariff
INSTEAD OF DELETE
AS
BEGIN
    DELETE ConsumeList
    WHERE Atno IN
    (
        SELECT Atno FROM deleted
    )
    DELETE FROM Atariff
    WHERE Atno IN
    (
        SELECT Atno FROM deleted
    )
END
```

上述语句创建的触发器执行了 Atariff 表上的删除操作。下面在 ConsumeList 表创建一个 AFTER DELETE 触发器，该触发器实现统计要删除的行，并输出这些行。

```
CREATE TRIGGER Trig_DeleteLog
ON ConsumeList
AFTER DELETE
AS
BEGIN
    DECLARE @numint
    SELECT @num = COUNT(*) FROM deleted
    SELECT @num '本次删除数据行'
    SELECT * FROM deleted
END
```

执行上述语句之后，Trig_DeleteConsumeList 触发器和 Trig_DeleteLog 触发器就形成了嵌套结构，实现了在删除 Atariff 表中的消费项目时，将会同时删除项目的顾客消费信息，然后显示被删除的行数和药品信息。

下面用 DELETE 语句来删除编号为 B-XQK 的消费项目，代码如下：

```
DELETE Atariff WHERE Atno='B-XQK'
```

执行完上面的删除语句以后，系统将删除编号为 B-XQK 的消费项目信息，同时删除对应的消费信息，并输出被删除的行数和药品信息，结果如图 13-9 所示。

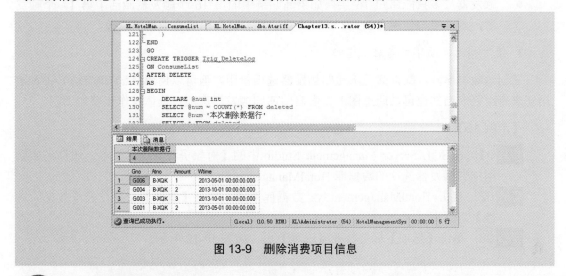

图 13-9　删除消费项目信息

13.4.3　递归触发器

1. 递归触发器的分类

SQL Server 2008 中的递归触发器可以分为直接递归和间接递归。

1）　直接递归

即触发器被触发并执行一个操作，而该操作又使同一个触发器再次被触发。例如，当对 T1 表执行 UPDATE 操作时，触发了 T1 表上的 UpdateTrig 触发器；而在 UpdateTrig 触发器中又包含有对 T1 表的 UPDATE 语句，这就导致 UpdateTrig 触发器再次被触发。

2）　间接递归

即触发器被触发并执行一个操作，而该操作又使另一个触发器被触发；第二个触发器执行的操作又再次触发第一个触发器。

例如，当对 T1 表执行 UPDATE 操作时，触发了 T1 表上的 UpdateTrig1 触发器；而在 UpdateTrig1 触发器中又包含有对 T2 表的 UPDATE 语句，这就导致 T2 表上的 UpdateTrig2 触发器被触发；又由于 UpdateTrig2 触发器中包含有对 T1 表的 UPDATE 语句，使得 UpdateTrig1 触发器再次被触发。

2. 递归触发器的注意事项

递归触发器可以用来解决诸如自引用这样的复杂关系。使用递归触发器时，需要注意以下事项和基本原则。

● 递归触发器很复杂，必须经过有条理的设计和全面的测试。

- 修改任意点的数据都会触发一系列触发器。尽管递归触发器具有处理复杂关系的能力，但是如果要求以特定的顺序更新用户的表时，使用递归触发器就会产生问题。
- 所有触发器一起构成一个大事务。任意触发器中任意位置上的 ROLLBACK 命令都会取消所有数据的修改。
- 触发器最多只能递归 16 层。如果递归链中的第 16 个触发器激活了第 17 个触发器，则结果与使用 ROLLBACK 命令一样，将取消所有数据的修改。

3．使用图形界面禁用与启用递归

在创建数据库时，默认情况下递归触发器选项禁用，但可以使用 ALTER DATABASE 语句来启用它。当然也可以通过图形界面启用递归触发器选项，具体操作步骤如下。

【示例 15】

步骤01　在 SQL Server Management Studio 中的【对象资源管理器】中，选择需要启用递归触发器选项的数据库 HotelManagementSys。

步骤02　右击 HotelManagementSys 数据库节点，执行【属性】命令打开【数据库属性】对话框。

步骤03　单击【选项】标签打开【选项】页，如图 13-10 所示。

图 13-10　设置递归触发

步骤04　如果允许递归触发器，则可以将【递归触发器已启用】列表框的值设置为 True。

如果嵌套触发器选项关闭，则不管数据库的递归触发器选项设置为什么，递归触发器都将被禁用。给定触发器的 inserted 和 deleted 表只包含对应于上次触发触发器的 UPDATE、INSERT 或者 DELETE 操作影响的行。

> **提示**：使用 sp_settriggerorder 系统存储过程可以指定哪个触发器作为第一个被触发的 AFTER 触发器或者作为最后一个被触发的 AFTER 触发器。而为指定事件定义的其他触发器的执行则没有固定的触发顺序。

4. 使用语句禁用与启用递归

如果要启用触发器的递归功能，可以通过使用系统存储过程 sp_dboption 设置数据库选项 RECURSIVE_TRIGGERS 的值为 TRUE 来实现。

启用递归的语句如下：

```
EXEC sp_dboption'database_name' , 'RECURSIVE_TRIGGERS' , 'TRUE'
```

其中，database_name 表示数据库名。

禁用递归的语句如下：

```
EXEC sp_dboption'database_name' , 'RECURSIVE_TRIGGERS' , 'FASLE'
```

上述语句只能禁用直接递归，如果想要禁用间接递归，需要设置 nested triggers 服务器配置选项值为 0。

13.5 思考与练习

一、填空题

1. SQL Server 2008 中包含的触发器类型有 DML 触发器、_____和登录触发器。

2. 按触发器触发事件的操作时间，可以将 DML 触发器分为_____和 INSTEAD OF 触发器。

3. 系统为 DML 触发器自动创建两个表：_____和 deleted，分别用于存放向表中插入的行和从表中删除的行。

4. 触发器最多只能递归_____层，如果超出这个层数，则结果与使用 ROLLBACK 命令一样，将取消所有数据的修改。

二、选择题

1. 下面_____不属于创建 DML 触发器的语句中的内容。
   A. AFTER DELETE B. AFTER UPDATE
   C. INSTEAD OF DELETE D. FOR DROP_TABLE

2. 禁用触发器应该使用_____语句。
   A. ALTER TRIGGER B. ENABLE TRUGGER
   C. DISABLE TRIGGER D. DROP TRIGGER

3. 嵌套触发器最多可以嵌套_____层。

A. 32　　　　　　B. 33　　　　　　C. 16　　　　　　D. 17

4. 下面可以正确删除一个触发器 trig 的语句是_____。

A. DROP * FROM trig　　　　　　B. DROP trig

C. DROP TRIGGER trig　　　　　　D. DROP TRIGGER WHERE NAME = 'trig'

三、简答题

1. 触发器有什么用处？与 CHECK 约束相比，触发器有什么优点？

2. 简述 DML 触发器与 DDL 触发器的不同。

3. 简述 AFTER 触发器与 INTEAD OF 触发器的区别。

4. 简述禁用触发器的方法。

5. 嵌套触发器有哪些优缺点？

13.6　练　一　练

作业：删除班级信息

假设在学生信息数据库 StudentSystem 中包含以下表。

- 班级表 Class：包含 ClaId 列(班级编号)和 ClaName 列(班级名称)。

- 班级科目表 Cla_Sub：包含 Cla_Sub_Id 列(编号)、ClaId(班级编号)列和 SubId 列(科目编号)。

- 学生表 Student：包含 StuId 列(学生编号)、StuNumber 列(学号)、StuName 列(姓名)、StuSex 列(性别)、StuBirthday 列(出生日期)和 ClaId(班级编号)。

- 班级教师表 Cla_Tea：包含 Cla_Tea 列(编号)、ClaId 列(班级编号)和 TeaId 列(教师编号)。

编写一个触发器实现可以级联删除班级信息，以及其他表中与该班级有关联的信息。

第14章

存储过程编程

SQL Server 2008 中的存储过程是一个非常重要的数据库对象,它是一组为了完成特定功能而编写的 T-SQL 语句集。通过使用存储过程,可以将经常使用的 T-SQL 语句封装起来,以免重复编写相同的比较复杂的 T-SQL 语句。另外,存储过程一般是经过编译后才被保存到数据库中的,所以数据库服务器执行存储过程要比执行大批量的 T-SQL 语句效率高出很多。而且,存储过程还可以接收输入、输出参数,并可以返回一个或多个查询结果集和返回值,以便满足各种不同的需求。

本章将详细介绍存储过程的创建和使用方法,以及如何管理和维护存储过程。

本章重点:

- ➡ 了解存储过程的种类
- ➡ 掌握创建存储过程的方法
- ➡ 掌握执行存储过程的方法
- ➡ 了解如何查看存储过程
- ➡ 掌握如何修改存储过程
- ➡ 掌握如何删除存储过程
- ➡ 掌握如何为存储过程指定输入参数
- ➡ 掌握如何为存储过程指定输出参数
- ➡ 掌握如何为存储过程指定默认值参数

14.1   存储过程的种类

存储过程(Stored Procedure)是由一系列 Transact-SQL 语句组成的程序，经过编译后保存在数据库中。因此，存储过程比普通 Transact-SQL 语句的执行效率更高，且可以多次调用。SQL Server 2008 内置了大量的系统存储过程，可以辅助开发人员增强数据库功能，同时允许用户自定义存储过程。

14.1.1   系统存储过程

系统存储过程主要存储在 master 数据库中并以 sp_为前缀，并且系统存储过程主要是从系统表中获取信息，从而为系统管理员提供支持。

在 SQL Server 2008 中，许多管理活动和信息活动都可以使用系统存储过程来执行。表 14-1 列出了系统存储过程的类型及其含义。

表 14-1   系统存储过程的类型及含义

类　型	含　义
活动目录存储过程	用于在 Windows 的活动目录中注册 SQL Server 实例和 SQL Server 数据库
目录访问存储过程	用于实现 ODBC 数据字典功能，并且隔离 ODBC 应用程序，使之不受基础系统表更改的影响
游标过程存储	用于实现游标变量功能
数据库引擎存储过程	用于 SQL Server 数据库引擎的常规维护
数据库邮件和 SQL Mail 存储过程	用于在 SQL Server 实例内执行电子邮件操作
数据库维护计划存储过程	用于设置管理数据库性能所需的核心维护任务
分布式查询存储过程	用于实现和管理分布式查询
全文搜索存储过程	用于实现和查询全文索引
日志传送存储过程	用于配置、修改和监视日志传送配置
自动化存储过程	用于在 Transact-SQL 批处理中使用 OLE 自动化对象
通知服务存储过程	用于管理 Microsoft SQL Server 2008 系统的通知服务
复制存储过程	用于管理复制操作
安全性存储过程	用于管理安全性
profile 存储过程	用于管理计划的活动和事件驱动活动
Web 任务存储过程	用于创建网页
XML 存储过程	用于 XML 文本管理

虽然 SQL Server 2008 中的系统存储过程被放在 master 数据库中，但是仍可以在其他数据库中对其进行调用，而且在调用时不必在存储过程名前加上数据库名。甚至当创建一

个新数据库时，一些系统存储过程会在新数据库中被自动创建。

SQL Server 2008 支持表 14-2 所示的系统存储过程，这些存储过程用于对 SQL Server 2008 实例进行常规维护。

表 14-2　系统存储过程

sp_add_data_file_recover_suspect_db	sp_help	sp_recompile
sp_addextendedproc	sp_helpconstraint	sp_refreshview
sp_addextendedproperty	sp_helpdb	sp_releaseapplock
sp_add_log_file_recover_suspect_db	sp_helpdevice	sp_rename
sp_addmessage	sp_helpextendedproc	sp_renamedb
sp_addtype	sp_helpfile	sp_resetstatus
sp_addumpdevice	sp_helpfilegroup	sp_serveroption
sp_altermessage	sp_helpindex	sp_setnetname
sp_autostats	sp_helplanguage	sp_settriggerorder
sp_attach_db	sp_helpserver	sp_spaceused
sp_attach_single_file_db	sp_helpsort	sp_tableoption
sp_bindefault	sp_helpstats	sp_unbindefault
sp_bindrule	sp_helptext	sp_unbindrule
sp_bindsession	sp_helptrigger	sp_updateextendedproperty
sp_certify_removable	sp_indexoption	sp_updatestats
sp_configure	sp_invalidate_textptr	sp_validname
sp_control_plan_guide	sp_lock	sp_who
sp_create_plan_guide	sp_monitor	sp_createstats
sp_create_removable	sp_procoption	sp_cycle_errorlog
sp_datatype_info	sp_detach_db	sp_executesql
sp_dbcmptlevel	sp_dropdevice	sp_getapplock
sp_dboption	sp_dropextendedproc	sp_getbindtoken
sp_dbremove	sp_dropextendedproperty	sp_droptype
sp_delete_backuphistory	sp_dropmessage	sp_depends

1. sp_who 存储过程

sp_who 存储过程用于查看当前用户、会话和进程的信息。该存储过程可以筛选信息以便只返回那些属于特定用户或特定会话的非空闲进程。语法格式如下：

```
sp_who [ [ @loginame = ] 'login' | session ID | 'ACTIVE' ]
```

其中，login 用于标识属于特定登录名的进程，session ID 是属于 SQL Server 实例的会话标识号，ACTIVE 用于排除正在等待用户发出下一个命令的会话。

【示例 1】

查看 HotelManagementSys 数据库中所有的当前用户信息，语句如下：

```
USE HotelManagementSys
EXEC sp_who
GO
```

执行后的结果集如图 14-1 所示，显示了状态、登录名、数据库名称等信息。

图 14-1　使用 sp_who 存储过程

当然也可以通过登录名查看有关单个当前用户的信息。例如，查看 sa 用户的信息，语句如下：

```
USE HotelManagementSys
EXEC sp_who sa
GO
```

2. sp_helpdb 存储过程

sp_helpdb 存储过程用于报告有关指定数据库或所有数据库的信息，语法格式如下：

```
sp_helpdb [ [ @dbname= ] 'name' ]
```

其中，@dbname 参数用于指定数据库名称。

【示例 2】

查看 HotelManagementSys 数据库的信息，语句如下：

```
EXEC sp_helpdb HotelManagementSys
```

在上述语句中，@dbname 的值为 HotelManagementSys，执行结果如图 14-2 所示，显示了 HotelManagementSys 数据库的相关信息，如大小、所有者、创建时间以及状态等信息。

如果执行 sp_helpdb 时没有指定特定数据库，则表示所有数据库的信息，执行结果如图 14-3 所示。

> 注意：在指定一个数据库时需要具有数据库中的 public 角色成员身份。当没有指定数据库时需要具有 master 数据库中的 public 角色成员身份。

3. sp_monitor 存储过程

sp_monitor 存储过程用于显示有关 SQL Server 的统计信息，执行该操作必须具有 sysadmin 固定服务器角色的成员身份。

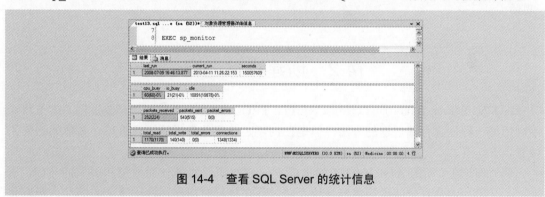

图 14-2　查看 HotelManagementSys 数据库信息　　　图 14-3　查看所有数据库信息

【示例 3】

查看 SQL Server 的统计信息，语句如下：

```
EXEC sp_monitor
```

执行结果如图 14-4 所示，显示了上次运行 sp_monitor 的时间、当前运行 sp_monitor 的时间、sp_monitor 自运行以来所经过的秒数、CPU 处理 SQL Server 工作所用的秒数等信息。

图 14-4　查看 SQL Server 的统计信息

14.1.2　扩展存储过程

扩展存储过程允许使用编程语言(如 C 语言)创建自己的外部进程。扩展存储过程是指 SQL Server 2008 的实例可以动态加载和运行的 DLL，它可以直接在 SQL Server 2008 实例的地址空间中运行。在 SQL Server 2008 中可以使用 SQL Server 扩展存储过程 API 完成编程。

　　提示：默认情况下扩展存储过程的名称以"xp_"为前缀。

14.1.3　用户自定义存储过程

用户自定义存储过程是指封装了可重用代码的模块或者例程。存储过程可以接受输入参数、向客户端返回表格或者标量结果和消息、调用数据定义语言(DDL)和数据操作语言(DML)，然后返回输出参数。

在 SQL Server 2008 中用户定义的存储过程有两种类型：Transact-SQL 或者 CLR，简要说明如下：

1) Transact-SQL 存储过程

在这种存储过程中，保存的是 Transact-SQL 语句的集合，它可以接受和返回用户提供的参数。

例如，在一个 Transact-SQL 存储过程中保存对学生表的操作语句，如 INSERT、UPDATE 语句等，在接收用户提供的某个学生的信息后，实现向学生表中添加或修改学生信息。当然，Transact-SQL 存储过程也可以接受用户提供的搜索条件，从而向用户返回搜索结果。

2) CLR 存储过程

这种存储过程主要是指对 Microsoft .NET Framework 公共语言运行时(CLR)方法的引用，它可以接受和返回用户提供的参数。

提示：CLR 存储过程，在.NET Framework 程序集中是作为类的公共静态方法实现的。

14.2 创建存储过程

在 SQL Server 2008 中可以使用 CREATE PROCEDURE 语句创建存储过程。本节将详细介绍每一种创建存储过程的方法，但是在创建之前应首先了解注意事项。具体的约束条件有以下几点。

- 理论上，CREATE PROCEDURE 定义自身可以包括任意数量和类型的 SQL 语句。但是有一些语句可能会使存储过程在执行时出现程序逻辑上的混乱，所以禁止使用这些语句，具体如表 14-3 所示。

表 14-3　CREATE PROCEDURE 定义中不能出现的语句

CREATE AGGREGATE	CREATE RULE
CREATE DEFAULT	CREATE SCHEMA
CREATE 或者 ALTER FUNCTION	CREATE 或者 ALTER TRIGGER
CREATE 或者 ALTER PROCEDURE	CREATE 或者 ALTER VIEW
SET PARSEONLY	SET SHOWPLAN_ALL
SET SHOWPLAN_TEXT	SET SHOWPLAN_XML
USE Database_name	

- 可以引用在同一存储过程中创建的对象，只要引用时已经创建了该对象即可。
- 可以在存储过程内引用临时表。
- 如果在存储过程内创建本地临时表，则临时表仅为该存储过程而存在。
- 如果执行的存储过程调用另一个存储过程，则被调用的存储过程可以访问由第一个存储过程创建的所有对象。

- 如果执行远程 SQL Server 2008 实例更改远程存储过程，则不能回滚更改。
- 存储过程中参数的最大数量为 2100。
- 根据可用内存的不同，存储过程最大可达 128MB。

14.2.1　普通存储过程

在 SQL Server 2008 中使用 CREATE PROCEDURE 语句创建存储过程的语法格式如下：

```
CREATE PROC[EDURE]procedure_name[;number]
[{@parameter data_type}
[VARYING][=default][OUTPUT]][,…n]
[WITH
{RECOMPILE|ENCRYPTION|RECOMPILE,ENCRYPTION}]
[FOR REPLICATION]
AS sql_statement[…n]
```

下面简单介绍各参数的含义。

- procedure_name：用于指定存储过程的名称。
- number：用于指定对同名的过程分组。
- @parameter：用于指定存储过程中的参数。
- data_type：用于指定参数的数据类型。
- VARYING：指定作为输出参数支持的结果集，仅适用于游标参数。
- default：用于指定参数的默认值。
- OUTPUT：指定参数是输出参数。
- RECOMPILE：指定数据库引擎不缓存该过程的计划，该过程在运行时编译。
- ENCRYPTION：指定 SQL Server 加密 syscomments 表中包含 CREATE PROCEDURE 语句文本的条目。
- FOR REPLICATION：指定不能在订阅服务器上执行为复制创建的存储过程。
- sql_statement：要包含在过程中的一个或者多个 T-SQL 语句。

注意：在命名自定义存储过程时，建议不要使用"sp_"作为名称前缀，因为"sp_"前缀是用于标识系统存储过程的。如果指定的名称与系统存储过程相同，由于系统存储过程的优先级高，那么自定义的存储过程永远也不会执行。在本书自定义存储过程都以"Proc_"作为前缀。

【示例 4】

要创建一个用于从 HotelManagementSys 数据库获取客户简要信息的存储过程，包括客户编号、姓名、性别及折扣。语句如下：

```
USE HotelManagementSys
GO
```

```
--在 EmployeerInfo 表上创建一个存储过程
CREATE PROCEDURE Proc_SelGuestInfo
AS
BEGIN
    --这里是存储过程包含的语句块
    SELECT Gno '编号',Gno '姓名',Gsex '性别',Discount '折扣'
    FROM Guest
END
```

上述语句执行后会在 HotelManagementSys 数据库中创建一个名为 Proc_SelGuestInfo 的存储过程，BEGIN END 语句块是存储过程包含的语句，这里仅使用了一个 SELECT 语句。

执行自定义存储过程的方法与系统存储过程一样，都是使用 EXEC 语句。如下语句执行了上面创建的 Proc_SelGuestInfo 存储过程：

```
EXEC Proc_SelGuestInfo
```

查看存储过程的方法是在【对象资源管理器】窗格中展开【数据库】\ HotelManagementSys\ 【可编程性】\【存储过程】节点，如图 14-5 所示。

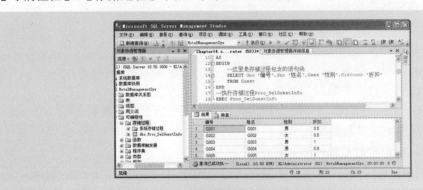

图 14-5　查看存储过程

提示： 实际应用时存储过程中可能包含复杂的业务逻辑处理，在本章作为示例仅包含了最简单的 SELECT 语句。

【示例 5】

除了使用 CREATE PROCEDURE 语句之外，还可以使用图形向导创建存储过程。具体方法是：在【对象资源管理器】中选择要创建存储过程的数据库，然后展开【可编程性】节点，右击【存储过程】，选择【新建存储过程】命令。此时将打开创建存储过程的代码编辑器，并提供了基本的模板，如图 14-6 所示。

在代码编辑器中根据需要更改存储过程名称、语句及其他部分，最后单击【执行】按钮完成创建。

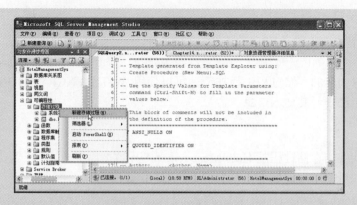

图 14-6　使用向导新建存储过程

14.2.2　临时存储过程

临时存储过程又分为本地临时存储过程和全局临时存储过程。与创建临时表类似，通过给名称添加"#"和"##"前缀的方法进行创建。其中"#"表示本地临时存储过程，"##"表示全局临时存储过程。SQL Server 关闭后，这些临时存储过程将不复存在。

【示例6】

创建一个临时的存储过程从 HotelManagementSys 数据库中查询客户编号、消费项目名称、消费数量和日期。语句如下：

```
CREATE PROCEDURE #Proc_SelConsumeInfo
AS
BEGIN
    SELECT Gno,Atname,Amount,Wtime
    FROM Atariff a JOIN ConsumeList c
    ON A.Atno=c.Atno
END
```

上述语句创建了一个名为#Proc_GetNameAndClass 的存储过程，该存储过程的结果来源于 Atariff 和 ConsumeList 表。当 SQL Server 服务关闭或者重启之后，#Proc_SelConsumeInfo 存储过程将无效。在图 14-7 左侧的存储过程列表中看不到#Proc_SelConsumeInfo 存储过程，但它可以执行，说明它是一个临时存储过程。

图 14-7　执行临时存储过程

14.2.3 加密存储过程

如果需要对创建的存储过程进行加密，可以使用 WITH ENCRYPTION 子句。加密后的存储过程将无法查看其文本信息。

【示例 7】

创建一个加密的存储过程从 HotelManagementSys 数据库中查询客户编号、消费项目名称、消费数量和日期。语句如下：

```
CREATE PROCEDURE Proc_SelConsumeInfo
WITH ENCRYPTION
AS
BEGIN
    SELECT Gno,Atname,Amount,Wtime
    FROM Atariff a JOIN ConsumeList c
    ON A.Atno=c.Atno
END
```

在上述语句中，首先指定存储过程名称 Proc_SelConsumeInfo，然后使用 WITH ENCRYPTION 子句对其加密，最后定义 SELECT 查询语句。Proc_SelConsumeInfo 存储过程创建完成后，如果使用如下语句查看其内容信息：

```
EXEC sp_helptextProc_SelConsumeInfo
```

在执行结果中会看到提示文本已加密，如图 14-8 所示。从图 14-8 中可以看到，刚才创建的存储过程 Proc_SelConsumeInfo 的图标上带有一个钥匙标记，说明该存储过程是一个加密存储过程。

图 14-8　查看加密的存储过程

14.3　实践案例：使用存储过程的嵌套形式

所谓嵌套存储过程是指在一个存储过程中调用另一个存储过程。嵌套存储过程的层次最高可达 32 级，每当调用的存储过程开始执行时嵌套层次就增加一级，执行完成后嵌套层次就减少一级。

在 SQL Server 2008 中可以使用@@NESTLEVEL 全局变量返回当前的嵌套层次。例如，创建一个存储过程 Proc_testA，再创建一个 proc_testB 存储过程调用 proc_testA，每个过程都显示当前过程的@@NESTLEVEL 值。语句如下：

```
CREATE PROCEDURE proc_testA AS
    --输出内层存储过程的层次
    SELECT @@NESTLEVEL AS '内层存储过程'
GO
CREATE PROCEDURE proc_testB AS
    --输出外层存储过程的层次
    SELECT @@NESTLEVEL AS '外层存储过程'
    --调用 proc_testA
    EXEC proc_testA
GO
EXEC proc_testB
GO
```

在上述语句中，创建了两个存储过程，即 proc_testA 与 proc_testB。在执行存储过程时，应先执行内层存储过程，然后再执行外层存储过程。执行后的结果如图 14-9 所示，由执行结果可以看出，proc_testB 存储过程的层次为 1，当执行@@NESTLEVEL 时返回的值为"1+当前嵌套层次"，因而 proc_testA 存储过程的层次为 2。

可以通过使用 SELECT、EXEC、sp_executesql 调用@@NESTLEVEL 以查看它们的返回值，语句如下：

```
CREATE PROCEDURE proc_testNestLevelValue AS
SELECT @@NESTLEVEL AS 'SELECT 层次'
EXEC ('SELECT @@NESTLEVEL AS EXEC 层次')
EXEC sp_executesql N'SELECT @@NESTLEVEL as sp_executesql 层次'
GO
EXEC proc_testNestLevelValue
GO
```

执行后的结果如图 14-10 所示。

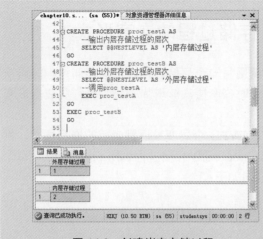

图 14-9　创建嵌套存储过程　　　　图 14-10　调用@@NESTLEVEL

14.4　存储过程的操作

对存储过程的操作主要包括执行存储过程、查看存储过程的内容和参数、修改以及删除存储过程。

14.4.1　执行存储过程

存储过程创建之后必须进行执行才有意义，就像函数必须调用一样。在 SQL Server 2008 中可以使用 EXECUTE 语句执行存储过程，也可以简写为 EXEC。

执行存储过程最简单的语法如下：

```
EXEC 存储过程名称
```

EXEC 语句的完整语法格式如下：

```
[[EXEC[UTE]]
{
[@return_status=]
{procedure_name[;number]|@procedure_name_var}
[[@parameter=]{value|@variable[OUTPUT]|[DEFAULT]}
[,…n]
[WITH RECOMPILE]
```

语法说明如下。

- @return_status：可选的整型变量，存储模块的返回状态。这个变量在用于 EXECUTE 语句前，必须在批处理、存储过程或函数中声明过。
- procedure_name：表示存储过程名。
- @procedure_name_var：表示局部定义的变量名。
- @parameter：表示参数。

- value：表示参数值。
- @variable：用来存储参数或返回参数的变量。

无论是系统存储过程还是用户自定义存储过程都必须使用 EXEC 语句来执行，而且在前面也多次使用过该语句，这里不再详细介绍。

14.4.2 查看存储过程

对于创建好的存储过程，SQL Server 2008 提供了查看其文本信息、基本信息以及详细信息的方法，下面详细介绍具体的应用。

1. 查看文本信息

查看存储过程的文本信息最简单的方法是调用 sp_helptext 系统存储过程。

【示例 8】

查看 Proc_SelGuestInfo 存储过程的文本信息，语句如下：

```
EXEC sp_helptext Proc_SelGuestInfo
```

从执行结果中可以看到 Proc_SelGuestInfo 存储过程语句的文本信息，如图 14-11 所示。

还可以使用 OBJECT_DEFININTION()函数查看存储过程的文本信息。同样查看 Proc_SelGuestInfo 存储过程的文本信息，使用 OBJECT_DEFININTION()函数的实现语句如下：

```
SELECT OBJECT_DEFINITION(OBJECT_ID(N'Proc_SelGuestInfo'))
AS [存储过程 Proc_SelGuestInfoo 的文本信息]
```

此时的执行结果如图 14-12 所示。

图 14-11　使用 sp_helptext 查看

图 14-12　使用 OBJECT_DEFININTION()函数查看

2. 查看基本信息

使用 sp_help 系统存储过程可以查看存储过程的基本信息。

【示例9】

查看 Proc_SelGuestInfo 存储过程的基本信息，语句如下：

```
EXEC sp_help Proc_SelGuestInfo
```

执行后的结果如图 14-13 所示，显示了该存储过程的所有者、类型、创建时间。如果有参数，还会显示参数名、类型、长度等基本信息。

3．查看详细信息

查看存储过程的详细信息，可以使用 sys.sql_dependencies 对象目录视图、sp_depends 系统存储过程。

【示例10】

查看 Proc_SelGuestInfo 存储过程的详细信息，语句如下：

```
EXEC sp_depends Proc_SelGuestInfo
```

从执行结果中可以看到 Proc_SelGuestInfo 存储过程的名称、类型、更新等信息，如图 14-14 所示。

图 14-13　使用 sp_help 查看存储过程　　　　图 14-14　使用 sp_depends 查看存储过程

 试一试：在【对象资源管理器】中展开【数据库】|【可编程性】|【存储过程】节点，右击存储过程名称选择【属性】命令查看存储过程信息。

14.4.3　修改存储过程

在 SQL Server 2008 中，通常使用 ALTER PROCEDURE 语句修改存储过程，具体的语法格式如下：

```
ALTER PROCEDURE procedure_name[;number]
[{@parameter data_type}
[VARYING][=default][OUTPUT]]
[,…n]
[WITH
{RECOMPILE|ENCRYPTION|RECOMPILE,ENCRYPTION}]
[FOR REPLICATION]
AS
sql_statement[…n]
```

在使用 ALTER PROCEDURE 语句时，应注意以下事项。

- 如果要修改具有任何选项的存储过程，必须在 ALTER PROCEDURE 语句中包括该选项以保留该选项提供的功能。

- ALTER PROCEDURE 语句只能修改一个单一的过程，如果过程调用其他存储过程，嵌套的存储过程不受影响。

- 在默认状态下，允许执行该语句的人是存储过程最初的创建者、sysadmin 服务器角色成员和 db_owner 与 db_ddladmin 固定的数据库角色成员，但是不能授权执行 ALTER PROCEDURE 语句。

> **注意**：修改存储过程与删除和重建存储过程不同，修改存储过程仍保持存储过程的权限不发生变化。而删除和重建存储过程将会撤销与该存储过程关联的所有权限。

【示例 11】

修改 Proc_SelGuestInfo 存储过程，要求查询性别为"男"的客户编号、姓名、性别、折扣和余额。语句如下：

```
ALTER PROCEDURE Proc_SelGuestInfo
AS
BEGIN
    SELECT Gno '编号',Gno '姓名',Gsex '性别',Discount '折扣',Balance '余额'
    FROM Guest
    WHERE Gsex='男'
END
```

再使用 EXEC 语句执行修改后的存储过程，从执行的结果集可以看到修改生效了，如图 14-15 所示。

【示例 12】

除语句外还可以通过 SQL Server 2008 的图形界面打开修改存储过程的编辑器。方法是在【对象资源管理器】中展开 HotelManagementSys\【可编程性】\【存储过程】节点，右击要修改的存储过程选择【修改】命令，打开该存储过程的编辑器，修改完成之后单击【执行】按钮进行保存，如图 14-16 所示。

图 14-15　执行修改后的存储过程

图 14-16　修改存储过程代码窗口

14.4.4　删除存储过程

在 SQL Server 2008 中删除存储过程有使用语句和图形界面两种方式。一般使用 DROP PROCEDURE 语句删除当前数据库中的自定义存储过程，基本语法如下：

```
DROP PROCEDURE{procedure_name}[,…n]
```

【示例 13】

删除 Proc_SelGuestInfo 存储过程，语句如下：

```
DROP PROCEDUREProc_SelGuestInfo
```

技巧： 在图形界面中只需右击存储过程名称选择【删除】命令即可。

如果有一个存储过程调用某个已被删除的存储过程，SQL Server 2008 将在执行调用进程时显示一条错误消息。但是，如果定义了具有相同名称和参数的新存储过程来替换已被删除的存储过程，那么引用该过程的其他过程仍能成功执行。

试一试： 在删除存储过程前，应先执行 sp_depends 存储过程来确定是否有对象依赖于此存储过程。

14.5　带参数的存储过程

前面已经详细讲解并练习了创建和使用无参数的存储过程的方法，本节将学习如何在存储过程中使用参数，包括输入参数和输出参数。

在使用带参数的存储过程之前，应先了解参数的定义方法。SQL Server 2008 中的存储过程可以使用两种类型的参数：输入参数和输出参数，说明如下。

- 输入参数允许用户将数据值传递到存储过程内部。
- 输出参数允许存储过程将数据值或者游标变量传递给用户。

14.5.1　指定参数名称

存储过程的参数在创建时应在 CREATE PRODURCE 和 AS 关键字之间定义，每个参数都要指定参数名和数据类型，参数名必须以@符号为前缀。多个参数定义之间用逗号隔开，声明参数的语法如下：

```
@parameter_namedata_type [=default] [OUTPUT]
```

上面语法格式中，如果声明了 OUTPUT 关键字，表明该参数是一个输出参数；否则表明这是一个输入参数。

【示例14】

在 HotelManagementSys 数据库中创建一个存储过程以查询在某个价格范围内的房间编号、房间类型和价格信息。语句如下：

```
--创建一个带有两个参数的存储过程
CREATE PROCEDURE Proc_SearchByPrice
@MinPriceint,@MaxPriceint
AS
BEGIN
    SELECT Rno '编号',Rtype '类型',Rprice '价格'
    FROM RoomInfo
    WHERE Rprice BETWEEN @MinPrice AND @MaxPrice
END
```

上述语句先定义了存储过程 Proc_SearchByPrice，然后定义了整型参数@MinPrice 表示要查询价格范围的最小值，整型参数@MaxPrice 表示价格范围的最大值，再使用 SELECT 语句的 WHERE 子句将两个条件进行合并。

在执行带参数的存储过程时必须为参数指定值，SQL Server 2008 提供了两种传递参数的方式。

1. 按位置传递

这种方式是在执行存储过程的语句中直接给出参数的值。当有多个参数时，给出的参数顺序与创建存储过程语句中的参数顺序一致。

例如，执行 Proc_SearchByPrice 存储过程，语句如下：

```
--执行带参数的存储过程
EXEC Proc_SearchByPrice 180,200
```

在上述语句中，参数的顺序就是创建存储过程语句中的参数顺序，执行结果如图 14-17 所示。

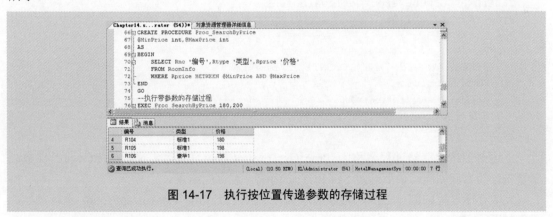

图 14-17　执行按位置传递参数的存储过程

2. 通过参数名传递

这种方式是在执行存储过程的语句中，使用"参数名=参数值"的形式给出参数值。

通过参数名传递参数的好处是，参数可以以任意顺序给出。

例如执行 Proc_SearchByPrice 存储过程，语句如下：

```
EXEC Proc_SearchByPrice @MaxPrice=200,@MinPrice=180
```

在上述语句中通过参数名传递参数值，所以参数的顺序可以任意排列，执行结果如图 14-18 所示。

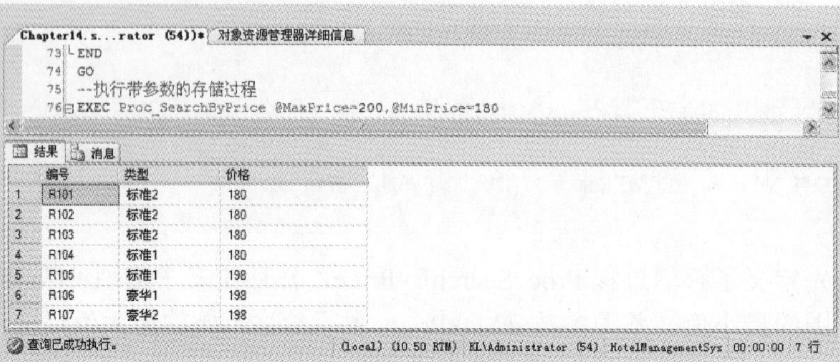

图 14-18　执行按参数名传递参数的存储过程

14.5.2　指定输入参数

输入参数是指在存储过程中设置一个条件，在执行存储过程时为这个条件指定值，通过存储过程返回相应的信息。使用输入参数可以用同一存储过程多次查找数据库。

【示例 15】

在 HotelManagementSys 数据库中创建一个存储过程，以根据指定的房间朝向统计房间数量。语句如下：

```
--根据朝向统计房间数量
CREATE PROCEDURE Proc_GetTowardCount
@toward varchar(10)
AS
BEGIN
    SELECT Toward '方向',COUNT(*) '房间数量'
    FROM RoomInfo
    WHERE Toward=@toward
    GROUP BY Toward
END
```

上述语句指定存储过程名称为 Proc_GetTowardCount，然后定义一个@toward 参数表示要统计的房间朝向，最后通过 SELECT 查询统计对应的结果。

完成存储过程的创建之后，可以通过执行存储过程 Proc_GetTowardCount 进行测试，语句如下：

```
--执行带参数的存储过程
EXEC Proc_GetTowardCount '正东'
```

```
EXEC Proc_GetTowardCount @toward='西南'
```

在上述执行语句中查看"正东"和"西南"的房间数量，执行结果如图 14-19 所示。

图 14-19　执行 Proc_GetTowardCount 存储过程

14.5.3　指定输出参数

通过输出参数可以从存储过程中返回一个或者多个值。要指定输出参数，需要在创建存储过程时为参数指定 OUTPUT 关键字。

【示例 16】

在 HotelManagementSys 数据库中创建一个存储过程，以根据指定的房间编号查找入住信息，包括入住的顾客名称、入住价格和天数，并将这些信息返回。实现语句如下：

```
--根据房间编号查找入住信息
CREATE PROCEDURE Proc_GetRoomInfoByRno
@rnovarchar(10),
@gnamevarchar(20) OUTPUT,@intopriceintOUTPUT,@daysint OUTPUT
AS
BEGIN
    SELECT @gname=Gname,@intoprice=IntoPrice,@days=Days
    FROM Guest G JOIN RoomState RS ON G.Gno=RS.Gno
    WHERE flag=2 AND Rno=@rno
END
```

上述语句创建的存储过程名称为 Proc_GetRoomInfoByRno。该存储过程包含 4 个参数：@rno 为输入参数，表示要统计的房间编号；其他 3 个为输出参数，分别表示顾客名称、入住价格和天数。

为了接收存储过程的返回值需要一个变量来保存返回的参数值，而且执行有返回的存储过程时，必须为变量添加 OUTPUT 关键字。具体代码如下：

```
--声明保存存储过程返回值的变量
DECLARE @gnamevarchar(20),@intopriceint ,@days int
--测试带输出参数的存储过程,并指定接收输出参数的变量
EXEC Proc_GetRoomInfoByRno 'R101',@gname OUTPUT,@intopriceOUTPUT,@days
OUTPUT
```

--显示结果
SELECT 'R101' '房间编号',@gname '最高价',@intoprice '最低价',@days '总价格'

上述语句统计了房间编号为 R101 的入住信息，执行结果如图 14-20 所示。

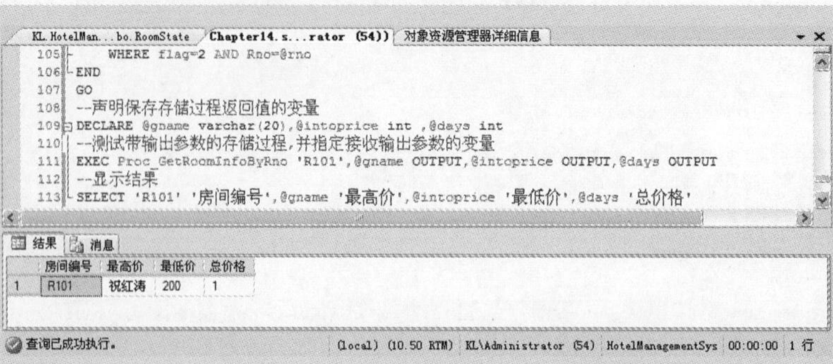

图 14-20　执行带输出参数的存储过程

14.6　实践案例：使用带默认值的存储过程

在创建存储过程的参数时可以为其指定一个默认值，那么执行该存储过程时如果未指定其他值，则使用默认值。

创建一个带参数的存储过程，可以根据指定的楼层数查询该楼层内的空房间信息，包括房间编号、房间类型、价格、楼层和朝向，要求如果没有指定参数值，默认楼层为1。

具体的存储过程创建语句如下：

```
-- 创建一个带有默认值参数的存储过程
CREATE PROCEDURE Proc_SearchEmpty
@floor int=1
AS
BEGIN
    SELECT Rno,Rtype,Rprice,Rfloor,Toward
    FROM Roominfo
    WHERE Rno NOT IN (
        SELECT Rno  FROM  RoomState
    )
    AND Rfloor=@floor
END
```

上述语句指定存储过程名称为 Proc_SearchEmpty，然后定义字符类型参数@floor 表示要查询的楼层，并在这里为它指定默认值是 1。再使用 SELECT 语句查询相关表并获取结果。

创建完成后，假设要查询楼层为 1 的空房间信息，可以使用如下三种语句：

```
--测试带默认值的存储过程
EXEC Proc_SearchEmpty
EXEC Proc_SearchEmpty 1
EXEC Proc_SearchEmpty @floor=1
```

上述三行语句的效果相同，第 1 行使用默认值直接调用，第 2 行使用直接传递参数值调用，第 3 行使用间接传递参数值调用，执行结果如图 14-21 所示。

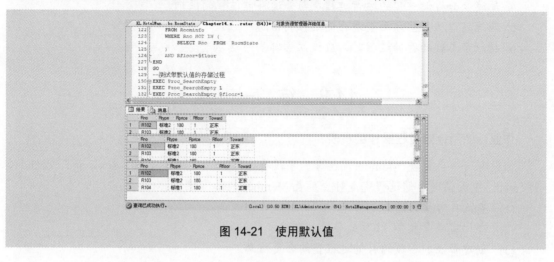

图 14-21　使用默认值

14.7　思考与练习

一、填空题

1. 存储过程是一组为了完成特定功能而编写的_____集合，它经过编译以后存储在数据库中。

2. 系统存储过程的名称一般以_____作为前缀，存放在 master 数据库中，可以被服务器中的所有数据库调用。

3. 如果要重命名一个表，可以使用存储过程_____。

4. 在使用带参数的存储过程时，声明一个输出参数，应该使用_____关键字。

5. 修改存储过程，可以使用_____命令。

二、选择题

1. 如果要创建局部临时存储过程，应在存储过程名前面添加_____。

　A. @　　　　　B. @@　　　　　C. #　　　　　D. ##

2. 调用存储过程可以使用_____。

　A. EXIT　　　B. CREATE　　　C. ALTER　　　D. EXECUTE

3. 查看存储过程的文本信息，可以调用系统存储过程_____。

　A. sp_attach_db　　　　　　B. sp_help

　C. sp_helptext　　　　　　D. sp_tables

三、简答题

1. 简述系统存储过程的作用及常用存储过程。

2. 简述创建存储过程时需要注意的事项。

3. 简述创建存储过程时，WITH RECOMPILE 子句与 WITH ENCRYPTION 语句的作用。

4. 简述嵌套存储过程的运行过程及与普通存储过程的区别。

5. 简述可以从哪些方面查看存储过程的信息。

6. 执行带参数的存储过程时，应该注意哪些问题？

14.8 练 一 练

作业：使用存储过程操作会员表

假设有一个会员表 Member，包含的字段有 id、name、password、sex、age、birthday 和 email。下面使用存储过程完成对会员表 Member 的如下操作：

(1) 查询年龄最大的会员信息。

(2) 查询密码中包含 "h" 的会员信息。

(3) 创建带性别参数的存储过程查询会员信息。

(4) 使用存储过程根据会员编号输出出生日期。

(5) 使用存储过程根据会员编号更新会员的邮箱。

(6) 使用系统存储过程查看第(2)步创建存储过程的内容。

(7) 针对上面创建的存储过程编写调用语句。

第15章

SQL Server 高级编程

SQL Server 2008 要比任何一个关系数据库产品都更灵活、更可靠并具有更高的集成度。本章将从三个方面讲解 SQL Server 2008 的高级编程技术：XML 编程、CLR 编程和 SMO 编程。在结束本章的学习后，读者将对 SQL Server 2008 的应用开发有一个更深入的了解。

本章重点：

- 掌握 XML 数据类型和 XML 变量的创建
- 熟悉 XML 类型方法的使用
- 熟悉 FOR XML 语句的 4 种模式
- 熟悉 OPENXML 函数的使用
- 了解 CLR 的概念
- 掌握 SQL Server 项目的创建方法
- 熟悉标量值函数、聚合函数、触发器、存储过程和自定义类型的实现
- 掌握 SMO 项目的创建方法
- 掌握 SMO 连接 SQL Server 的方法
- 熟悉 SMO 中数据表、存储过程和触发器的操作

SQL Server 2008 入门与提高

15.1　XML 编 程

SQL Server 从最早的 2000 版本就开始支持 XML。SQL Server 2008 在之前版本的 XML 功能基础之上对其在各个方面进行改进和增强。例如，优化 XML 数据类型、增强 FOR XML 子句和支持 OPENXML 函数等功能。

15.1.1　XML 数据类型

在 SQL Server 2008 中，XML 是一种真正的数据类型。这就意味着，用户可以将 XML 用作表和视图中的列，用于 SQL 语句中或作为存储过程的参数，可以直接在数据库中存储、查询和管理 XML 文件。更重要的是，用户还能规定自己的 XML 必须遵从的模式。

XML 数据类型可以在 SQL Server 数据库中存储 XML 文档和片段(XML 片段指缺少单个顶级元素的 XML 实例)，也可以创建 XML 类型的列和变量，并在其中存储 XML 实例。XML 数据类型还提供了一些高级功能，例如借助 XQuery 语句执行搜索。另外，如果应用程序需要处理 XML，XML 数据类型在大多数情况下将比 varchar(max)数据类型更加合适完成任务。

【示例 1】

使用 CREATE TABLE 语句创建一个表，并将 XML 类型作为其中的一列。具体语句如下：

```
CREATE TABLE table1
(
COL1 int PRIMARY KEY,
COL2 xml
)
```

上面语句创建了一个名为 table1 的数据表，其中 COL2 列是 XML 类型。

提示：可以使用 ALTER TABLE 命令语句，向数据库现有表中添加 XML 数据类型，其方法与添加普通数据类型的方法相同。

【示例 2】

创建一个 XML 类型的变量，并对其进行赋值，语句如下：

```
DECLARE @doc xml
SELECT @doc ='<Team name="Braves" />'
```

也可以使用一个查询和 SQL Server 的 FOR XML 语法给 XML 变量赋值。语句如下：

```
SELECT @doc=(SELECT * FROM Person.Contact FOR XML AUTO)
```

尽管在 SQL Server 2008 中 XML 数据类型与其他数据类型一样，但是在使用时还需要注意以下一些具体限制。

- 除了 string 类型，没有其他数据类型能够转换成 XML。
- XML 列不能应用于 GROUP BY 语句。
- XML 数据类型实例的存储表示形式不能超过 2GB。
- XML 列不能成为主键或者外键的一部分。
- sql_variant 实例不能把 XML 作为一种子类型。
- XML 列不能指定为唯一的。
- COLLATE 子句不能使用在 XML 列上。
- 存储在数据库中的 XML 仅支持 128 级的层次。
- 表中最多只能拥有 32 个 XML 列。
- XML 列不能加入到规则中。
- 唯一可应用于 XML 列的内置标量函数是 ISNULL 和 COALESCE。
- 具有 XML 列的表不能有一个超过 15 列的主键。

15.1.2 XML 查询

通过在 SELECT 语句中指定 FOR XML 子句可以将查询结果以 XML 的形式来处理。在 FOR XML 子句可以指定 4 种模式：AUTO 模式、RAW 模式、PATH 模式和 EXPLICIT 模式，本节将详细介绍这些内容。

1. AUTO 模式

AUTO 模式将查询结果以嵌套 XML 元素的方式返回，生成的 XML 层次结构取决于 SELECT 子句中指定字段所标识的表顺序。该模式将其查询的表名称作为元素名称，查询的字段名称作为属性名称。

【示例 3】

使用 AUTO 模式从 MedicineInfo 表中查询信息，语句如下：

```
SELECT MedicineId,MedicineName,TypeId
FROM MedicineInfo
FOR XML AUTO
```

上述语句中，FOR XML AUTO 指定使用 AUTO 模式查询。执行后表名 MedicineInfo 将作为 XML 的元素显示，而 MedicineId、MedicineName 和 TypeId 列将作为元素的属性显示，如图 15-1 所示。

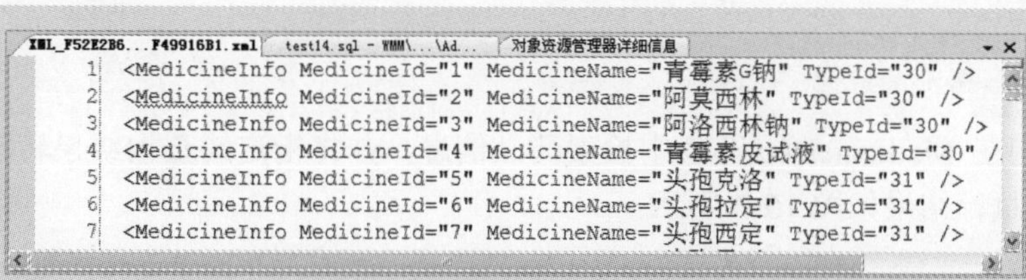

图 15-1　AUTO 模式返回结果

【示例4】

在 Medicine 数据库中，使用 AUTO 模式查询所有药品分类及其中包含的药品信息，语句如下：

```
SELECT BigClassId,BigClassName,ParentId,MedicineId,MedicineName
FROM MedicineBigClass JOIN MedicineInfo
ON MedicineBigClass.BigClassId=MedicineInfo.TypeId
FOR XML AUTO
```

执行上述语句后，得到的返回结果如图 15-2 所示。从中可以看到从第二个表 MedicineInfo(药品信息表)查询出来的数据嵌套在第一个表 MedicineBigClass(药品分类表)的数据中。

图 15-2　以 AUTO 模式显示层次结构数据

> 注意：在使用 AUTO 模式时，如果查询字段中存在计算字段(即不能直接得出字段值的查询字段)或者聚合函数将不能正常执行。可以为计算字段或者聚合函数的字段添加相应的别名后，再使用该模式。

2. RAW 模式

RAW 模式在生成 XML 结果的数据集时，将结果集中的每一行数据作为一个元素输出。也就是说，在使用 RAW 模式时，每一条记录被作为一个元素输出，因此记录中的每一个字段也将被作为相应的属性(除非该字段为 NULL)输出。

【示例5】

使用 RAW 模式查询所有药品的编号、名称、价格及规格信息，语句如下：

```
SELECT MedicineId '编号',MedicineName '名称',ShowPrice '价格',MultiAmount
'规格'
FROM MedicineDetail
FOR XML RAW
```

上述语句在 MedicineDetail 表中检索药品信息，并将指定的查询结果转换为 RAW 模式的 XML，执行结果如图 15-3 所示。

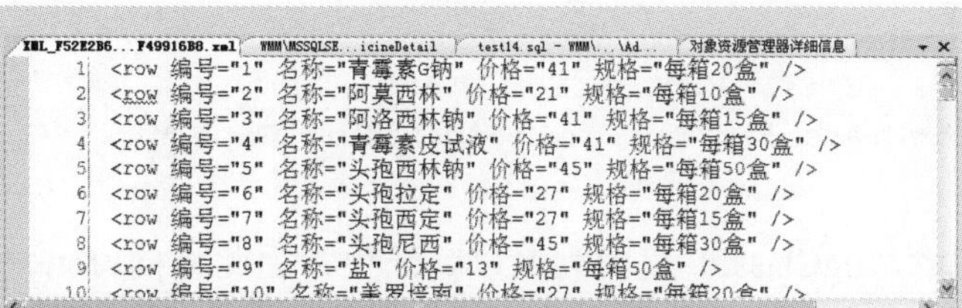

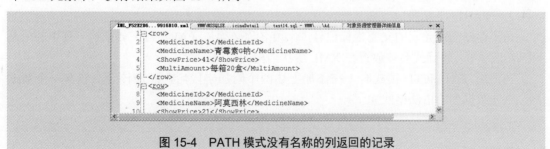

图 15-3 RAW 模式返回结果

提示：AUTO 与 RAW 模式的不同之处在于，AUTO 模式结果的元素名称是表名称，而 RAW 模式结果的元素名称是 row。

3. PATH 模式

PATH 模式为结果集中的每一行生成一个<row>元素。在该模式中，列名或者列别名被当作 XPath 表达式来处理，这些表达式用于指明如何将值映射到 XML。

PATH 模式可以在各种条件下映射行集中的列，如没有名称的列、具有名称的列、以及名称指定为通配符的列等等。

【示例 6】

同样查询出所有药品的编号、名称、价格及规格信息，这里要求使用 PATH 模式显示，语句如下：

```
SELECT MedicineId ,MedicineName ,ShowPrice ,MultiAmount
FROM MedicineDetail
FOR XML PATH
```

在上述语句中没有为列指定名称，此时将使用列名作为元素的名称，每行都嵌入到一个 row 元素中，执行结果如图 15-4 所示。

图 15-4 PATH 模式没有名称的列返回的记录

【示例 7】

使用 PATH 模式查询每个药品分类及对应的药品信息，语句如下：

```
SELECT BigClassId AS '@分类编号',
    BigClassName AS '分类名称',
    ParentId AS '上级分类编号',
    MedicineId AS '药品/编号',
```

```
      MedicineName AS '药品/名称'
FROM MedicineBigClass JOIN MedicineInfo
ON MedicineBigClass.BigClassId=MedicineInfo.TypeId
FOR XML PATH
```

以上语句，包含 BigClassId 值的列名以@开头，因此将向<row>元素添加"分类编号"属性。其他所有列的列名中均包含指明层次结构的斜杠标记(/)，执行结果如图 15-5 所示。

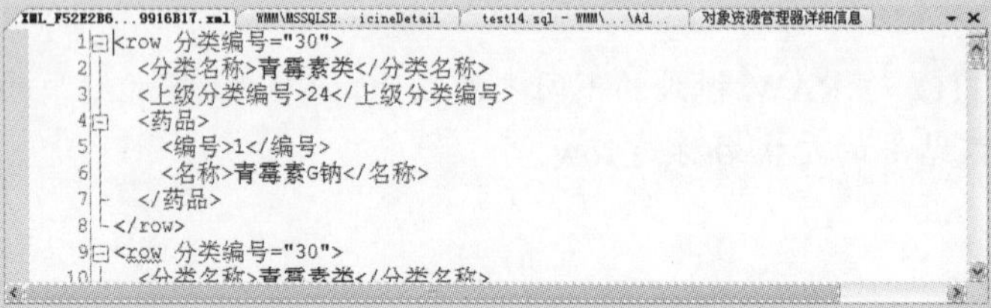

图 15-5　PATH 模式返回的记录

从图 15-5 可以看出在生成的 XML 中，<row>元素下包含<分类名称>、<上级分类编号>和<药品>子元素，其中<药品>元素又包含<编号>和<名称>两个子元素，所有子元素共用一个根元素<row>。

4. EXPLICIT 模式

在 EXPLICIT 模式中，SELECT 语句中的前两个字段必须分别命名为 TAG 和 PARENT。这两个字段是元数据字段，使用它们可以确定查询结果集的 XML 文档中元素的父子关系，即嵌套关系。

1）　TAG 字段

该字段是查询字段列表中的第一个字段，用于存储当前元素的标记值。字段名称必须是 TAG，标记号可以使用的值是 1～255。

2）　PARENT 字段

用于存储当前元素的父元素标记号，字段名称必须是 PARENT。如果这一列中的值是 NULL 或者 0，该行就会被放置在 XML 层次结构的顶层。

在使用 EXPLICIT 模式时，在添加上述两个附加字段后，还应该至少包含一个数据列。这些数据列的语法格式如下：

```
ElementName!TagNumber!AttributeName!Directive
```

语法说明如下。

- ElementName：所生成元素的通用标识符，即元素名。
- TagNumber：分配给元素的唯一标记值。根据两个元数据字段 TAG 和 PARENT 的信息，此值将确定所得 XML 中元素的嵌套。
- AttributeName：提供要在指定的 ElementName 中构造的属性名称。
- Directive：为可选项，可以使用它来提供有关 XML 构造的其他信息。Directive 选项的可用值如表 15-1 所示。

表 15-1　可用 Directive 值

Directive 值	含　义
element	返回的结果都是元素，不是属性
hide	允许隐藏节点
xmltext	如果数据中包含 XML 标记，则允许把这些标记正确地显示出来
xml	与 element 类似，但是并不考虑数据中是否包含 XML 标记
cdata	作为 cdata 段输出数据
ID、IDREF 和 IDREFS	用于定义关键属性

最后需要注意的是，一般只使用一个 SELECT 语句往往不能体现出 FOR XML EXPLICIT 子句的优势。因此，为了使用 FOR XML EXPLICIT 子句，通常至少应该有两个 SELECT 语句，并且使用 UNION 子句将它们连接起来。

【示例 8】

同样在 Medicine 数据库中查询所有药品分类，及其中包含的药品信息，这里要求以 EXPLICIT 模式显示。根据应用 AUTO 模式时的结果，我们知道在这个结果中需要两个级别的层次结构，所以应该编写两个 SELECT 查询并用 UNION ALL 进行连接。

首先是第一个层次结构，用于检索"<分类>"元素及其属性值"编号"和"名称"。因此应该在查询中将值 1 赋予"<分类>"元素的 Tag，将 NULL 赋给 Parent，因为它是一个顶级元素。如下所示为转换后的 SELECT 语句：

```
SELECT DISTINCT   1 AS TAG,
             NULL AS PARENT ,
      BigClassId AS [分类!1!编号],
      BigClassName AS [分类!1!名称] ,
      NULL AS [药品!2!编号],
      NULL AS [药品!2!名称]
FROM MedicineBigClass JOIN MedicineInfo
ON MedicineBigClass.BigClassId=MedicineInfo.TypeId
```

接下来是第二个查询，用于检索"药品信息"的元素"药品编号"和"药品名称"。这里要将值 2 赋予"<药品信息>"元素的 Tag，将 1 值赋予 Parent，从而将"<分类>"元素标识为父元素。如下所示为这部分 SELECT 语句：

```
SELECT 2 AS TAG,
      1 AS PARENT,
      BigClassId,
      BigClassName,
      MedicineId,
      MedicineName
FROM MedicineBigClass JOIN MedicineInfo
ON MedicineBigClass.BigClassId=MedicineInfo.TypeId
ORDER BY  [分类!1!编号],[药品!2!编号]
FOR XML EXPLICIT
```

下面，可以使用 UNION ALL 组合这些查询，应用 FOR XML EXPLICIT 子句，并使用 ORDER BY 子句按"分类编号"和"药品编号"排序。如下所示为最终使用 FOR XML EXPLICIT 子句的查询语句，如果去掉 FOR XML 子句的查询将会看到一个普通的结果集：

```
SELECT DISTINCT 1 AS TAG,
NULL AS PARENT ,
 BigClassId AS [分类!1!编号],
 BigClassName AS [分类!1!名称] ,
NULL AS [药品!2!编号],
 NULL AS [药品!2!名称]
FROM MedicineBigClass JOIN MedicineInfo
ON MedicineBigClass.BigClassId=MedicineInfo.TypeId
UNION ALL
SELECT 2 AS TAG,
 1 AS PARENT,
  BigClassId,
 BigClassName,
 MedicineId,
 MedicineName
FROM MedicineBigClass JOIN MedicineInfo
ON MedicineBigClass.BigClassId=MedicineInfo.TypeId
ORDER BY [分类!1!编号],[药品!2!编号]
FOR XML EXPLICIT
```

在 Medicine 数据库中运行上述语句可以得到如图 15-6 所示的结果。

单击【结果】窗格中的一行结果，在进入的窗口中可以查看以 EXPLICIT 模式返回结果集的详细内容，如图 15-7 所示。该结果集与 AUTO 模式的结果集有些类似，但 SELECT 语句不同，而且在 EXPLICIT 模式中可以自定义层次结构 1(药品分类表)和层次结构 2(药品信息表)中的元素内容。

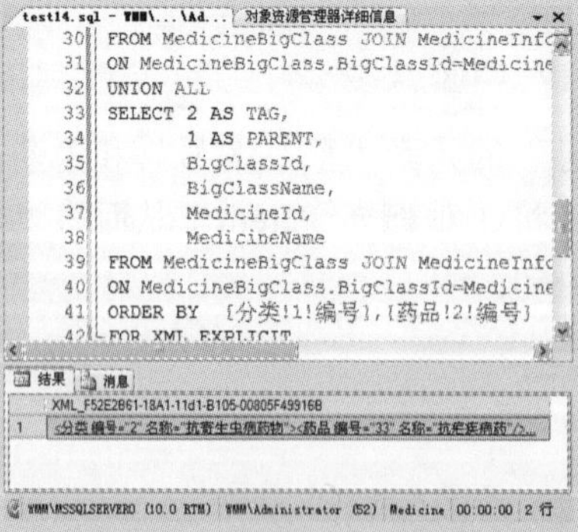

图 15-6　使用 EXPLICIT 模式 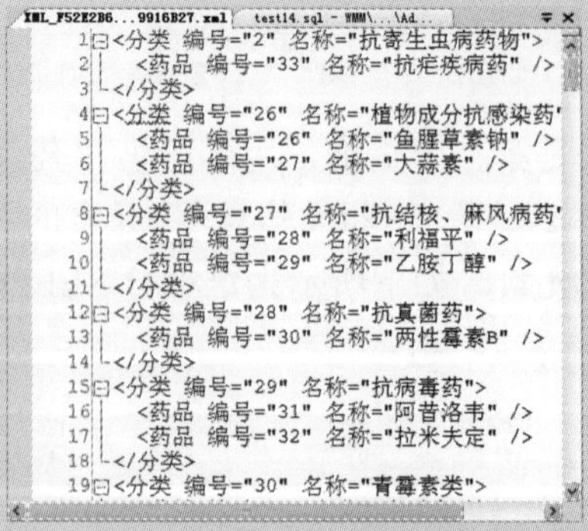　　　　图 15-7　查看结果集内容

注意：对通用表中的行进行排序很重要，因为这样可以让 FOR XML EXPLICIT 按顺序处理行集并生成所需的 XML。

15.1.3 XML 索引

XML 实例作为二进制大型对象(Binary Large Objects,BLOB)存储在 xml 类型列中,这些 XML 实例可以很大(最大可以为 2GB)。如果在运行时拆分这些二进制大型对象以计算查询,那么拆分可能非常耗时,因此,需要创建合适的索引,以提高检索的效率。

XML 索引可以分为两类:主索引和辅助索引。

1. 主索引

XML 类型列的第一个索引必须是主 XML 索引,它是 XML 数据类型列中的 XML BLOB 的已拆分和持久的表示形式。对于列中的每个 XML 二进制大型对象,索引将创建几个数据行(该索引中的行数大约等于 XML 二进制大型对象中的节点数),每行存储以下节点信息。

- 标记名,例如元素名或者属性名。
- 节点类型,例如元素节点、属性节点或文本节点等。
- 文档顺序信息,由内部节点标识符表示。
- 路径,从每个节点到 XML 树的根的路径。搜索此列可获得查询中的路径表达式。
- 节点的值。

> **注意:** 主 XML 索引对 XML 列中 XML 实例内的所有标记、值和路径进行索引。一个 XML 类型的列上只能创建一个 XML 主索引。如果要为 XML 类型的列创建主 XML 索引,则表中必须有一个聚集主键,而且主键包含的列数必须小于 16。

2. 辅助索引

在创建了主 XML 索引后才能创建辅助索引。辅助索引是为了增强搜索的功能,可以有三种类型的辅助索引。

1) PATH 辅助 XML 索引

用于创建索引的文档路径。如果查询通常对 XML 类型列指定路径表达式,则需要创建 PATH 辅助索引。

2) VALUE 辅助 XML 索引

用于创建索引的文档值。VALUE 索引的键列是主 XML 索引的节点值和路径。如果经常查询 XML 实例中的值,但不知道包含这些值的元素名称或属性名称,则需要创建 VALUE 辅助索引。

3) PROPERTY 辅助 XML 索引

用于创建索引的文档属性。PROPERTY 索引是对主 XML 索引的列(PK、Path 和节点值)创建的,其中 PK 是基表的主键。如果从单个 XML 实例检索一个或多个值,则需要创建 PROPERTY 辅助索引。

3. 创建索引

创建索引的简单语法如下：

```
CREATE [ PRIMARY ] XML INDEX index_name
ON <object> ( xml_column_name )
 [ USING XML INDEX xml_index_name
 [FOR { VALUE | PATH | PROPERTY } ]]
<object>::=
{
 [ database_name. [ schema_name ] . | schema_name. ]
table_name
}
```

参数说明如下。

- [PRIMARY] XML：为指定的 xml 列创建 XML 索引。指定 PRIMARY 时，会使用由用户表的聚集键形成的聚集键和 XML 节点标识符来创建聚集索引。每个表最多可具有 249 个 XML 索引。
- index_name：索引的名称。索引名称在表中必须唯一，但在数据库中不必唯一，并且必须符合标识符的规则。主 XML 索引名不得以下列字符开头：#、##、@或@@。
- xml_column_name：索引所基于的 xml 列。在一个 XML 索引定义中只能指定一个 xml 列；但可以为一个 xml 列创建多个辅助 XML 索引。
- USING XML INDEX xml_index_name：指定创建辅助 XML 索引时要使用的主 XML 索引。
- FOR { VALUE | PATH | PROPERTY}：指定辅助 XML 索引的类型。其中的可选参数前面曾经介绍过。
- <object>::={ [database_name. [schema_name] . | schema_name.] table_name}：要为其建立索引的完全限定对象或者非完全限定对象。其中 database_name 为数据库的名称；schema_name 为表所属架构的名称；table_name 为要索引的表的名称。

【示例 9】

假设要在 table1 数据表的 Col2 列上创建一个 XML 主索引，可用以下语句：

```
CREATE PRIMARY XML INDEX table1
ON table1(Col2)
```

【示例 10】

假设要在 table1 数据表的 Col2 列上创建一个辅助 XML 索引，可用以下语句：

```
CREATE XML INDEX pathindex
ON table1(COL2)
USING XML INDEX  table1 FOR PATH
```

创建 XML 索引时需要注意以下几点。

- 聚集索引必须存在于用户表的主键上。
- 用户表的聚集键必须小于 16 列。
- 表中的每个 xml 列可具有一个主 XML 索引和多个辅助 XML 索引。
- xml 列中必须存在主 XML 索引，然后才能对该列创建辅助 XML 索引。
- 只能对单个 xml 列创建 XML 索引。不能为非 xml 列创建 XML 索引，也不能为 xml 列创建关系索引。
- 不能对视图中的 xml 列、包含 xml 列的表值变量或 XML 类型变量创建主 XML 索引或辅助 XML 索引。
- 不能对 xml 计算列创建主 XML 索引。

4. 管理索引

XML 索引创建完成后，可以对其进行管理。例如，可以修改和删除现有的 XML 索引。使用 ALTER INDEX 语句可以修改现有的 XML 和非 XML 索引，其简单语法如下：

```
ALTER INDEX { index_name | ALL }
ON <object>{ REBUILD | DISABLE }
```

语法说明如下。

- index_name：索引的名称。
- ALL：指定与表或视图相关联的所有索引，而不考虑是什么索引类型。
- REBUILD：启用已禁用的索引。
- DISABLE：将索引标记为已禁用，从而不能由数据库引擎使用。
- <object>：参考创建索引的语法。

【示例 11】

以下语句演示如何重建 PATH 辅助 XML 索引 pathindex：

```
ALTER INDEX pathindex
ON table1
REBUILD
```

使用 DROP INDEX 语句可以删除现有的主(或辅助)XML 索引和非 XML 索引，其简单语法格式如下：

```
DROP INDEX index_name ON <object>
```

其中，index_name 表示要删除的索引名称。对于<object>信息参考创建索引的语法。

【示例 12】

以下语句演示如何删除 PATH 辅助 XML 索引 pathindex：

```
DROP INDEX pathindex
ON table1
```

 警告：如果删除主 XML 索引，则也会删除任何现有的辅助索引。

15.1.4 OPENXML 函数

OPENXML 是一个行集函数，类似于表或视图，用于提供内存中 XML 文档上的行集。OPENXML 可在用于指定源表或源视图的 SELECT 和 SELECT INTO 语句中使用。

要使用 OPENXML 编写对 XML 文档执行的查询，必须先调用系统存储过程 sp_xml_preparedocument。该存储过程将分析 XML 文档并向准备使用的已分析文档返回一个句柄。具体的语法格式如下：

```
sp_xml_preparedocument @hdoc=<integer variable>OUTPUT
[, @xmltext=<character data> ]
[, @xpath_namespace=<url to a namespace >]
```

上述语法中各参数的含义如下。

- @hdoc：新创建 XML 文档的句柄。
- @xmltext：将要分析的 XML 文档对象。
- @xpath_namespace：将要用于 XPath 表达式的命名空间。

当执行 sp_xml_preparedocument 系统存储过程后，如果分析正确，则返回值 0，否则返回大于 0 的整数。在调用完这个存储过程并把句柄保存到文档之后，就可以使用 OPENXML 返回该文档的行集数据。具体的语法格式如下：

```
OPENXML( @idoc int [ in] , rowpattern nvarchar [ in ] , [ flags byte
[ in ] ] )
[WITH ( SchemaDeclaration | TableName ) ]
```

其中，@idoc 参数表示准备好的 XML 文档句柄；rowpattern 参数表示将要返回哪些数据行，它使用 XPATH 模式提供了一个起始路径；flags 参数指示应在 XML 数据和关系行集间如何使用映射解释元素和属性，是一个可选输入参数(表 15-2 列出了 flags 的可选值)，WITH 子句用于控制行集中的哪些数据列将要检索出来。

表 15-2 flags 参数

值	含 义
0	默认值，使用"以属性为中心"的映射
1	使用"以属性为中心"的映射，可以与 XML_ELEMENTS 一起使用。这种情况下，首先应用"以属性为中心"的映射，然后对所有未处理的列应用"以元素为中心"的映射
2	使用"以元素为中心"的映射，可以与 XML_ATTRIBUTES 一起使用。这种情况下，首先应用"以属性为中心"的映射，然后对所有未处理的列应用"以元素为中心"的映射
8	可与 XML_ATTRIBUTES 或 XML_ELEMENTS 组合使用(逻辑或)。在检索的上下文中，该标志指示不应将已使用的数据复制到溢出属性@mp:xmltext

【示例 13】

下面通过一个案例来学习 OPENXML 函数和 sp_xml_preparedocument 系统存储过程的

使用，以及返回 XML 数据的方法。

步骤 01 定义@Student 和@xmlStr 两个变量，这两个变量分别用来存储分析过的
XML 文档的句柄和将要分析的 XML 文档。

```
DECLARE @Student int
DECLARE @xmlStr xml
```

步骤 02 使用 SET 语句为@xmlStr 变量赋予 XML 形式的数据。

```
SET @xmlStr=
'<row>
    <学生>
        <编号>06001</编号>
        <姓名>孙鹏</姓名>
        <性别>男</性别>
        <籍贯>河南郑州</籍贯>
    </学生>
    <学生>
        <编号>06002</编号>
        <姓名>侯艳书</姓名>
        <性别>女</性别>
        <籍贯>河南安阳</籍贯>
    </学生>
</row>'
```

步骤 03 使用 sp_xml_preparedocument 系统存储过程分析由@xmlStr 变量表示的
XML 文档，将分析得到的句柄赋予@Student 变量。

```
EXEC SP_XML_PREPAREDOCUMENT  @Student OUTPUT,@xmlStr
```

步骤 04 在 SELECT 语句中使用 OPENXML 函数，返回行集中的指定数据。

```
SELECT * FROM OPENXML( @Student,'/row/学生',2)
WITH (
    编号 varchar(10),
    姓名 varchar(20),
    性别 varchar(04),
    籍贯 varchar(10)
)
```

步骤 05 使用 sp_removedocument 系统存储过程删除@Teacher 变量所表示的内存中
的 XML 文档结构。

```
EXEC SP_XML_REMOVEDOCUMENT @Student
```

按顺序执行上述语句将会看到结果，如图 15-8 所示。

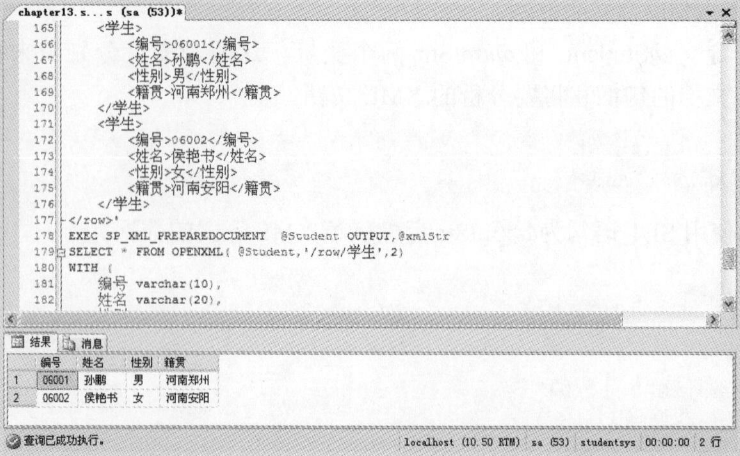

图 15-8　使用 OPENXML 函数

15.2　实践案例：操作 XML 数据

为了更加方便地操作 XML，SQL Server 2008 系统为 XML 数据类型提供了很多方法，其中常用的方法如表 15-3 所示。

表 15-3　XML 数据类型方法

方　法　名	含　　义
query()	执行一个 XML 查询并且返回查询的结果
exists()	执行一个 XML 查询，并且如果有结果的话返回值 1
value()	计算一个查询以从 XML 中返回一个简单的值
modify()	在 XML 文档的适当位置执行一个修改操作
nodes()	允许把 XML 分解到一个表结构中

下面使用这些方法完成对 XML 数据的不同操作。

步骤01　使用 query()方法从一个 XML 数据类型的变量中查询 XML 实例的一部分，并输出结果，语句如下：

```
DECLARE @xmlDoc xml
SET  @xmlDoc =
'<students>
<class name="英语" NO="8501">
<student>
<Name>祝红涛</Name>
<Sex>男</Sex>
<Age>20</Age>
</student>
</class>
```

```
</students>'
SELECT @xmlDoc.query('/students/class/student')  AS  学生信息
```

上面的语句声明了 XML 类型的变量@xmlDoc，并赋予它一个 XML 字符串，然后使用 query()方法查询其中的<student>元素，最后作为学生信息返回，执行结果如图 15-9 所示。

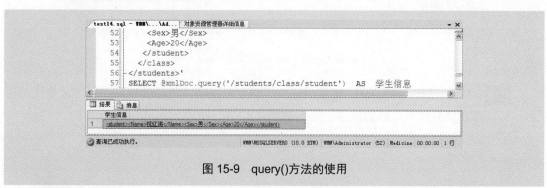

图 15-9 query()方法的使用

步骤02 假设在一个 XML 实例中保存有学生的出生日期，要计算该学生今年的年龄。此时就可以对 XML 实例使用 value()方法获取出生日期，再通过计算得出年龄。具体实现代码如下：

```
DECLARE @xmlDoc xml
SET  @xmlDoc =
'<students>
<class name="英语" NO="8501">
<student>
<Name>祝红涛</Name>
<Sex>男</Sex>
<birthday>1990-08-05</birthday>
</student>
</class>
</students>'
--声明一个日期型变量保存 value()方法的返回值
DECLARE @birthday date
--对变量进行赋值
SET
@birthday=@xmlDoc.value('(/students/class/student/birthday)[1]','date')
SELECT @birthday  AS '出生日期',
YEAR(GETDATE())-YEAR(@birthday) '今年年龄'
```

执行语句后，效果如图 15-10 所示。

注意：query()和 value()方法之间的不同在于，query()方法返回一个 XML 数据类型，这个数据类型包含查询的结果；而 value()方法返回一个带有查询结果的非 XML 数据类型。另外，value()方法仅能返回单个值(或标量值)。

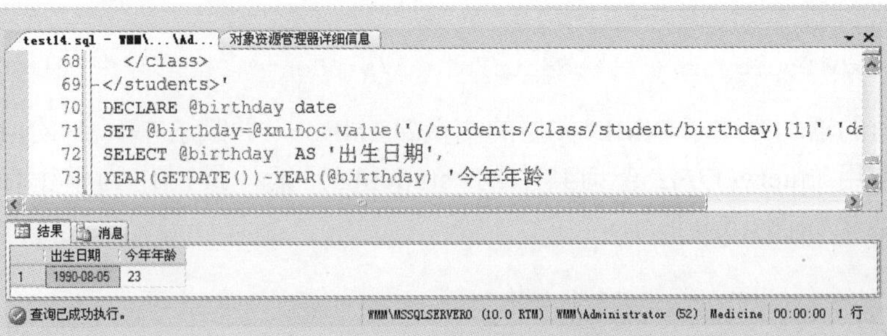

图 15-10   value()方法的使用

步骤 03   假设在一个 XML 变量中保存了学生的成绩，下面使用 exist()方法查询是否存在优秀和不及格的学生。语句如下：

```
DECLARE @xmlDoc xml
SET @xmlDoc=
'
<Scores>
<student id="1" result="100" good="1"/>
<student id="2" result="60"/>
<student id="3" result="85"/>
</Scores>
'
SELECT @xmlDoc.exist('/Scores/student/@good') AS '是否有优秀学生',
 @xmlDoc.exist('/Scores/student/@bad') AS '是否有不及格学生'
```

执行语句后，效果如图 15-11 所示。

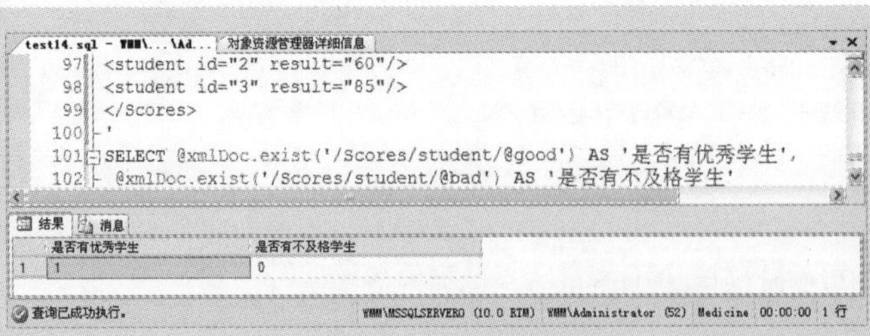

图 15-11   exist()方法的使用

步骤 04   使用 modify()方法可以在 XML 数据中插入、更新或删除节点。使用 modify()方法为一个 XML 文档添加节点的语句如下：

```
DECLARE @xmlDoc xml
SET @xmlDoc=
'
<Scores>
<student id="1" result="100"/>
<student id="2" result="60"/>
<student id="3" result="85"/>
</Scores>
```

```
'
SELECT @xmlDoc  AS '插入节点前信息'
SET @xmlDoc.modify('insert <student id="5" result="70"/>  after
(/Scores/student)[1]')
SELECT @xmlDoc  '插入节点后信息'
```

上述语句使用 modify()方法向 XML 类型变量中添加了一个节点，添加的节点位于第 1 个 student 节点的后面，执行结果如图 15-12 所示。

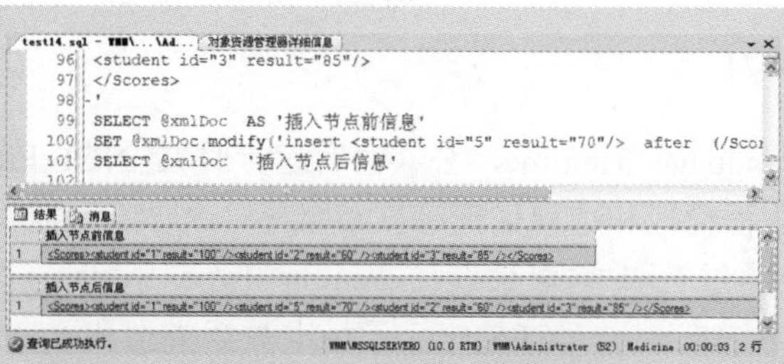

图 15-12 modify()方法的使用

步骤05 使用 nodes()方法将指定节点映射到一个新的数据集的行，语句如下：

```
DECLARE @xmlDoc xml
SET @xmlDoc=
'
<teacher>
    <teaid No = "5">
        <teaname>李兵</teaname>
    </teaid>
    <teaid No = "6">
        <teaname>王梦梅</teaname>
    </teaid>
</teacher>
'
SELECT teacher.teaid.query('.')
AS 结果
FROM @xmlDoc.nodes('/teacher/teaid')teacher(teaid)
```

以上语句，使用 nodes()方法识别 XQuery 语句结果中的节点，并把它们作为一个行集合返回，每一个教师信息都是一行，执行结果如图 15-13 所示。

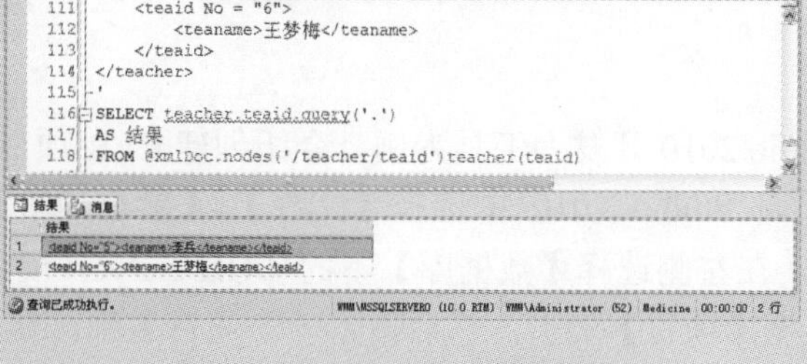

图 15-13 nodes()方法的使用

15.3 CLR 编 程

SQL Server 2008 重要的新增功能就是支持使用 CLR 兼容的任意编程语言开发 SQL Server 项目。本节以 C#语言为例介绍 CLR 编程，包括创建 CLR 项目、编写 CLR 触发器、存储过程和函数等等。

15.3.1 CLR 简介

CLR(Command Language Runtime，公共语言运行时)是.NET Framework 的基础，其作用是提供内存管理、线程管理和远程处理等核心服务。

公共语言运行时通过公共类型系统(Common Type System，CTS)和公共语言规范(Common Language Specification，CLS)定义了标准数据类型和语言间互操作性的规则，然后再通过 Just-In-Time 编辑器在运行应用程序之前将中间语言(Intermediate Language，IL)代码转换为可执行代码。除此之外，CLR 还管理应用程序，在应用程序运行时为其分配内存和解除分配内存，这些功能是公共语言运行时在运行托管代码时的固有模块，如图 15-14 所示。

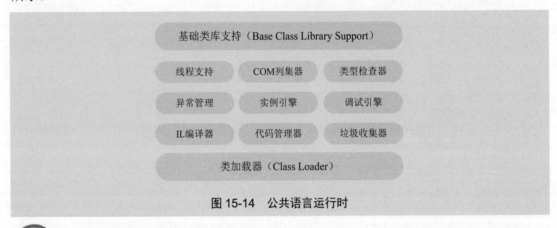

基础类库支持（Base Class Library Support）

线程支持	COM列集器	类型检查器
异常管理	实例引擎	调试引擎
IL编译器	代码管理器	垃圾收集器

类加载器（Class Loader）

图 15-14 公共语言运行时

15.3.2 创建 CLR 项目

无论编写哪类数据库对象，都必须先创建一个 SQL Server 项目。一个项目可以理解为一个数据库，其中可以包含各种数据库对象。

【示例 14】

下面以 Visual Studio 2010 开发为工具为例，介绍创建 CLR 项目的创建步骤。

步骤01 在 Visual Studio 2010 中选择【文件】|【新建项目】命令，打开【新建项目】对话框，在左侧选择【数据库】下的 SQL Server 模板，再选择【Visual C# SQL CLR 数据库项目】类型，然后指定一个项目名称，如图 15-15 所示。

步骤02 单击【确定】按钮，在弹出的【新建数据库引用】对话框中指定要连接的服务器、验证方式和数据库名称。这里使用 SQL Server 身份验证选择当前服务器上的 studentsys 数据库，单击【测试连接】按钮可以检测是否成功，如图 15-16 所示。

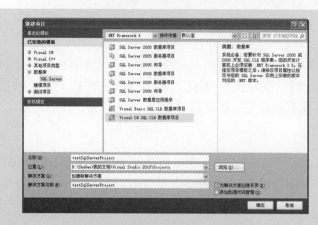

图 15-15　【新建项目】对话框　　　　　　图 15-16　新建连接

步骤 03　单击【确定】按钮完成对 SQL Server 项目的创建，完整的项目可在【解决方案资源管理器】中看到。其中，默认包含了一个 Test.sql 文件，用于编写 CLR 的测试语句，打开后内容如图 15-17 所示。

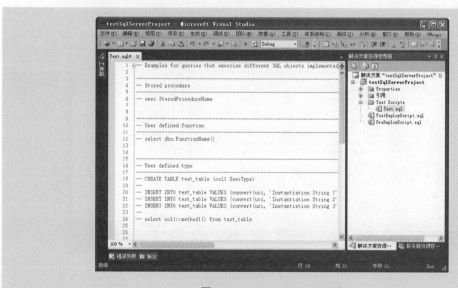

图 15-17　SQL Server 项目

本节后面创建的 CLR 函数、聚合函数、触发器、存储过程和自定义类型都基于此项目。

提示：由于.NET Framework 平台与 SQL Server 2008 结合得非常紧密，因此在很多软件开发或 Web 开发中都使用.NET Framework 平台创建应用程序操作数据库。

15.3.3 编写触发器

本书第 13 章详细介绍了用 Transact-SQL 编写触发器的方法，触发器是在事件执行时自动运行的一种特殊类型的存储过程。

CLR 既支持数据操纵语言(DML)触发器又支持数据定义语言触发器(DDL)。在创建触发器时可以使用 SqlTriggerContext 特殊类来获得 INSERTD 和 DELETED 表，以确定哪些列在 UPDATE 语句中被修改或者获取与激活了触发器的 DDL 操作有关的详细信息。

【示例 15】

创建 CLR 触发器与创建 CLR 函数的过程基本一样。首先需要创建一个 SQL Server 项目，并在创建项目过程中指定数据库。这里使用 15.3.1 节创建好的项目，具体过程不再重复。

下面以一个简单的 DML 触发器为例，介绍具体的创建过程。

步骤01 在 SQL Server 项目中打开【添加新项】对话框，选择【触发器】类型并设置名称为 myTrigger.cs。

步骤02 单击【添加】按钮进入触发器的代码编辑窗口。默认会自动创建一个与文件名相同的方法，如图 15-18 所示。

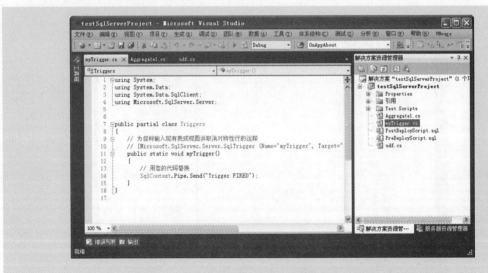

图 15-18 代码窗口

步骤03 在代码窗口中对默认代码进行修改，创建一个 myTrigger()方法，并添加实现代码。最终文件完整内容如下：

```
using System;
using System.Data;
using System.Data.SqlClient;
using Microsoft.SqlServer.Server;
public partial class Triggers
```

```
{
    //在 student 表上创建 DML 类型的 CLR 触发器
    [Microsoft.SqlServer.Server.SqlTrigger(Name = "trig_ForUpdateDelete",
Target = "teacher", Event = "FOR UPDATE,DELETE")]
    //用户自定义的 CLR 触发器，作为无返回值的类静态方法
    public static void myTrigger()
    {
        SqlTriggerContext triggContext = SqlContext.TriggerContext;
        //设置连接
        SqlConnection con = new SqlConnection();
        con.ConnectionString = "Context Connection=true";
        //打开连接
        con.Open();
        SqlCommand cmd = new SqlCommand();
        cmd.Connection = con;
        SqlDataReader reader;
        switch (triggContext.TriggerAction)
        {
            case TriggerAction.Update:  //定义 UPDATE 触发器
                //指定更新第 1 列时触发(序号从 0 开始)
                if (triggContext.IsUpdatedColumn(01))
                {
                    cmd.CommandText = "SELECT * FROM INSERTED";
                    //生成 SqlDataReader
                    reader = cmd.ExecuteReader();
                    //发送数据到客户端
                    SqlContext.Pipe.Send(reader);
                    //发送消息到客户端
                    SqlContext.Pipe.Send("teacher 表的姓名列已被更改");
                }
                break;
            case TriggerAction.Delete:  //定义 DELETE 触发器
                cmd.CommandText = "SELECT * FROM DELETED";
                reader = cmd.ExecuteReader();
                SqlContext.Pipe.Send(reader);
                SqlContext.Pipe.Send("teacher 表中有被删除的行");
                break;
        }
    }
}
```

在上述代码中，首先定义了触发器名称 trig_ForUpdateDelete，并指定触发器所基于的 teacher 表，然后创建数据库连接，最后定义触发器所触发的事件，即 UPDATE 触发器和 DELETE 触发器。

步骤04 在【解决方案资源管理器】窗格中右击方案名称，选择【部署解决方案】命

令，将上步创建的 CLR 触发器部署到 SQL Server 2008 实例的 studentsys 数据库。

步骤05 部署成功后，在 SQL Server 2008 中通过展开 teacher 表下的【触发器】节点可以看到新建的触发器。

步骤06 有了 CLR DML 触发器之后，接下来编写 UPDATE 语句或 DELETE 语句测试触发器是否成功。

使用 UPDATE 语句更新 teacher 表，语句如下：

```
--使用 UPDATE 语句测试 CLR 触发器
UPDATE teacher SET tname='李帅' WHERE tno=3
```

执行后的结果如图 15-19 所示，在【消息】选项卡可以看到程序执行时的输出提示信息。

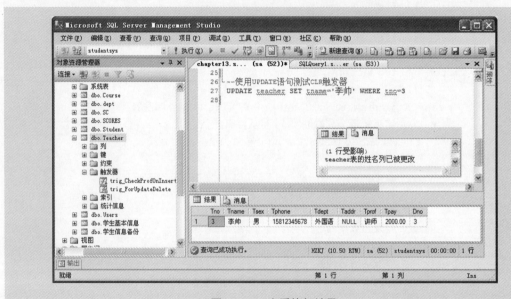

图 15-19　查看执行结果

【示例 16】

触发器在创建完成之后，具有不需要调用即可自动执行的特性。因此，有必要在不需要时将触发器禁用，以及执行启用或者删除操作。

假设，禁用这里创建的 CLR DML 触发器 trig_ForUpdateDelete，然后再编写一个 UPDATE 语句测试触发器是否禁用成功。语句如下：

```
--禁用 CLR 触发器
DISABLE TRIGGER trig_ForUpdateDelete ON teacher
GO
--测试 CLR 触发器
UPDATE teacher SET tname='张玲' WHERE tno=3
```

执行结果如图 15-20 所示，说明禁用成功。从图 15-20 中可以看到没有出现【结果】选项卡，而且在【消息】选项卡也没有自定义的输出消息。

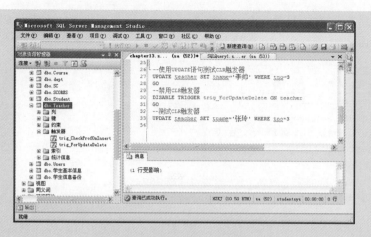

图 15-20　禁用并测试 CLR 触发器

启用触发器的语法与禁用触发器的语法大致相同，只是一个使用 DISABLE 关键字，一个使用 ENABLE 关键字。启用 trig_ForUpdateDelete 触发器的语句如下：

```
ENABLE TRIGGER trig_ForUpdateDeleteON teacher
```

删除 CLR 触发器与删除普通触发器的操作相同，即使用 DROP TRIGGER 语句。例如，删除这里的 CLR 触发器 trig_ForUpdateDelete，语句如下：

```
DROP TRIGGER trig_ForUpdateDelete
```

要彻底删除 CLR 触发器，必须将其所在程序集也删除，删除程序集使用 DROP ASSEMBLY 语句。例如，删除 trig_ForUpdateDelete 触发器所在程序集 testSqlServerProject，语句如下：

```
DROP ASSEMBLY testSqlServerProject
```

 注意：只有在删除 CLR 触发器之后才可以删除与之相应的程序集。

15.3.4　编写存储过程

本书第 14 章详细介绍了普通存储过程的使用，在 SQL Server 2008 中使用 CLR 同样可以创建存储过程。CLR 存储过程能够接受或者返回用户提供的参数，调用 DDL 和 DML 语句，以及返回输出参数。CLR 存储过程是指对 CLR 方法的引用，它们在.NET Framework 程序集中作为类的公共静态方法实现。

【示例 17】

下面以一个简单的 CLR 存储过程为例，介绍具体的创建过程。

步骤01　在 SQL Server 项目中打开【添加新项】对话框，选择【存储过程】类型并设置名称为 myStoredProcedure.cs。

步骤02　单击【添加】按钮进入存储过程的代码编辑窗口。在代码编辑窗口中对默认

代码进行修改，创建一个 getStudentsByDno()方法并添加实现代码。最终文件的
完整内容如下：

```
using System;
using System.Data;
using System.Data.SqlClient;
using System.Data.SqlTypes;
using Microsoft.SqlServer.Server;
public partial class StoredProcedures
{
    [Microsoft.SqlServer.Server.SqlProcedure]
    public static void getStudentsByDno(string strDno)
    {
        string sql = "SELECT sno '学号',sname '姓名',ssex '性别',sbirth '出
            生日期',sadrs '城市',dno '系部编号' FROM student";
        sql += " WHERE dno=@dno";
        SqlConnection con = new SqlConnection();
        con.ConnectionString = "Context Connection=true";
        con.Open();
        SqlCommand cmd = new SqlCommand();
        cmd.Connection = con;
        cmd.CommandText = sql;
        SqlParameter dno = new SqlParameter("@dno", strDno);
        cmd.Parameters.Add(@dno);
        SqlContext.Pipe.ExecuteAndSend(cmd);
        con.Close();
    }
};
```

上述代码创建的存储过程为 getStudentsByDno，它接收一个 strDno 参数表示要查
询的系部编号，最终从 student 表中返回该系下的学生信息。ExecuteAndSend()方
法是接收一个 SqlCommand 对象作为参数，执行时将数据集返回到客户端。

步骤03 右击方案名称选择【部署解决方案】命令，将上步创建的 CLR 存储过程部
署到 SQL Server 2008 实例的 studentsys 数据库。

步骤04 部署成功后在 SQL Server 2008 中通过展开 studentsys 数据库下【可编程
性】\【存储过程】节点可以看到新建的 getStudentsByDno 存储过程。

步骤05 执行 CLR 存储过程与普通存储过程的方法相同，也是使用 EXEC 语句。使
用 EXEC 语句执行这里创建并部署的 CLR 存储过程 getStudentsByDno，语句如下：

```
--执行 CLR 存储过程
exec getStudentsByDno 1
```

执行后的结果集如图 15-21 所示。

步骤06 删除 CLR 存储过程与删除普通存储过程的操作相同，使用 DROP
PROCEDURE 语句。例如，删除这里的 CLR 存储过程 getStudentsByDno，语句
如下：

```
DROP PROCEDURE getStudentsByDno
```

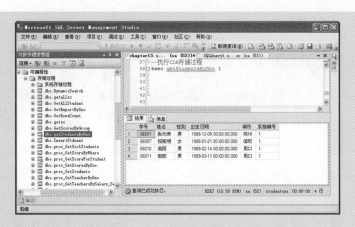

图 15-21　执行 CLR 存储过程

15.3.5　编写普通函数

本书第 8 章详细介绍了如何使用 Transact-SQL 创建用户定义函数。除了这种方式之外，SQL Server 2008 还支持使用 CLR 创建以下类型的用户定义函数。

- 标量值用户定义函数(返回单个值)。
- 表值用户定义函数(返回整个表)。
- 用户定义聚合函数(类似于 SUM 和 MIN 之类的聚合函数)。

【示例 18】

编写一个 CLR 标量值函数用于返回 studentsys 数据库中学生的数量，步骤如下。

步骤 01　在 SQL Server 项目的【解决方案资源管理器】窗格中右击项目名称，选择【添加】|【用户定义的函数】命令，在【添加新项】对话框中指定存储过程名称，这里为 udf.cs，如图 15-22 所示。

图 15-22　新建用户定义函数

步骤 02　单击【添加】按钮进入用户定义函数的代码编辑窗口。默认会自动创建一个

与文件名相同的方法，如图 15-23 所示。

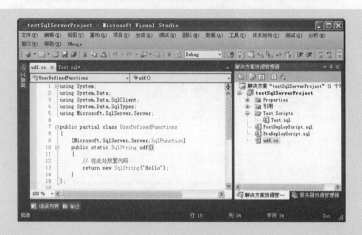

图 15-23　代码编辑窗口

步骤03　在代码编辑窗口中对默认代码进行修改，创建一个 ReturnStudentsCount()方法并添加实现代码。最终文件的完整内容如下：

```
using System;
using System.Data;
using System.Data.SqlClient;
using System.Data.SqlTypes;
using Microsoft.SqlServer.Server;

public partial class udf
{
    [SqlFunction(DataAccess = DataAccessKind.Read)]
    public static int ReturnStudentsCount()
    {
        using (SqlConnection conn = new SqlConnection("context
connection=true"))
        {
            conn.Open();
            string sql= "SELECT COUNT(*) FROM  student";
            SqlCommand cmd = new SqlCommand(sql, conn);
            return (int)cmd.ExecuteScalar();
        }
    }
};
```

为了让这些函数能够从 SQL Server 中进行调用，第一步应先将这段代码保存在名为 udf 的 C#类中。中括号包含的 SqlFunction 通知 SQL Server 将这些代码用作用户自定义函数，包含 DataAccessKind.Read 值表示允许该函数读取数据库中用户的数据。

步骤04　完成用户自定义函数代码的编写，选择【生成】|【生成解决方案】命令将

代码从项目中生成程序集。生成完成之后会在项目\bin\debug 目录中看到一个 dll
文件，这里是 testSqlServerProject.dll。

步骤05 选择【生成】|【部署解决方案】命令将上步创建的用户自定义函数部署到
SQL Server 2008 的实例数据库中。在【输出】窗格中可以看到部署是否成功，如
图 15-24 所示。

图 15-24　部署解决方案

注意：这种方法可以自动完成注册程序集和部署存储过程工作。只有在创建项目
时添加了数据库引用，才会出现【部署】命令，如果没有添加数据库引用，则可以通过
项目属性对话框设置。

步骤06 部署成功后，通过 SQL Server 的【对象资源管理器】窗格可以在 studentsys
数据库下看新建的程序集及函数。

步骤07 接下来就可以像调用 Transact-SQL 函数一样使用。语句如下：

```
select dbo.ReturnStudentsCount() '结果'
```

步骤08 如果没有错误将会看到返回的结果，如图 15-25 所示。

图 15-25　调用 CLR 函数

提示：要创建 CLR 表值函数，要求该函数必须实现 IEnumerable 接口，具体过程与标量值用户定义函数基本相同，在此不再介绍。

删除 CLR 函数与删除普通函数的操作相同，即使用 DROP FUNCTION 语句。例如，删除这里的 CLR 函数 ReturnStudentsCount，语句如下：

```
DROP FUNCTION ReturnStudentsCount
```

提示：删除 CLR 函数所在程序集的方法同样是使用 DROP ASSEMBLY 语句，这里不再重复。

15.3.6 编写聚合函数

如果要使用 CLR 创建一个聚合函数，必须使用 SqlUserDefinedAggregate 属性进行标识，并且实现聚合接口的 4 个方法 Init、Accumulate、Merge 和 Terminate。满足这些要求后，便可以充分利用 SQL Server 中的用户定义聚合。

下面简单介绍每个方法的语法及作用。

1. Init()方法

```
public void Init();
```

Init()方法用于初始化聚合的计算，正在聚合的每个组都会调用一次此方法。查询处理器可以选择重用聚合类的同一实例来计算多个组的聚合。Init()方法应在上一次使用此实例后根据需要执行清除，并允许重新启动新的聚合计算。

2. Accumulate()方法

```
public void Accumulate ( input-type value[, input-type value, ...]);
```

Accumulate()方法表示该聚合函数的一个或多个参数。input_type 是一个托管 SQL Server 数据类型，该数据类型与 CREATE AGGREGATE 语句中 input_sqltype 指定的本机 SQL Server 数据类型等效。

3. Merge()方法

```
public void Merge( udagg_class value);
```

Merge()方法可以将此聚合的另一实例与当前实例合并。查询处理器使用此方法合并聚合的多个计算部分。

4. Terminate()方法

```
public return_type Terminate();
```

Terminate()方法用于完成聚合计算并返回聚合的结果。return_type 应是托管的 SQL

Server 数据类型，该数据类型是 CREATE AGGREGATE 语句中指定 return_sqltype 的托管等效类型，也可以是用户定义类型。

【示例 19】

在 studentsys 数据库中创建一个 CLR 聚合函数，该函数可以将学生的成绩按学号组合一个成绩列表，多个成绩之间用逗号分隔。

步骤01 在 SQL Server 项目中打开【添加新项】对话框，选择【聚合】类型并设置名称为 Aggregate1.cs。

步骤02 单击【添加】按钮进入 Aggregate1.cs 文件的代码编辑窗口。在这里编写 CLR 聚合函数的具体实现，最终代码如下：

```csharp
using System;
using System.Data;
using System.Data.SqlClient;
using System.Data.SqlTypes;
using Microsoft.SqlServer.Server;
using System.Text;
using System.IO;

[Serializable]
[SqlUserDefinedAggregate(
    Format.UserDefined,          //使用 UserDefined 序列化格式，允许进行二进制序列化
    IsInvariantToNulls = true,           //指定聚合与空值无关
    IsInvariantToDuplicates = false,     //指定聚合与重复值有关
    IsInvariantToOrder = false,          //指定聚合与顺序有关
    MaxByteSize = 8000)                  //聚合实例的最大大小为 8000(以字节为单位)
]
public class Concatenate : IBinarySerialize
{
    //定义一个变量用于保存连接的多个字符串
    private StringBuilder intermediateResult;

    public void Init()
    {
        this.intermediateResult = new StringBuilder();
    }

    public void Accumulate(SqlString value)
    {
        if (value.IsNull)
        {
            return;
        }
        this.intermediateResult.Append(value.Value).Append(',');
    }
```

```
    public void Merge(Concatenate other)
    {
        this.intermediateResult.Append(other.intermediateResult);
    }

    public SqlString Terminate()
    {
        string output = string.Empty;
        if (this.intermediateResult != null&&
this.intermediateResult.Length > 0)
        {
            output = this.intermediateResult.ToString(0,
this.intermediateResult.Length - 1);
        }
        return new SqlString(output);
    }

    public void Read(BinaryReader r)
    {
        intermediateResult = new StringBuilder(r.ReadString());
    }

    public void Write(BinaryWriter w)
    {
        w.Write(this.intermediateResult.ToString());
    }
}
```

可以看到上述代码中根据需要对 4 个方法进行了扩展，同时添加了一些辅助方法。有关代码，此处不做具体解释。

步骤03 CLR 聚合函数创建之后，同样需要部署到 SQL Server 实例的 studentsys 数据库中，方法是在开发工具中选择【生成】|【部署解决方案】命令。

步骤04 部署成功之后，展开 studentsys 数据库下的【可编程性】\【聚合函数】节点即可看到上面创建的 Concatenate()函数。

步骤05 对 studentsys 数据库中 scores 表的 sscore 列应用聚合函数进行测试，语句如下：

```
USE studentsys
GO
SELECT Sno '学号', dbo.Concatenate(SScore) '成绩列表'
FROM SCORES
GROUP BY Sno
```

如果没有错误，将看到图 15-26 所示的运行效果，每个学号作为一行，成绩用逗号连接成列表。

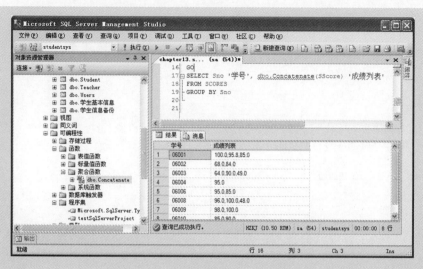

图 15-26　测试 CLR 聚合函数运行效果

　试一试：使用 DROP FUNCTION 语句删除这里创建的 CLR 聚合函数。

15.4　实践案例：使用 CLR 编写自定义类型

SQL Server 2008 允许使用 CLR 创建用户自定义的类型，从而能够创建 SQL Server 中没有的数据类型，如复数类型。使用 CLR 创建的用户自定义类型，不仅可以是定义复杂的结构化类型，还可以是存储在数据库中扩充数据库的类型系统。

CLR 自定义类型与函数、触发器和存储过程相比较，自定义类型较为复杂，但从应用程序结构的角度来说，它具有两个重要的优点：

- 在内部状态和外部行为之间强大的封装(无论在客户端中还是在服务器中)。
- 与其他相关服务器功能的深度集成。定义了自定义类型后，它可以像 SQL Server 2008 内置数据类型一样作为变量、参数、函数结果和触发器使用。

【示例 20】

下面以一个简单的 CLR 自定义类型为例，介绍具体的创建过程。

步骤01　在 SQL Server 项目中打开【添加新项】对话框，选择【用户定义的类型】类型并设置名称为 Type2.cs。

步骤02　单击【添加】按钮进入自定义类型的代码编辑窗口，在代码编辑窗口中对默认代码进行修改，最终文件的完整内容如下：

```
using System;
using System.Data;
using System.Data.SqlClient;
using System.Data.SqlTypes;
```

```
using Microsoft.SqlServer.Server;
[Serializable]
[Microsoft.SqlServer.Server.SqlUserDefinedType(Format.Native)]
public struct Type1 : INullable
{
    public override string ToString()
    {
        string guid = Guid.NewGuid().ToString();
        return guid;
    }
    public bool IsNull
    {
        get
        {
            return m_Null;
        }
    }
    public static Type1 Null
    {
        get
        {
            Type1 h = new Type1();
            h.m_Null = true;
            return h;
        }
    }
    public static Type1 Parse(SqlString s)
    {
        if (s.IsNull)
            return Null;
        Type1 u = new Type1();
        return u;
    }
    public string NewGuid()
    {
        string guid = Guid.NewGuid().ToString();
        return guid;
    }
    // 私有成员
    private bool m_Null;
}
```

步骤03 右击方案名称，选择【部署解决方案】命令，将上步创建的 CLR 自定义类型部署到 SQL Server 2008 实例的 studentsys 数据库。

步骤04 部署成功后，在 SQL Server 2008 中展开 studentsys 数据库下的【可编程性】\【类型】\【用户定义类型】节点可以看到新建的 Type 类型。

步骤05 部署成功之后就可以像使用内部数据类型一样使用它。例如，使用该类型作为一个列的数据类型来创建一个表，语句代码如下：

```
CREATE TABLE t1(
id int,
guid Type1
)
```

步骤06 创建表之后，下面编写语句向表中插入数据。

```
INSERT t1 VALUES(1,'1'),(2,'2'),(3,'3')
```

步骤07 使用 SELECT 语句查看表中的数据信息，结果并不是我们所期望的，如图 15-27 所示。这是因为上述语句尝试返回实际的数据存储格式，而该格式是 SQL Server 无法显示的。

步骤08 要查看具体的数据信息，可以调用 Type1 类中的 NewGuid()方法，具体的语句代码如下：

```
SELECT ID,guid.NewGuid() 'GUID' FROM t1
```

再次执行将看到图 15-28 所示的执行结果。

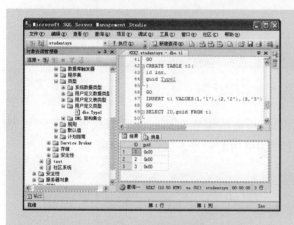

图 15-27　返回 CLR 类型原始数据的结果　　　　图 15-28　调用 NewGuid()方法的结果

15.5　SMO 编 程

SMO(SQL Management Objects，SQL Server 管理对象)是 SQL Server 2008 中的一个特殊对象库。使用 SMO 可以完成很多数据库管理操作，如创建数据库、添加登录名与角色以及列出链接服务器上的表等等。本节不打算罗列 SMO 的所有操作，而仅介绍最常用的功能。

15.5.1　创建 SMO 项目

创建 SMO 项目与创建 SQL Server 项目一样，都需要使用 Visual Studio 2010，并选择一种开发语言，这里仍为 C#。

【示例21】

创建一个使用命令行的 SMO 项目，要求列举出 SQL Server 2008 实例中所有的数据库。重点是 SMO 项目的创建及 SMO 的基本用法。

步骤01 在 Visual Studio 2010 中选择【文件】|【新建】|【项目】命令，打开【新建项目】对话框。依次展开 Visual C# \ Windows 节点，选择【控制台应用程序】模板，然后指定名称为 TestSmoProject，如图 15-29 所示。

图 15-29 创建控制台应用程序

步骤02 单击【确定】按钮，进入控制台程序的编辑窗口。在【解决方案资源管理器】中右击【引用】节点，选择【添加引用】命令，如图 15-30 所示。

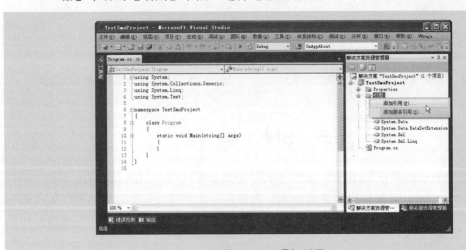

图 15-30 添加引用

步骤03 基于 SMO 的应用程序必须包含 SMO 程序集的引用。这个项目要在【添加引用】对话框中按住 Ctrl 键单击 Microsoft.SqlServer.Smo、Microsoft.SqlServer.Management.Sdk.Sfc 和 Microsoft.SqlServer.ConnectionInfo，然后单击【确定】按钮，添加这三个程序集的引用。

提示：如果没有找到相关的程序集可以在 "C:\Program Files\Microsoft SQL Server\100\SDK\Assemblies" 目录中选择。

步骤04 在 Program.cs 文件中编写代码，调用 SMO 中对象的方法，获取指定服务器上的数据库列表。如下所示为整个文件的代码：

```csharp
using System;
using System.Collections.Generic;
using System.Linq;
using System.Text;
using Microsoft.SqlServer.Management.Smo;          //添加所需的引用
namespace TestSmoProject
{
    class Program
    {
        static void Main(string[] args)
        {
            string servername = "localhost";
            Console.WriteLine("请输入要连接 SQL Server 实例的名称(默认为本机)：");
            string s = Console.ReadLine();
            s = (s != "" ? s : servername);
            Console.WriteLine("\r\n 正在建立到'" + s + "'服务器的连接.....");
            try
            {
                Server sqlServer = new Server(s);        //获取输入的实例名称
                Console.WriteLine("数据库列表如下：");
                foreach (Database db in sqlServer.Databases)//列举所有数据库名称
                {
                    Console.WriteLine("\t" + db.ToString());//添加到列表框显示
                }
                Console.ReadKey();
            }
            catch (Exception e)
            {
                Console.WriteLine(e.Message);
            }
        }
    }
}
```

在上述代码中首先输出一行提示，让用户输入要连接的 SQL Server 实例名称。然后将该名称作为参数来构造一个 Server 对象的实例 sqlServer。

Server 对象有一个名为 Databases 的属性，保存的是所有数据库的集合。用 foreach 语句遍历该集合的每个元素输出所有名称。

步骤05 按下 F5 键运行该程序，再按 Enter 键查看本机上的数据库列表，运行结果如图 15-31 所示。

图 15-31　显示数据库名称

15.5.2　创建 SQL Server 连接

在使用 SMO 对象操作 SQL Server 数据库之前，必须先建立到 SQL Server 服务器的连接。SMO 使用 Microsoft.SqlServer.Management.Common 命名空间下的 ServerConnection 对象创建到 SQL Server 的连接。

ServerConnection 对象支持使用 Windows 认证连接和 SQL Server 两种登录方式。表 15-4 中列出了 ServerConnection 对象的常用方法和属性。

表 15-4　ServerConnection 对象的常用方法和属性

名　称	含　义
ConnectionString 属性	获取或者设置用于与 SQL Server 建立连接的字符串
InUse 属性	获取或者设置当前连接是否正在使用
IsOpen 属性	获取或者设置当前连接是否已经打开
Login 属性	获取或者设置用于与 SQL Server 建立连接使用的登录名
LoginSecure 属性	获取或者设置与 SQL Server 建立连接使用 Windows 还是 SQL 方式
Password 属性	获取或者设置使用 SQL 方式连接时的登录密码
ServerInstance 属性	获取或者设置 SQL Server 服务器的实例名称
ServerVersion 属性	获取当前 SQL Server 服务器实例的版本
Connect() 方法	建立到 SQL Server 服务器实例的连接
ChangePassword() 方法	修改当前连接的密码
Cancel() 方法	取消连接

1. Windows 认证连接

在创建 ServerConnection 对象的实例时，用无参数的构造函数即可使用默认的 Windows 认证方式建立 SQL Server 连接。

【示例 22】

使用 Windows 认证创建一个到 SQL Server 的连接，并输出当前连接的信息，语句如下：

```
static void Main(string[] args)
{
    ServerConnection sc = new ServerConnection();    //创建一个连接
    sc.Connect();                                     //尝试建立连接
    if (sc.IsOpen)                                    //判断连接是否打开
    {
        Console.WriteLine("已经建立到服务器的连接，连接信息如下：");
        Console.WriteLine("\t 连接字符串：" + sc.ConnectionString);
        Console.WriteLine("\t 是否正在使用：" + sc.InUse);
        Console.WriteLine("\t 实例名称：" + sc.ServerInstance);
        Console.WriteLine("\t 版本：" + sc.ServerVersion);
    }
    Console.ReadKey();
}
```

在运行上述代码之前，还需要使用"using Microsoft.SqlServer.Management.Common;"语句引用命名空间。程序的执行效果如图 15-32 所示。

图 15-32　连接 SQL Server 运行效果

> 🔍 **注意**：对于使用 Windows 认证方式创建的 ServerConnection 对象，在调用 Connect 方法时，行为和没有命令行开关的 SqlCmd 工具或者只使用-E 命令行开关的 osql 工具类似，将使用运行程序的用户的 Windows 认证信息连接到本机的默认实例。

2. SQL Server 登录

由于 ServerConnection 默认使用的是 Windows 身份认证，因此为了使用 SQL Server 登录，需要将 LoginSecure 属性设置为 false，然后再指定 SQL Server 登录的用户名和密码。

【示例 23】

使用用户名 sa、密码 123456 以 SQL Server 登录方式建立连接并输出连接信息，语句如下：

```
static void Main(string[] args)
{
    ServerConnection sc = new ServerConnection();
    sc.LoginSecure = false;
    sc.Login = "sa";
    sc.Password = "123456";
    sc.Connect();
    if (sc.IsOpen)
    {
        Console.WriteLine("已经建立到服务器的连接，连接信息如下：");
        Console.WriteLine("\t 连接字符串：" + sc.ConnectionString);
        Console.WriteLine("\t 是否正在使用：" + sc.InUse);
        Console.WriteLine("\t 实例名称：" + sc.ServerInstance);
        Console.WriteLine("\t 版本：" + sc.ServerVersion);
    }
    Console.ReadKey();
}
```

在上述代码中，首先声明一个 ServerConnection 对象的实例 sc，设置 LoginSecure 属性为 false，再设置登录账户为 sa，密码为 123456。最后调用 ServerConnection 对象的 Connect()方法连接 SQL Server。

3. 修改 SQL Serve 登录密码

在以 SQL Server 身份登录时，调用 ServerConnection 类的 ChangePassword 方法可以修改 SQL Serve 登录密码，但不适用于 Windows 身份登录。

【示例 24】

对上面使用 SQL Server 登录建立连接的 sa 用户进行修改密码操作，设置为"sa"。语句如下：

```
static void Main(string[] args)
{
    ServerConnection sc = new ServerConnection();
    sc.LoginSecure = false;
    sc.Login = "sa";
    sc.Password = "123456";
    sc.Connect();
    if (sc.IsOpen)
    {
        sc.ChangePassword("sa");
        sc.Cancel();
        Console.WriteLine("修改密码成功，已断开连接。请使用新密码新重连接。")
    }
    Console.ReadKey();
}
```

在上述代码中，首先使用 SQL Server 身份进行登录，设置登录名和密码。然后使用 ServerConnection 对象的 Connect() 方法连接 SQL Server。在连接打开之后调用 ChangePassword()方法修改登录密码，之后调用 Cancel()方法断开连接。

15.5.3　创建数据库

通过 SMO 可以在程序中使用 CLR 语言(如 C#)来创建一个数据库，而不用像 SQL Server 中通过图形界面或者执行 CREATE DATABASE 语句来完成。

【示例 25】

使用 SMO 建立到本地 SQL Server 的连接并创建一个名为 books 的数据库，语句如下：

```
static void Main(string[] args)
{
Server s = new Server("(local)");
Database db = new Database(s,"books");
db.Create();
}
```

15.5.4　创建数据表

使用 SMO 创建数据表的操作也非常简单，大致需要以下几个步骤。
- 创建列对象。
- 设置列对象的属性。
- 将列对象添加到表的集合中。

一般情况下，这些步骤需要重复多次，因为表中通常包含不止一列。

【示例 26】

在 15.5.3 节创建的 books 数据库中创建一个 book 表。要求 book 表包含以下列。
- ID 列：自动编号。
- Name 列：VarChar 类型，长度为 20。
- Price 列：float 类型。

步骤01 创建一个到 SQL Server 实例的连接，并打开 books 数据库，语句如下：

```
Server s = new Server("(local)");
Database db = s.Databases["books"];
```

步骤02 使用 Table 对象创建一个表，并指定名称为 book，语句如下：

```
Table t = new Table(db,"book");
```

注意：默认新建表的 Column 集合为空。如果这时试图将表添加到数据库上，则会收到一条错误消息，因为一个表至少必须有一列。

步骤 03 使用 Column 对象根据要求依次创建列，并设置属性，再添加到 Table 对象的 Column 集合中，语句如下：

```
Column c = new Column(t, "ID");          //创建第 1 列
c.Identity = true;
c.IdentitySeed = 1;
c.IdentityIncrement = 1;
c.DataType = DataType.Int;
c.Nullable = false;
t.Columns.Add(c);
c = new Column(t, "Name");               //创建第 2 列
c.DataType = DataType.VarChar(20);
c.Nullable = false;
t.Columns.Add(c);
c = new Column(t, "Price");              //创建第 3 列
c.DataType = DataType.Float;
c.Nullable = true;
t.Columns.Add(c);
t.Create();                              //保存对表的修改
```

步骤 04 将这些代码组合到一起再执行，即可完成 book 表的创建。图 15-33 所示为在图形界面下查看的创建表结果，可以看到 book 中的列与程序指定的一致，说明创建成功。

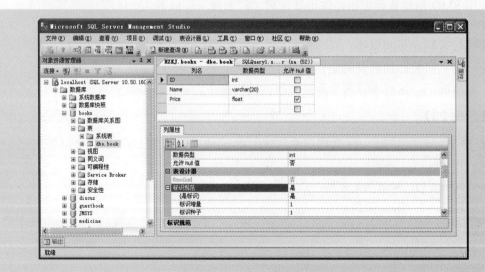

图 15-33　SMO 创建表结果

【示例 27】

使用 SMO 删除表比创建表容易得多，只需调用 Table 对象的 Drop() 方法即可。这里要删除 books 数据库的 book 表，语句如下：

```
Server s = new Server("(local)");
Database db = s.Databases["books"];          //指定数据库
Table t = db.Tables["book"];                 //指定表
t.Drop();                                    //调用删除方法
```

15.5.5　编写触发器

15.3.3 节介绍了如何使用 CLR 创建触发器，而使用 SMO 同样可以创建触发器，这需要使用 SMO 中的 Trigger 对象。

【示例 28】

使用 SMO 针对 books 数据库中 book 表的插入和更新操作创建一个触发器，要求该触发器能显示 book 表中的所有数据，实现语句如下：

```
static void Main(string[] args)
{
    Server s = new Server("(local)");
    Database db = s.Databases["books"];
    Table t = db.Tables["book"];
    Trigger tr = new Trigger(t, "trig_ForUpdateInsert");
    tr.TextMode = false;
    tr.Insert = true;
    tr.Update = true;
    string strSQL = "select * from book";
    tr.TextBody = strSQL;
    tr.Create();
}
```

如上述代码所示，创建 SMO 触发器主要可分为三个步骤。首先，实例化一个 Trigger 对象并指定要触发的表名和触发器名称。然后，通过设置 Trigger 对象的属性对触发器进行设置。最后，使用 Trigger 对象的 TextBody 属性设置触发器的执行语句。

执行上述代码，在【对象资源管理器】窗格中打开 books 数据库，展开 book 表下的【触发器】节点即可看到 trig_ForUpdateInsert 触发器，如图 15-34 所示。

【示例 29】

在 SQL Server 的查询编辑器中，对 book 表进行 UPDATE 和 INSERT 操作，验证 SMO 触发器是否正确执行，语句如下，执行后的结果如图 15-35 所示说明成功。

```
UPDATE book SET Name='SQL Server 2008完全学习手册' WHERE ID=1
GO
INSERT INTO book VALUES('SQL Server 2008简明教程',49)
```

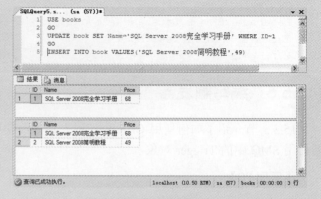

图 15-34　查看触发器　　　　　图 15-35　验证触发器

15.5.6　编写存储过程

15.3.4 节介绍了如何使用 CLR 创建存储过程，而使用 SMO 同样可以创建存储过程。这需要使用 SMO 中的 StoreProcedure 对象。

【示例 30】

使用 SMO 在 books 数据库中创建一个针对 book 表进行插入操作的存储过程，实现语句如下：

```
static void Main(string[] args)
{
    Server s = new Server("(local)");
    Database db = s.Databases["books"];
    StoredProcedure sp = new StoredProcedure(db, "InsertBook");
    StoredProcedureParameter spp1 = new StoredProcedureParameter(sp,
"@name", DataType.VarChar(20));
    StoredProcedureParameter spp2 = new StoredProcedureParameter(sp,
"@price", DataType.Float);
    sp.TextMode = false;
    sp.Parameters.Add(spp1);
    sp.Parameters.Add(spp2);
    sp.TextBody = "INSERT INTO book VALUES(@name,@price);";
    sp.Create();
}
```

如上述代码所示，创建 SMO 存储过程主要可分为三个步骤。首先，实例化一个 StoreProcedure 对象并指定使用的数据库和存储过程名称。然后，通过实例化 StoredProcedureParameter 对象作为参数添加到 StoreProcedure 对象的 Parameters 集合中。最后，使用 StoreProcedure 对象的 TextBody 属性设置存储过程的执行语句。以下所示为这段代码对应的存储过程创建语句：

```
CREATE PROCEDURE [dbo].[InsertBook]
```

```
    @name [varchar](20),
    @price [float](53)
AS
INSERT INTO book VALUES(@name,@price);
```

执行上述代码，在【对象资源管理器】窗格打开 books 数据库下的【存储过程】节点，即可看到创建的结果，如图 15-36 所示。

【示例 31】

创建了 SMO 存储过程之后，便可以使用 Database 对象的 ExecuteNonQuery 方法来执行存储过程。

例如，执行 SMO 存储过程 InsertBook 插入一行数据的语句如下：

```csharp
static void Main(string[] args)
{
    Server s = new Server("(local)");
    Database db = s.Databases["books"];
    db.ExecuteNonQuery("InsertBook \"SQL Server 完全学习手册\",68");
}
```

执行完成后在 SQL Server 中使用 SELECT 语句查询 book 表将看到新增的数据，如图 15-37 所示。

图 15-36 查看存储过程

图 15-37 查看表中的数据

15.6 思考与练习

一、填空题

1. 在 FOR XML 子句_____模式中将会把查询结果集中的每一行转换为带有通用标记符<row>或可能提供元素名称的 XML 元素。

2. 要为 Student 表的 s_no 列创建一个名为 Student_index_xml 的主 XML 索引应该使用语句_____。

3. 执行 CLR 存储过程时需要启用＿＿＿＿＿配置选项。

4. 在 CLR 触发器中使用＿＿＿＿＿类来获得 INSERTED 和 DELETE 表。

5. SMO 中的＿＿＿＿＿对象有一个名为 Databases 的属性，保存的是所有数据库的集合。

6. SMO 创建存储过程使用的是＿＿＿＿＿对象。

二、选择题

1. 在＿＿＿＿＿模式中，SELECT 语句中的前两个字段必须分别命名为 TAG 和 PARENT。

    A. AUTO 模式　　　　　　　　B. EXPLICIT 模式
    C. PATH 模式　　　　　　　　D. RAW 模式

2. 在使用 FOR XML EXPLICIT 子句时，必须增加的两个数据列是＿＿＿＿＿。
    A. CHILD 和 PARENT 数据列　　　B. ELEMENT 和 NAME 数据列
    C. NAME 和 ATTRIBUTE 数据列　　D. TAG 和 PARENT 数据列

3. 下列有关 CLR 存储过程的描述不正确的是＿＿＿＿＿。
    A. 能够接受或者返回用户提供的参数
    B. 能够调用 DDL 和 DML 语句
    C. 能够不编译运行
    D. 能够返回输出参数

4. 下面对 CLR 创建触发器的说法正确的是＿＿＿＿＿。
    A. 触发器可以返回任何类型
    B. 触发器可以为非静态函数
    C. 只支持数据操纵语言触发器
    D. 触发器表示为不带返回类型的静态函数

5. 要删除 CLR 触发器 myTrigger，可用语句＿＿＿＿＿。
    A. DROP TRIGGER myTrigger
    B. DELETE TRIGGER myTrigger
    C. ENABLE TRIGGER myTrigger
    D. DROP TRIGGER myTrigger - clr

6. 要使用 SMO 连接到 SQL Server 可以使用＿＿＿＿＿对象。
    A. ServerConnection　　B. SqlConnection　C. SmoConnection　　　D. Connection

三、简答题

1. FOR XML 提供了哪些 XML 查询模式，各有什么特点？

2. 简述 EXPLICIT 模式的特点及其使用。

3. 简述如何使用 CLR 创建存储和触发器。

4. 使用 SMO 连接 SQL Server 共需哪些步骤？

5. 如何使用 SMO 向表中插入一条数据？

15.7 练 一 练

作业 1：查询 XML 类型数据

假设，有如下 XML 内容：

```
<Books>
<Type Name = "数据库">
            <Book>SQL Server 简明教程</Book>
            <Book>SQL Server 2008 完全学习手册</Book>
            <Book>SQL Server 2008 入门到提高</Book>
</Type>
<Type Name = "Web 设计">
            <Book>HTML+CSS 升级宝典</Book>
            <Book>精通 DIV+CSS 案例大全</Book>
    </Type>
</Books>
```

现在要求使用本课学习的知识对它完成如下查询：

(1) 查询所有的 Book 节点。

(2) 查询 Name 为 "Web 设计" 的所有 Book 节点。

(3) 获取第 3 个 Book 节点。

(4) 通过查询获取值 "SQL Server 2008 入门到提高"。

(5) 判断是否包含 Price 节点。

(6) 在 Book 节点最后增加一个 Book 节点。

作业 2：使用 SMO 操作数据库

根据本章学习的知识，用 SMO 对数据库完成如下操作。

(1) 创建一个 SMO 项目，编写代码使用 SQL Server 登录方式建立连接。

(2) 在 SQL Server 中创建一个名为 test 的数据库。

(3) 在 test 数据库中创建一个名为 t1 的表，包含自增列 id，c1、c2 和 c3 列都为 int 类型。

(4) 针对 t1 表创建一个 INSERT 触发器，使 c3 列等于 c1 和 c2 的乘积。

(5) 编写一个向 t1 表中插入数据的存储过程，它包含两个参数，分别对应 c1 和 c2 列。

(6) 在 SQL Server 中调用 SMO 存储过程插入数据，并测试触发器是否正确。

第16章

管理数据库安全

安全是一个广泛使用的术语，数据传输时的加密，进入系统时的用户认证等都属于安全的范畴。防止非法用户对数据库进行操作以保证数据库的安全运行，是每个数据库管理员都不得不考虑的问题。SQL Server 2008 提供了完善的管理机制和简单而丰富的操作手段帮助数据库管理员实现各种级别的保护。

本章首先讲解 SQL Server 2008 提供的各个安全级别，然后重点介绍身份验证模式、登录名、数据库用户、权限及角色的管理。

本章重点：

- ➥ 了解 SQL Server 2008 的安全机制
- ➥ 掌握设置 SQL Server 2008 验证模式方法
- ➥ 了解系统内置的登录名
- ➥ 掌握登录名的创建及管理方法
- ➥ 了解系统内置的数据库用户
- ➥ 掌握数据库用户的创建方法
- ➥ 理解权限的概念及其分类
- ➥ 掌握权限的授予、撤销和拒绝操作
- ➥ 了解服务器和数据库角色
- ➥ 掌握服务器角色的管理
- ➥ 掌握管理数据库角色的方法

16.1　SQL Server 的安全机制

SQL Server 2008 的安全性机制可以分为 5 个等级，分别是客户机安全机制、网络传输安全机制、实例级别安全机制、数据库级别安全机制和对象级别安全机制。其中的每个等级就好像一道门，如果门没有上锁，或者用户拥有开门的钥匙，则用户可以通过这道门达到下一个安全等级。如果通过了所有的门，则用户就可以实现对数据的访问。这种关系可以用图 16-1 来表示。

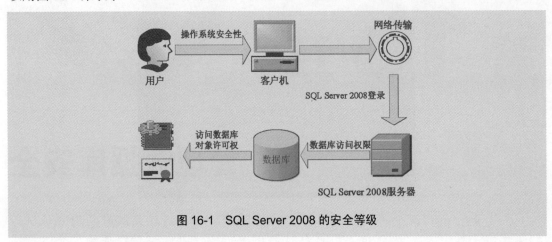

图 16-1　SQL Server 2008 的安全等级

16.1.1　客户级安全

通常情况下，数据库管理系统是运行在某一特定操作系统平台上的应用程序，SQL Server 2008 也是如此，所以客户机操作系统的安全性将直接影响 SQL Server 2008 的安全性。

在用户使用客户计算机通过网络实现对 SQL Server 服务器的访问时，用户首先要获得客户计算机操作系统的使用权。

在能够实现网络互联的前提下，用户有必要首先登录运行 SQL Server 2008 服务器的主机，才能够更进一步地操作。SQL Server 2008 可以直接访问网络端口，所以可以实现对 Windows NT 安全体系以外的服务器及其数据库的访问。

操作系统的安全性是操作系统管理员或者网络管理员的任务。由于 SQL Server 2008 采用了集成 Windows NT 网络安全性的机制，所以使得操作系统安全性的地位得到提高，但同时也加大了管理数据库系统安全性的难度。

16.1.2　网络传输级安全

对于现代化的企业来说，数据无疑是其最重要的财富，而如何保护数据的安全性，是一个公司的管理者所面临的最重要的问题。在 SQL Server 2008 中，对关键的数据进行了加密，即使一个攻击者通过了防火墙和操作系统安全机制抵达了数据库，也不能直接获取数据库中的信息。

在 SQL Server 2008 中提供了两种对数据加密的方式：数据加密和备份加密。

1. 数据加密

SQL Server 2008 推出了透明数据加密。透明数据加密执行所有的数据库级别的加密操作，这消除了应用程序开发人员创建定制的代码来加密和解密数据的需求。SQL Server 会自动在将数据写到磁盘时进行加密，从磁盘中读取的时候解密。通过使用 SQL Server 透明地管理加密和解密，可以很方便地保护数据库中的数据而不必对应用程序做任何修改。

2. 备份加密

SQL Server 2008 加密备份的方式可以防止数据泄漏或者数据被窜改。另外，备份的恢复可以限于特定的用户。

16.1.3 服务器级安全

SQL Server 2008 的服务器级安全性建立在控制服务器登录账号和密码的基础上。SQL Server 2008 采用了标准 SQL Server 登录和集成 Windows 登录两种方式。无论使用那种登录方式，用户在登录时提供的登录账号和密码决定了用户能否获得 SQL Server 2008 的访问权限以及用户在访问 SQL Server 2008 时拥有的权利。

管理和设计合理的登录方式是 SQL Server 2008 数据库管理员的重要任务，也是 SQL Server 2008 安全体系中重要的组成部分。

SQL Server 2008 事先设计了许多固定服务器的角色，用来为具有服务器管理员资格的用户分配使用权利。固定服务器角色的成员可以拥有服务器级的管理权限。

提示：通常情况下，客户操作系统安全的管理是操作系统管理员的任务。SQL Server 不允许用户建立服务器级的角色。

16.1.4 数据库级安全

在建立用户的登录账号信息时，SQL Server 2008 会提示用户选择默认的数据库，并给用户分配权限。以后用户每次连接上服务器后，都会自动转到默认的数据库上。

对任何用户来说，如果在设置登录账号时没有指定默认的数据库，则用户的权限将局限在 master 数据库中。

SQL Server 2008 在数据库级的安全级别上也设置了角色，并允许用户在数据库上建立新的角色，然后为该角色授予多个权限，最后再通过角色将权限赋予 SQL Server 2008 的用户，使用户获取具体数据库的操作权限。

16.1.5 对象级安全

数据库对象的安全性是核查用户权限的最后一个安全等级。在创建数据库对象时，SQL Server 2008 将自动把该数据库对象的所有权赋予创建该对象的用户。对象的拥有者可以实现对该对象的安全控制。

数据对象访问的权限定义了用户对数据库中数据对象的引用、数据操作语句的许可权限。这部分工作通过定义对象和语句的许可权限来实现。

SQL Server 2008 安全模型的三个层次对用户权限的划分不存在包含的关系，但是它们之间并不是孤立的，相邻的层次通过映射账号建立关联。例如，用户访问数据时要经过三个阶段的处理。

1) 第一阶段

用户必须进行身份鉴别，被确认合法才能登录 SQL Server 实例。

2) 第二阶段

用户在每个要访问的数据库里必须要有一个账号，SQL Server 实例将 SQL Server 登录映射到数据库用户账号上，在这个数据库的账号上定义数据库的管理和访问数据对象的安全策略。

3) 第三阶段

检查用户是否具有访问数据库对象、执行动作的权限，经过语句许可权限的验证，才能够实现对数据的操作。

提示：一般来说，为了减少管理的开销，在对象级安全管理上应该在大多数场合赋予数据库用户以广泛的权限，然后再针对实际情况对某些敏感的数据实施具体的访问权限限制。

16.2 SQL Server 的身份验证模式

身份验证模式是指 SQL Server 允许用户访问服务器的权限验证方式。SQL Server 2008 提供了两种验证模式：Windows 身份验证模式和混合模式。无论哪种模式，SQL Server 2008 都需要对用户的访问进行如下两个阶段的检验。

1) 验证阶段

用户要在 SQL Server 2008 上获得对任何数据库的访问权限，必须先登录到 SQL Server 上，并且被认为是合法的。SQL Server 或者 Windows 对用户进行验证，如果验证通过，用户就可以连接到 SQL Server 2008 上；否则，服务器将拒绝用户登录。

2) 许可确认阶段

用户验证通过后会登录到 SQL Server 2008 上，此时系统将检查用户是否有访问服务器上数据的权限。

16.2.1 Windows 身份验证

当使用 Windows 身份验证连接到 SQL Server 时，Windows 将完全负责对客户端进行身份验证。在这种情况下，将按其 Windows 用户账户来识别客户端。当用户通过 Windows 用户账户进行连接时，SQL Server 使用 Windows 操作系统中的信息验证账户名和密码。用户不必重复提交登录名和密码。

Windows 身份验证模式有以下优点。

- 数据库管理员的工作可以集中在管理数据库上面，而不是管理用户账户上。对用户账户的管理可以交给 Windows 去完成。
- Windows 有着更强的用户账户管理工具，可以设置账户锁定、密码期限等。如果不是通过定制来扩展 SQL Server，SQL Server 是不具备这些功能的。
- Windows 的组策略支持多个用户同时被授权访问 SQL Server。

当数据库仅在内部访问时，使用 Windows 身份验证模式可以获得最佳工作效率。这种模式下，域用户不需要独立的 SQL Server 用户账户和密码就可以访问数据库。如果用户更新了自己的域密码，也不必更改 SQL Server 2008 的密码。

默认情况下，SQL Server 2008 使用本地账户来登录。例如这里使用 Windows 身份验证模式登录本机的 SQL Server 2008 服务器，如图 16-2 所示。

图 16-2 Windows 身份验证模式

如图 16-2 所示，用户名中的 KL 代表当前的计算机名称，Administrator 是指登录该计算机时使用的 Windows 账户名称。

提示：在 Windows 身份验证模式下，用户须要遵从 Windows 安全模式的所有规则，管理员可以用这种模式去锁定账户、审核登录和迫使用户周期性地更改登录密码。

16.2.2 混合身份验证

所谓混合身份验证模式，是指可以同时使用 Windows 身份验证和 SQL Server 身份验证，具体使用的验证方式取决于在通信时使用的网络库。如果一个用户使用 TCP/IP Sockets 进行登录验证，则使用 SQL Server 身份验证；如果用户使用命名管道，则登录时将使用 Windows 身份验证。

在上节介绍了 Windows 身份验证，下面来了解 SQL Server 身份验证。图 16-3 所示为使用 SQL Server 身份验证的连接界面。

图 16-3 SQL Server 身份验证

在使用 SQL Server 身份验证模式时，用户必须提供登录名和密码，SQL Server 通过检查是否注册了该 SQL Server 登录账户或指定的密码是否与以前记录的密码相匹配来进行身份验证。如果 SQL Server 未设置登录账户，则身份验证将失败，而且用户会收到错误信息。

混合身份验证模式具有以下优点。

- 创建了 Windows NT/2000 之上的另外一个安全层次。
- 支持更大范围的用户，例如非 Windows 客户等。
- 每个应用程序可以使用独立的 SQL Server 登录和密码。

提示：所有 SQL Server 2008 服务器都有内置的 sa 登录账户，还可能会有 Network Service 和 System 登录账户(依赖于服务器实例的配置)。

16.3 实践案例：更改验证模式

通过前面两节内容了解了 SQL Server 2008 中的两种身份验证模式后，本节将来学习如何设置和修改服务器身份验证模式。

具体步骤如下。

步骤01 打开 SQL Server Management Studio 窗口，选择一种身份验证模式建立与服务器的连接。

步骤02 在【对象资源管理器】窗格中右击服务器名称，选择【属性】命令打开【服务器属性】窗口。

步骤 03 在左侧的【选择页】列表中单击【安全性】标签，打开如图 16-4 所示的【安全性】页面，设置身份验证模式。

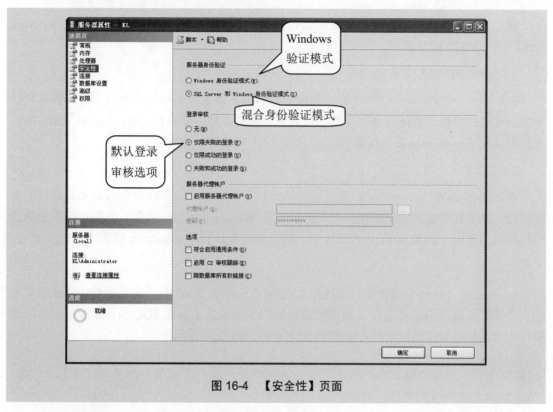

图 16-4 【安全性】页面

不管使用哪种模式，都可以通过审核来跟踪访问 SQL Server 2008 的用户，默认时仅审核失败的登录。各个审核选项的含义如下。

● 无：禁止跟踪审核。

● 仅限失败的登录：默认设置，选择后仅审核失败的登录尝试。

● 仅限成功的登录：仅审核成功的登录尝试。

● 失败和成功的登录：审核所有成功和失败的登录尝试。

启用审核后，用户的登录被记录于 Windows 应用程序日志、SQL Server 2008 错误日志或两者之中，这取决于如何配置 SQL Server 2008 的日志。

16.4 登 录 名

用户是 SQL Server 服务器安全中的最小单位，每个用户必须通过一个登录名连接到 SQL Server 2008，而且通过使用不同的用户登录名可以配置为不同的访问级别。本节详细介绍 SQL Server 2008 服务器内置的系统登录名，以及如何创建 Windows 和 SQL Server 登录名。

16.4.1　系统登录名

SQL Server 2008 内置的系统登录名有系统管理员组、管理员用户账户、sa、Network Service 和 SYSTEM 登录。

1. 系统管理员组

SQL Server 2008 中的管理员组在数据库服务器上属于本地组。这个组的成员通常包括本地管理员用户账户和任何设置为管理员本地系统的其他用户。在 SQL Server 2008 中，此组默认授予 sysadmin 服务器角色。

2. 管理员用户账户

管理员在 SQL Server 2008 服务器上的本地用户账户。这个账户具有对本地系统的管理权限，主要在安装系统时使用。如果计算机是 Windows 域的一部分，管理员账户通常也有域范围的权限。在 SQL Server 2008 中，这个账户默认授予 sysadmin 服务器角色。

3. sa

sa 是 SQL Server 系统管理员的账户。在 SQL Server 2008 中，采用了新的集成和扩展的安全模式，sa 不再是必需的，提供此登录账户主要是为了以前 SQL Server 版本的向后兼容性。与其他管理员登录一样，sa 默认授予 sysadmin 服务器角色。

警告：如果要阻止非授权访问服务器，可以为 sa 账户设置一个密码，而且应该像 Windows 账户的密码那样，周期性地进行修改。

4. Network Service 和 SYSTEM

Network Service 和 SYSTEM 是 SQL Server 2008 服务器上内置的本地账户，而是否创建这些账户，依赖于服务器的配置。

在服务器实例设置期间，Network Service 和 SYSTEM 账户可以是为 SQL Server、SQL Server 代理、分析服务和报表服务器所选择的服务账户。在这种情况下，SYSTEM 账户通常具有 sysadmin 服务器角色，允许其完全访问以管理服务器实例。

16.4.2　Windows 登录名

SQL Server 默认的身份验证类型为 Windows 身份验证。如果使用 Windows 身份验证登录 SQL Server，该登录账户必须存在于 Windows 系统的账户列表中。

创建的 Windows 登录账户可以映射到下列各项。

- 单个用户。
- 管理员已创建的 Windows 组。
- Windows 内部组(比如 Administrators)。

在创建 Windows 登录账户之前，必须先确认希望这个登录账户映射到上述三项之中的哪一项。通常情况下，应该映射到单个用户或者已创建的 Windows 组。

【示例 1】

创建 Windows 用户账户的具体步骤如下。

步骤 01　打开【控制面板】的【管理工具】中的【计算机管理】窗口，展开【系统工具】\\【本地用户和组】节点。

步骤 02　在【本地用户和组】节点下右击【用户】子节点，选择【新用户】命令，如图 16-5 所示。

步骤 03　在【新用户】对话框中输入新用户的用户名 zhht，密码和确认密码输入 123456，然后选中【密码永不过期】复选框，如图 16-6 所示。

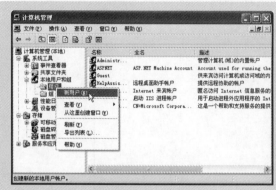
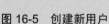

图 16-5　创建新用户

图 16-6　【新用户】对话框

步骤 04　设置完成后单击【创建】按钮完成新用户的创建，并单击【关闭】按钮关闭【新用户】对话框。

【示例 2】

创建系统账户之后，就可以创建要映射到这些账户的 Windows 登录名。使用 SQL Server Management Studio 连接到服务器，然后展开【对象资源管理器】窗格中的【服务器】\\【安全性】节点。

步骤 01　右击【安全性】节点下的【登录名】节点，选择【新建登录名】命令，如图 16-7 所示。

步骤 02　执行【新建登录名】命令打开【登录名-新建】对话框，如图 16-8 所示。

步骤 03　单击【登录名】文本框右侧的【搜索】按钮，打开【选择用户或组】对话框，如图 16-9 所示。

步骤 04　单击【高级】按钮，打开如图 16-10 所示的对话框。

步骤 05　单击【立即查找】按钮，在下面的列表框中可以看到当前系统中的所有用户和组，选择列表中名称为 zhht 的项并单击【确定】按钮回到【选择用户或组】对话框。

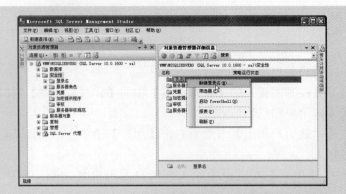

图 16-7　新建登录名

图 16-8　【登录名-新建】对话框

 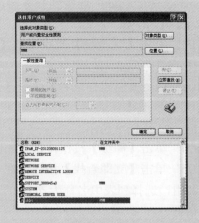

图 16-9　【选择用户或组】对话框(1)　　图 16-10　【选择用户或组】对话框(2)

步骤 06 在【选择用户或组】对话框中单击【确定】按钮即可完成用户的选择。

步骤 07 在【登录名-新建】对话框中，设置当前登录用户使用的默认数据库，这里使用 Medicine 数据库，如图 16-11 所示。

图 16-11 选择默认数据库

步骤 08 最后单击【确定】按钮完成 Windows 登录的创建。创建完成后，即可使用 zhht 账户登录当前的 SQL Server 服务器。

16.4.3 SQL Server 登录名

使用 Windows 账户登录虽然非常方便但是也有一定的局限性，因为只有获得 Windows 账户的客户才能建立与 SQL Server 2008 的信任连接。如果正在为其创建登录的用户无法建立信任连接，则必须为其创建 SQL Server 账户登录。

【示例3】

创建 SQL Server 账户登录的具体步骤如下。

步骤 01 打开 Microsoft SQL Server Management Studio，展开【对象资源管理器】窗格中的【服务器】\【安全性】节点。

步骤 02 右击【登录名】节点，选择【新建登录名】命令，打开【登录名-新建】对话框。选中【SQL Server 身份验证】单选按钮，然后设置用户名和密码，并为其选择默认数据库，如图 16-12 所示。

技巧：在这里如果要为登录名设置一个比较简单的密码，可以取消选中【强制实施密码策略】复选框。

图 16-12　设置登录名属性

步骤03　在【选择页】列表中选择【用户映射】选项，在【映射到此登录名的用户】列表中选中 HotelManagementSys 数据库复选框，系统会自动创建与登录名同名的数据库用户，并进行映射。另外，还可以在【数据库角色成员身份】列表中为登录账户设置权限(默认只选中一个 public，拥有最小权限)，如图 16-13 所示。

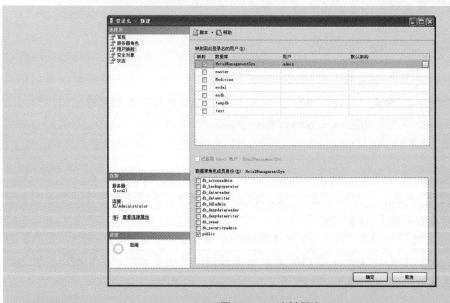

图 16-13　映射用户

步骤04　单击【确定】按钮，即可完成 SQL Server 登录账户的创建。

【示例4】

在上一个示例中创建了一个名为 admin 的 SQL Server 登录名，现在就可以使用该名称登录 SQL Server 服务器对其进行测试。操作步骤如下。

步骤01 运行 SQL Server Management Studio 会自动弹出【连接到服务器】对话框。在【连接到服务器】对话框中选择身份验证方式为 SQL Server 身份验证，然后输入刚才创建的数据库登录名 adnin 和密码，如图 16-14 所示。

步骤02 单击【连接】按钮即可使用该登录名登录 SQL Server 服务器，执行结果如图 16-15 所示。

图 16-14 使用 admin 登录

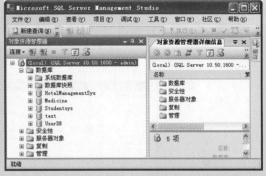

图 16-15 登录成功

步骤03 由于 admin 登录名只拥有默认数据库 HotelManagementSys 的操作权限，而并未拥有其他数据库的访问权限，因此这里要展开 StudentSys 数据库将会看到错误对话框，如图 16-16 所示。

步骤04 另外，因为前面只为当前 admin 登录名设置了数据库 HotelManagementsys 的 public 权限，所以这里并不能对该数据库执行任何操作。例如要执行创建表的操作，将弹出警告对话框，如图 16-17 所示。

图 16-16 无法访问数据库

图 16-17 无法执行创建表操作

16.5 实践案例：管理登录名

创建 SQL Server 2008 登录账户后，便可以对已存在的登录账户进行查看、修改和删除等操作。执行这些操作的方式有两种：使用图形化界面和使用系统存储过程。

16.5.1 使用图形化界面查看用户

在 SQL Server Management Studio 中可以使用图形化界面查看当前服务器的登录账户，具体操作如下。

步骤01 使用具有系统管理权限的登录名登录 SQL Server 服务器实例。

步骤02 在【对象资源管理器】中展开【安全性】\【登录名】节点，即可查看当前服务器中所有的登录账户，如图 16-18 所示。

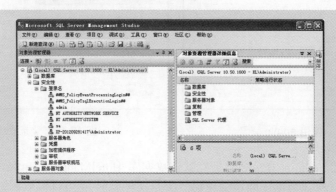

图 16-18 查看登录账户

> 提示：在查看登录账户时，连接到服务器的登录账户必须具有超级管理员权限，否则将无法查看所有的登录账户，也无法修改登录账户的属性。

16.5.2 使用图形化界面修改用户属性

创建过登录账户后，可以对登录账户执行修改密码、修改数据库用户、修改默认数据库和修改登录权限等操作。

下面对前面创建的登录账户 admin 的权限进行修改，操作步骤如下。

步骤01 打开 Microsoft SQL Server Management Studio，使用 sa 账户连接服务器实例。

步骤02 在【对象资源管理器】中展开【安全性】\【登录名】节点。

步骤03 右击登录名 admins，选择【属性】命令，打开如图 16-19 所示的【登录属性】对话框。在该对话框中可以更改用户密码、默认数据库、默认语言等属性。

图 16-19 【登录属性】对话框

步骤04 在左侧【选项页】列表中单击【用户映射】，打开相应的选项页，如图 16-20 所示。

图 16-20 【用户映射】选项页

步骤05 在【用户映射】选项页中默认会选中 HotelManagementSys 数据库。如果要设置当前登录名关于 HotelManagementSys 数据库的控制权限，可以在【数据库角色成员身份】列表中选中相关的权限。

步骤06 选择完以后，单击【确定】按钮保存设置即可。

技巧：在【登录属性】窗口中虽然可以对登录账户的大多数属性进行修改，但不能修改登录账户的名称，要修改登录名则需要右击该登录名选择【重命名】命令。

16.5.3 使用图形化界面删除用户

在大型公司的数据库服务器上，通常会创建大量的登录账户，这时就需要数据库管理员经常对登录账户进行管理。对于一些过期的登录账户，应该及时将其删除。

假设要删除 SQL Server 登录账户 admin，可使用以下步骤。

步骤01 打开 Microsoft SQL Server Management Studio，用具有系统管理权限的登录名登录 SQL Server 服务器实例。

步骤02 在【对象资源管理器】中展开【安全性】\【登录名】节点。

步骤03 右击登录账户 admin，选择【删除】命令，打开如图 16-21 所示的【删除对象】对话框。

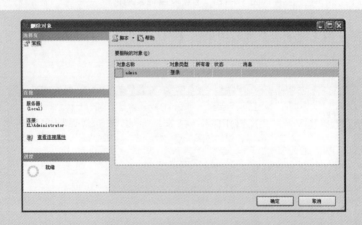

图 16-21 【删除对象】对话框

步骤04 在【删除对象】对话框中单击【确定】按钮，即可完成删除操作。

16.5.4 通过命令创建和删除登录账户

在 T-SQL 中，使用 CREATE LOGIN 命令可以创建 SQL Server 登录账户和 Windows 登录账户，其语法如下：

```
CREATE LOGIN loginName { WITH <option_list1> | FROM <sources> }
<option_list1> ::=
    PASSWORD = { 'password' | hashed_password HASHED } [ MUST_CHANGE ]
    | DEFAULT_DATABASE = database
    | DEFAULT_LANGUAGE = language
    | CHECK_EXPIRATION = { ON | OFF}
    | CHECK_POLICY = { ON | OFF}
<sources>::=
```

```
WINDOWS [ WITH <windows_options> [ ,... ] ]
```

上述代码中各参数的说明如下。

- loginName：指定创建的登录名。
- PASSWORD='password'：指定正在创建的登录名的密码，仅适用于 SQL Server 登录名。
- PASSWORD=hashed_password：指定要创建的登录名的密码的哈希值，仅适用于 HASHED 关键字。
- HASHED：指定在 PASSWORD 参数后输入的密码已经过哈希运算。如果未选择此选项，则在将作为密码输入的字符串存储到数据库之前，对其进行哈希运算，仅适用于 SQL Server 登录名。
- MUST_CHANGE：如果包括此选项，则 SQL Server 将在首次使用新登录名时提示用户修改密码，仅适用于 SQL Server 登录名。
- DEFAULT_DATABASE=database：指定将指派给登录名的默认数据库。如果未包括此选项，则默认数据库将设置为 master。
- DEFAULT_LANGUAGE=language：指定将指派给登录名的默认语言。如果未包括此选项，则默认语言将设置为服务器的当前默认语言。即使将来服务器的默认语言发生更改，登录名的默认语言也仍保持不变。
- CHECK_EXPIRATION = { ON | OFF }：指定是否对此登录账户强制实施密码过期策略。仅适用于 SQL Server 登录名。默认值为 OFF。
- CHECK_POLICY = { ON | OFF }：指定应对此登录名强制实施运行 SQL Server 的计算机的 Windows 密码策略。仅适用于 SQL Server 登录名。默认值为 ON。
- WINDOWS：指定将登录名映射到 Windows 登录名。

提示：SQL Server 中有四种类型的登录名：SQL Server 登录名、Windows 登录名、证书映射登录名和非对称密钥映射登录名。如果从 Windows 域账户映射 loginName，则 loginName 必须用方括号括起来。

例如，创建一个带密码的 SQL Server 登录名 MyUser，并指定默认数据库为 HotelManagementSys，而且设置其不实施密码策略。具体实现语句如下：

```
CREATE LOGIN MyUser
    WITH PASSWORD = '123',
    DEFAULT_DATABASE = HotelManagementSys,
    CHECK_POLICY = OFF
GO
```

如果需要创建一个 Windows 登录账户，则首先必须保证在本地计算机或者计算机域上存在需要映射的用户或者组。示例语句如下：

```
CREATE LOGIN [HNZZ\MyUser]
FROM WINDOWS
WITH DEFAULT_DATABASE = HotelManagementSys
GO
```

执行上述代码，则会为用户 HNZZ\MyUser 创建一个 Windows 登录，并设置该登录的默认数据库为 HotelManagementSys。

在创建大量登录账户后，对于那些失去作用的登录账户，则可以使用 DROP LOGIN 命令来进行删除，其语法如下：

```
DROP LOGIN <loginName>
```

其中"<loginName>"表示要删除的登录名。

例如，删除前面创建的 SQL Server 登录账户 admin，可使用如下语句：

```
DROP LOGIN admin
```

16.5.5 使用存储过程管理登录账户

除了使用 CREATE LOGIN 命令外，使用系统存储过程也可以创建登录账户。系统存储过程 SP_GRANTLOGIN 可以创建一个新的 Windows 登录账户。

例如，为本地计算机中已存在的用户 HNZZ\MyUser 创建 Windows 登录账户，可以使用如下语句：

```
EXEC SP_GRANTLOGIN 'HNZZ\MyUser'
GO
```

使用系统存储过程 SP_ADDLOGIN 可以创建一个新的 SQL Server 登录名。

例如，创建一个 SQL Server 身份验证连接，用户名为 sqlUser，密码为 123，默认数据库为 HotelManagementSys，可以使用如下语句：

```
EXECUTE SP_ADDLOGIN 'sqlUser','123', 'HotelManagementSys'
GO
```

使用系统存储过程 SP_DROPLOGIN 也可以删除服务器中的登录账户。

例如，删除前面创建的 SQL Server 登录账户 admin，可以使用如下语句：

```
EXECUTE SP_DROPLOGIN 'admin'
```

注意：要使用 Transact-SQL 语句创建和删除登录账户，首先当前登录账户必须对服务器拥有 ALTER ANY LOGIN 或者 ALTER LOGIN 权限。

16.6 数据库用户

使用登录名称只是让用户登录到 SQL Server 中，而且该名称本身并不能让用户访问服务器中的数据库。要访问特定的数据库，还必须具有用户名。用户名在特定的数据库内创建，并关联一个登录名(当一个用户创建时，必须关联一个登录名)。通过授权给用户名来指定访问数据库对象的权限。

下面详细介绍 SQL Server 2008 中的系统数据库用户，以及如何创建数据库用户。

16.6.1 系统数据库用户

SQL Server 2008 默认的数据库用户有 dbo 用户、guest 用户和 sys 用户等。

1. dbo 用户

数据库所有者 dbo 是一个特殊类型的数据库用户，而且它被授予特殊的权限。一般来说，创建数据库的用户是数据库的所有者。

dbo 被隐式授予数据库的所有权限，并且能将这些权限授予其他用户。因为 sysadmin 服务器角色的成员被自动映射为特殊用户 dbo，所以 sysadmin 角色成员能执行 dbo 能执行的任何任务。

例如，ZHT 是 sysadmin 服务器角色的成员，并创建了一个名为 Product 的表。由于 Product 表属于 dbo 用户，因此该表可以用 dbo.Product 来限定或者简化为 Product。然而，如果 ZHT 不是 sysadmin 服务器角色的一个成员，并创建一个名为 Product 的表，则 Product 属于 ZHT，此时必须用 ZHT.Product 来限定。

提示：严格地说，dbo 是一个特殊的用户账户，并不是一个特殊的登录。不过，仍然可以将其视为登录，因为用户不能以 dbo 登录到服务器或数据库，但可以用它创建数据库或一组对象。

2. guest 用户

guest 用户是一个使用户能连接到数据库并允许具有有效 SQL Server 登录的特殊用户，它允许任何人访问数据库。以 guest 账户访问数据库的用户账户被认为是 guest 身份，并且继承 guest 账户的所有权限和许可。

例如，如果配置为域账户 HNZZ 访问 SQL Server 2008，那么 HNZZ 能使用 guest 登录访问任何数据库，并且当 HNZZ 登录后，该用户授予 guest 账户的所有权限。

默认情况下，guest 用户存在于 model 数据库中，并且被授予 guest 的权限。由于 model 是创建所有数据库的模板，这意味着所有新的数据库将包含 guest 账户，并且该账户将授予 guest 权限。

在使用 guest 账户之前，应该注意以下几点关于 guest 账户的信息。

- guest 用户是公共服务器角色的一个成员，并且继承这个角色的权限。
- 在任何人以 guest 身份访问数据库以前，guest 必须存在于数据库中。
- guest 用户仅用于用户账户具有访问 SQL Server 的权限。

3. sys 和 INFORMATION_SCHEMA 架构

所有的系统对象都包含在名为 sys 或 INFORMATION_SCHEMA 的架构中。这是每个数据库中都有的两个特殊架构，不过它们仅在 master 数据库中可见。

16.6.2 使用向导创建数据库用户

创建数据库用户可分为两个过程，即首先创建数据库用户使用的 SQL Server 2008 登录名，如果使用内置的登录名则可省略这一步。然后，再为数据库创建用户，指定到创建的登录名。

【示例 5】

下面用 SQL Server Management Studio 来创建数据库用户账户，然后给用户授予访问 HotelManagementSys 数据库的权限，具体步骤如下。

步骤 01 使用 SQL Server Management Studio 连接到 SQL Server，展开【服务器】\【数据库】\HotelManagementSys 节点。

步骤 02 在 HotelManagementSys 节点下展开【安全性】\【用户】节点并右击，选择【新建用户】命令，打开【数据库用户-新建】对话框。

步骤 03 在【用户名】文本框中输入 db_HouXia 来指定要创建的数据库用户名称。

步骤 04 单击【登录名】文本框旁边的【选项】按钮，打开【选择登录名】对话框，然后单击【浏览】按钮，打开【查找对象】窗口。

步骤 05 选中 admin 复选框后单击【确定】按钮返回【选择登录名】对话框，然后再单击【确定】按钮返回【数据库用户-新建】对话框。

步骤 06 用同样的方式选择【默认架构】为 dbo，结果如图 16-22 所示。

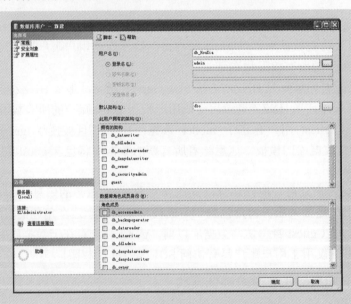

图 16-22　【数据库用户-新建】对话框

步骤 07 单击【确定】按钮，完成 admin 登录名指定数据库中用户 db_HouXia 的创建。

步骤 08 为了验证是否创建成功，可以刷新【用户】节点，此时在【用户】节点列表中就可以看到刚才创建的 db_HouXia 用户账户。

技巧：展开【安全性】\【用户】节点后，右击一个用户名可以进行很多日常操作。例如，删除该用户、查看该用户的属性以及新建一个用户等。

16.6.3 使用存储过程创建数据库用户

创建数据库用户也可以用系统存储过程 SP_GRANTDBACCESS 来实现，语法如下：

```
SP_GRANTDBACCESS [@loginname=]'login'
[,[@name_in_db=]'name_in_db']
```

上述语法中的参数介绍如下。

- @loginname：映射到新数据库用户的 Windows 组、Windows 登录名或 SQL Server 登录名的名称。
- @name_in_db：新数据库用户的名称。name_in_db 是 OUTPUT 变量，其数据类型为 sysname，默认值为 NULL。如果不指定，则使用登录名。

注意：Word、pdf、mp3 以及静态网页等形式的课件，不能算作多媒体课件。

【示例6】

下面首先使用系统存储过程 SP_ADDLOGIN 创建一个登录名 dbAccessor，然后使用系统存储过程 SP_GRANTDBACCESS 将该登录名设置为 HotelManagementSys 数据库的用户。

具体实现语句如下：

```
EXEC SP_ADDLOGIN 'dbAccessor', '123', 'HotelManagementSys'
GO
USEHotelManagementSys
GO
EXEC SP_GRANTDBACCESS dbAccessor
```

16.7 权 限

用户对数据库的访问以及对数据库对象的操作都体现在权限上，具有什么样的权限，就能执行什么样的操作。权限对于数据库来说至关重要，它是访问权限设置中的最后一道安全措施，管理好权限是保证数据库安全的必要因素。

本节首先简单介绍 SQL Server 2008 中权限的类型，然后详细介绍对权限的授予、撤销和拒绝操作。

16.7.1 权限的类型

在 SQL Server 2008 中按照权限是否进行预定义，可以把权限分为预定义权限和自定义权限；按照权限是否与特定的对象有关，可分为针对所有对象的权限和针对特殊对象的

权限。

1. 预定义和自定义权限

所谓预定义权限，是指在安装 SQL Server 2008 的过程完成之后，不必通过授予即拥有的权限。例如前面介绍过的服务器角色和数据库角色就属于预定义权限，对象的所有者也拥有该对象的所有权限以及该对象所包含的对象的所有权限。

自定义的权限是指那些需要经过授权或继承才能得到的权限，大多数的安全主体都需要经过授权才能获得对安全对象的使用权限。

2. 所有对象和特殊对象的权限

针对所有对象的权限表示针对 SQL Server 2008 中的所有对象都有的权限(例如 CONTROL 权限)。针对特殊对象的权限是指某些权限只能在指定的对象上起作用。例如，INSERT 仅可以用作表的权限，不可以是存储过程的权限；而 EXECUTE 只可以是存储过程的权限，不能作为表的权限等。

对于表和视图，拥有者可以授予数据库用户 INSERT、UPDATE、DELETE、SELECT 和 REFERENCES 共 5 种权限。在数据库用户要对表执行操作之前，必须事先获得相应的操作权限。例如，如果用户想浏览表中的数据，则必须首先获得拥有者授予的 SELECT 权限。

表 16-1 列出了部分安全对象的常用权限。

表 16-1　常用权限

安全对象	常用权限
数据库	CREATE DATABASE、CREARE DEFAULT、CREATE FUNCTION、CREATE PROCEDURE、CREATE VIEW、CREATE TABLE、CREATE RULE、BACKUP DATABASE、BACKUP LOG
表	SELECT、DELETE、INSERT、UPDATE、REFERENCS
表值函数	SELECT、DELETE、INSERT、UPDATE、REFERENCS
视图	SELECT、DELETE、INSERT、UPDATE、REFERENCS
存储过程	EXECUTE、SYNONYM
标量函数	EXECUTE、REFERENCES

16.7.2　授予权限

为了允许用户执行某些活动或者操作数据，需要授予相应的权限。SQL Server 中使用 GRANT 语句进行授权活动。GRANT 语句的基本语法如下：

```
GRANT
{ALL |statement[,...n]}
TO security_account[,...n]
```

上述语法中各个参数的含义如下。

- ALL：表示授予所有可以应用的权限。
- statement：表示可以授予权限的命令。例如，CREATE DATABASE。
- security_account：定义被授予权限的用户单位。security_account 可以是 SQL Server 的数据库用户，可以是 SQL Server 的角色，也可以是 Windows 的用户或工作组。

技巧：在授予命令权限时，只有固定的服务器角色 sysadmin 成员可以使用 ALL 关键字；而在授予对象权限时，固定服务器角色成员 sysadmin、数据库角色成员 db_owner 和数据库对象拥有者都可以使用关键字 ALL。

【示例7】

在下面的例子中使用 GRANT 语句授予角色 dbAccessor 对 HotelManagementSys 数据库中 Guest 表的 INSERT、UPDATE 和 DELETE 权限：

```
USE HotelManagementSys
GO
GRANT SELECT, UPDATE ,DELETE
ON Guest
TO dbAccessor
```

警告：权限只能授予本数据库的用户或角色，如果将权限授予了 public 角色，则数据库里的所有用户都将默认获得该项权限。

16.7.3　撤销权限

撤销某种权限是指停止以前授予或拒绝的权限，可以使用 REVOKE 语句撤销以前的授予或拒绝的权限。使用撤销类似于拒绝，但是撤销权限是删除已授予的权限，并不是妨碍用户、组或角色从更高级别集成已授予的权限。撤销对象权限的基本语法如下：

```
REVOKE{ALL|statement[,...n]}
FROMsecurity_account[,...n]
```

撤销权限的语法基本上与授予权限的语法相同。

【示例8】

在 HotelManagementSys 数据库中使用 REVOKE 语句撤销 dbAccessor 角色对 Guest 表所拥有的 DELETE 权限，语句如下：

```
USE HotelManagementSys
GO
REVOKE DELETE
ON OBJECT::Guest
FROM dbAccessor CASCADE
```

16.7.4 拒绝权限

在授予了用户对象权限以后，数据库管理员可以根据实际情况在不撤销用户访问权限的情况下，拒绝用户访问数据库对象。拒绝对象权限的基本语法如下：

```
DENY{ALL|statement[,...n]}
TO security_account[,...n]
```

【示例 9】

要拒绝用户 dbAccessor 对数据库表 Guest 的更新权限，可以使用如下代码：

```
USE HotelManagementSys
GO
DENY UPDATE
ON Guest
TO dbAccessor
```

16.8　角　色　种　类

SQL Server 中使用角色来集中管理数据库或服务器的权限。按照角色的作用范围，可以将角色分为两类：服务器角色和数据库角色。服务器角色是对服务器的不同级别管理权限的分配。与服务器角色不同，数据库角色是针对某个具体数据库的权限分配。

16.8.1　服务器角色

SQL Server 2008 中的服务器角色具有授予服务器管理的能力。如果用户创建了一个角色成员的登录，用户用这个登录能执行这个角色许可的任何任务。例如，sysadmin 角色的成员在 SQL Server 上有最高级别的权限，并且能执行任何类型的任务。

服务器角色应用于服务器级别，并且需要预定义它们。这意味着，这些权限影响整个服务器，并且不能更改权限集。使用系统存储过程 sp_helpsrvrole 可以查看预定义服务器角色的内容，如图 16-23 所示。

也可以通过 SQL Server Management Studio 来浏览服务器角色。方法是：在【对象资源管理器】窗格中展开【安全性】\【服务器角色】节点，如图 16-24 所示。

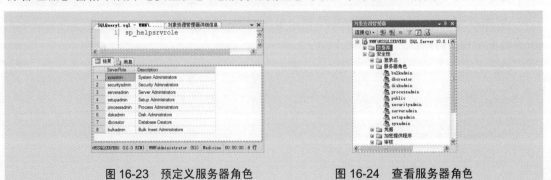

图 16-23　预定义服务器角色　　　　图 16-24　查看服务器角色

关于这些服务器角色的说明如表 16-2 所示。

表 16-2 固定服务器角色

角 色	功能描述
bulkadmin	这个服务器角色的成员可以运行 BULK INSERT 语句，允许从文本文件中将数据导入 SQL Server 2008 数据库，适合需要执行大容量插入操作的用户
dbcreator	这个服务器角色的成员可以创建、更改、删除和还原任何数据库
diskadmin	这个服务器角色用于管理磁盘文件，比如镜像数据库和添加备份设备
processadmin	SQL Server 2008 能够多任务化，也就是说，它可以通过执行多个进程来完成多个事件。例如，SQL Server 2008 可以生成一个进程用于向高速缓存写数据，同时生成另一个进程用于从高速缓存中读取数据。这个角色的成员也可以结束进程
securityadmin	这个服务器角色的成员将管理登录名及其属性。它拥有 GRANT、DENY 和 REVOKE 服务器级权限以及 GRANT、DENY 和 REVOKE 数据库级权限。另外，它可以重置 SQL Server 2008 登录名的密码
serveradmin	这个服务器角色的成员可以更改服务器范围的配置选项，也可以关闭 SQL 服务器。这个角色可以减轻管理员的一些管理负担
setupadmin	此角色为需要管理链接服务器和控制启动存储过程的用户而设计。这个角色的成员能添加到 setupadmin，能增加、删除和配置链接服务器，并能控制启动过程
sysadmin	这个服务器角色的成员有权在 SQL Server 2008 中执行任何任务，给这个角色指派用户时应该特别小心
public	每个 SQL Server 登录名都属于 public 服务器角色。如果未向某个服务器主体授予或拒绝对某个安全对象的特定权限，该用户将继承授予该对象的 public 角色的权限。只有在希望所有用户都能使用对象时，才在对象上分配 public 权限

16.8.2 数据库角色

数据库角色存在于每个数据库中，在数据库级别提供管理特权分组。管理员可以将任何有效的数据库用户添加为数据库角色成员。

在创建数据库时，系统默认创建 10 个数据库角色，在 SQL Server Management Studio 的【对象资源管理器】窗口中，展开指定数据库节点下的【安全性】\【角色】\【数据库角色】节点，即可查看所有的数据库角色，如图 16-25 所示。

图 16-25 数据库角色

表 16-3 列出了这些数据库角色的说明。

表 16-3 数据库角色

角　色	功能描述
db_owner	进行所有数据库角色的活动，以及数据库中的其他维护和配置活动。该角色的权限跨越所有其他的数据库角色
db_accessadmin	这些用户有权通过添加或者删除来指定谁可以访问数据库
db_securityadmin	该数据库角色的成员可以修改角色成员身份和管理权限
db_ddladmin	该数据库角色的成员可以在数据库中运行任何数据定义语言(DDL)命令。该角色允许创建、修改或者删除数据库对象，而不必浏览里面的数据
db_backupoperator	该数据库角色的成员可以备份该数据库
db_datareader	该数据库角色的成员可以读取所有用户表中的所有数据
db_datawriter	该数据库角色的成员可以在所有用户表中添加、删除或者更改数据
db_denydatareader	该数据库角色的成员不能读取数据库内用户表中的任何数据，但可以执行架构修改(例如在表中添加列)
db_denydatawriter	该数据库角色的成员不能添加、修改或者删除数据库内用户表中的任何数据
public	在 SQL Server 2008 中每个数据库用户都属于 public 数据库角色。当尚未对某个用户授予或者拒绝对安全对象的特定权限时，该用户将继承授予该安全对象的 public 角色的权限

在 SQL Server 2008 中可以使用 Transact-SQL 语句对数据库角色进行相应的操作，这些操作主要使用系统存储过程或命令来实现。操作数据库角色的系统存储过程和命令如表 16-4 所示。

表 16-4 数据库角色的操作

功　能	类　型	含　义
sp_helpdbfixedrole	元数据	返回数据库角色的列表
sp_dbfixedrolepermission	元数据	显示数据库角色的权限
sp_helprole	元数据	返回当前数据库中有关角色的信息
sp_helprolemember	元数据	返回有关当前数据库中某个角色的成员的信息
Sys.database_role_members	元数据	为每个数据库角色的每个成员返回一行
IS_MEMBER	元数据	指示当前用户是否为指定 Windows 组或者 SQL Server 数据库角色的成员
sp_addrolemember	命令	为当前数据库中的数据库角色添加数据库用户、数据库角色、Windows 登录名或者 Windows 组
sp_droprolemember	命令	从当前数据库的 SQL Server 角色中删除安全账户

16.9　管理服务器角色

16.8 节学习了服务器和数据库角色，我们知道 SQL Server 2008 服务器角色设置服务器范围的 SQL Server 登录的管理员特权。本节主要介绍如何对服务器角色进行管理，例如将登录指派到角色等。

16.9.1　为角色分配登录名

【示例 10】

在开始下列操作之前，首先需要按照 16.4.3 节的步骤创建名为 admin 的 SQL Server 登录名，然后按照以下步骤为登录指派或者更改服务器角色。

步骤01　打开 SQL Server Management Studio 窗口，选择一种身份验证模式建立与 SQL Server 2008 服务器的连接。

步骤02　在【对象资源管理器】窗格中展开【服务器】\【安全性】\【登录名】节点。

步骤03　在展开的列表中右击登录名 admin，选择【属性】命令，弹出【登录属性】对话框。

步骤04　在对话框的左侧单击【服务器角色】选项，如图 16-26 所示。

步骤05　在右侧【服务器角色】列表中，通过选中复选框来授予 admin 不同的服务器角色，例如 sysadmin。

步骤06　设置完成后，单击【确定】按钮返回。

图 16-26　【服务器角色】选项

下面介绍如何通过系统存储过程 sp_addsrvrolemember 在服务器角色中添加登录名。sp_addsrvrolemember 的语法结构如下：

```
SP_ADDSRVROLEMEMBER [ @loginame= ] 'login' , [ @rolename = ] 'role'
```

【示例 11】

下面语句可以将 Windows 登录名"ZHHT\HouXia"添加到 sysadmin 服务器角色中：

```
EXEC SP_ADDSRVROLEMEMBER 'ZHHT\HouXia ', 'sysadmin'
```

使用系统存储过程 sp_dropsrvrolemember 可以从服务器角色中删除 SQL Server 登录名或 Windows 用户或组，其语法如下：

```
SP_DROPSRVROLEMEMBER [ @loginame = ] 'login' , [ @rolename = ] 'role'
```

【示例 12】

下面语句可以从 sysadmin 服务器角色中删除登录名 HouXia：

```
EXEC SP_DROPSRVROLEMEMBER 'HouXia', 'sysadmin'
```

> **警告**：在使用 sp_addsrvrolemember 和 sp_dropsrvrolemember 系统存储过程时，用户必须在服务器上具有 ALTER ANY LOGIN 权限，并且是正在添加新成员的角色的成员。

16.9.2 将角色指派到多个登录名

当多个登录名需要同时具有相同的 SQL Server 2008 操作(管理)权限时，可以将他们同时指定到一个角色。例如，教务管理新增了 5 名管理员，他们都具有管理员角色(职位)，可以执行管理员角色具有的任何操作，例如，查看数据表、修改教务信息、制作数据库备份以及管理学生等。

【示例 13】

要指派角色到多个登录名，最简单、方便、快捷的方式是使用【服务器角色属性】对话框，具体操作如下。

步骤01 使用 SQL Server Management Studio 登录 SQL Server 2008 服务器。

步骤02 从【对象资源管理器】窗格中展开【服务器】\【安全性】\【服务器角色】节点。

步骤03 在【服务器角色】列表中右击要配置的角色，选择【属性】命令，打开【服务器角色属性】对话框，如图 16-27 所示。

步骤04 单击【添加】按钮，然后使用【选择登录名】对话框来选择要添加的登录名。可以输入部分名称，再单击【检查名称】按钮来自动补齐。单击【浏览】按钮可以在弹出的窗口中搜索名称。

步骤05 删除登录名，可在【角色成员】列表中选择该名称再单击【删除】按钮。

步骤06 完成服务器角色的配置后，单击【确定】按钮返回。

图 16-27　【服务器角色属性】窗口

16.10　管理数据库角色

数据库用户具有访问数据库的登录权限，而服务器角色仅具有登录并访问 SQL Server 2008 的能力。本节主要介绍如何通过数据库用户和角色控制数据库的访问和管理。

16.10.1　为角色分配登录名

在 16.9 节学习了如何为服务器角色添加登录名，下面介绍如何实现将登录名指派到数据库角色。

【示例 14】

本例通过将登录名添加到数据库角色中来限定他们对数据库拥有的极限，具体步骤如下。

步骤01　打开 SQL Server Management Studio，在【对象资源管理器】窗格中展开【数据库】\HotelManagementSys 节点。

步骤02　展开【安全性】节点下的【数据库角色】节点，右击 db_denydatawriter 节点，选择【属性】命令，打开【数据库角色属性】对话框。

步骤03　单击【添加】按钮，打开【选择用户数据库或角色】对话框，然后单击【浏览】按钮，打开【查找对象】对话框，如图 16-28 所示。

步骤04　在【匹配的对象】列表框中选中【名称】列前的复选框，然后单击【确定】按钮返回【选择用户数据库或角色】对话框。可以全部选中，从而指派多个登录名到同一个数据库角色。

步骤09　执行上述语句会返回错误结果，如图 16-30 所示。

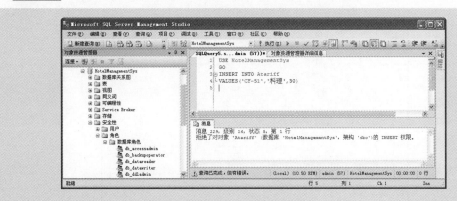

图 16-30　执行结果

出现如图 16-30 所示的情况是因为 db_HouXia 是 db_denydatawriter 角色的成员，因此他不能向数据库中添加新的数据。

16.10.2　数据库角色

由于预定义的数据库角色有一些不能更改的权限，因此，有时数据库角色可能不满足我们的需要。这时，可以给为特定数据库创建的角色设置权限。

例如，假设有一个数据库有三种不同类型的用户：需要查看数据的普通用户、需要能够修改数据的管理员和需要能修改数据库对象的开发员。在这种情形下，可以创建三个角色以处理这些用户类型；然后仅管理这些角色，而不用管理许多不同的用户账户。

在创建数据库角色时，先给该角色指派权限，然后将用户指派给该角色；这样，用户将继承给这个角色指派的任何权限。这不同于固定数据库角色，因为在固定角色中不需要指派权限，只需要添加用户。

【示例 15】

创建自定义数据库角色的步骤如下。

步骤01　打开 SQL Server Management Studio，从【对象资源管理器】窗格中展开【数据库】\ HotelManagementSys \【安全性】\【角色】节点。

步骤02　右击【数据库角色】节点，选择【新建数据库角色】命令，打开【数据库角色-新建】对话框，在【角色名称】文本框中输入 db_role，设置【所有者】为 dbo。

步骤03　单击【添加】按钮将数据库用户 guest、public 和 db_HouXia 添加到【此角色的成员】列表中，如图 16-31 所示。

步骤04　单击【安全对象】选项打开【安全对象】选项页面。单击【搜索】按钮将 Atariff 表添加到【安全对象】列表，再选中【选择】右侧的【授予】复选框，如图 16-32 所示。

步骤05　单击【确定】按钮创建这个数据库角色，并返回到 SQL Server Management Studio。

步骤06　关闭 SQL Server Management Studio 窗口，然后再次打开，使用 admin 作为

登录连接 SQL Server 2008 服务器。

图 16-31 【数据库角色-新建】对话框

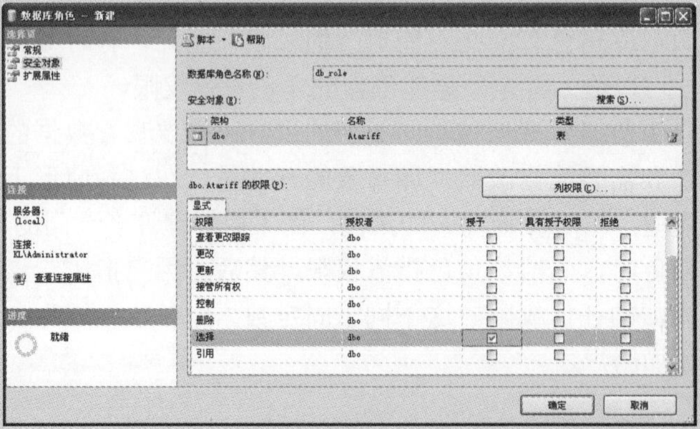

图 16-32 【数据库角色-新建】对话框

步骤 07 新建一个【查询】窗口，输入下列测试语句：

```
USE HotelManagementSys
GO
SELECT * FROM Atariff
```

步骤 08 这条语句将会成功执行，如图 16-33 所示。因为 admin 是新建的 db_role 角色的成员，而该角色具有执行 Select 的权限。

步骤 09 执行下列语句将会失败，如图 16-34 所示。因为 admin 作为角色 db_role 的成员只能对 Atariff 表进行 Select 操作。

```
USE HotelManagementSys
GO
```

```
INSERT INTO Atariff
VALUES('CF-51','料理',30)
```

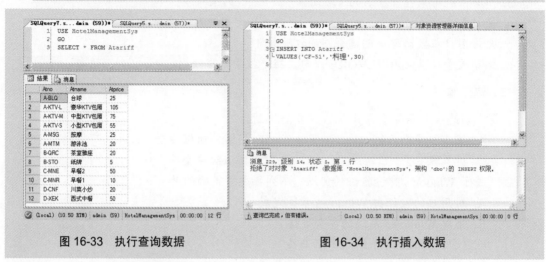

图 16-33　执行查询数据　　　　图 16-34　执行插入数据

16.10.3　应用程序角色

　　应用程序角色是一个数据库主体，使得应用程序能够用其自身的、类似用户的特权来运行。使用应用程序角色，可以只允许通过特定应用程序连接的用户访问特定数据。与数据库角色不同的是，应用程序角色默认情况下不包含任何成员，而且是非活动的。应用程序角色使用两种身份验证模式，可以使用 sp_setapprole 来激活，并且需要密码。

　　因为应用程序角色是数据库级别的主体，所以只能通过其他数据库中授予 guest 用户账户的权限来访问这些数据库。因此，任何禁用 guest 用户账户的数据库对其他数据库中的应用程序角色都是不可访问的。

　　提示：利用应用程序角色时，用户仅用他们的 SQL Server 登录名和数据库账户将无法访问数据，他们必须使用适当的应用程序。

　　使用应用程序的步骤如下。

　　步骤 01　创建一个应用程序角色，并给他指派权限。

　　步骤 02　用户打开批准的应用程序，并登录到 SQL Server 2008 上。

　　步骤 03　为启用该应用程序角色，执行 sp_setapprole 系统存储过程。

　　一旦激活了应用程序角色，SQL Server 2008 就不再将用户作为他们本身来看待，而是将用户作为应用程序来看待，并给他们指派应用程序角色权限。

16.11　课　后　练　习

一、填空题

1. SQL Server 的登录账户可以分为＿＿＿＿＿＿和 SQL Server 账户两种。

2. 假设要创建一个新的登录名，应该使用_____语句。

3. 所有系统对象包含在名为 sys 或_____的架构中。

4. 通过系统存储过程_____可以查看固定数据库角色列表。

5. 允许用户在数据库中创建视图的权限是_____。

6. 撤销授予权限使用 REVOKE 语句，拒绝授予权限使用_____语句。

二、选择题

1. 下列选项中不属于 SQL Server 安全机制的是_____。

    A. 实例级安全   B. 网络传输级安全

    C. 对象级安全   D. 协议级安全

2. 关于 Windows 身份验证的优点，下列描述不正确的是_____。

    A. 对用户的验证由 Windows 系统完成

    B. 集成 Windows 系统的安全策略

    C. 使用 Windows 系统的管理工具

    D. 支持 Windows 用户一对多的登录方式

3. 数据加密与备份加密属于 SQL Server 2008 中的_____安全机制。

    A. 数据库级别安全机制   B. 对象级别安全机制

    C. 网络传输安全机制   D. 实例级别安全机制

4. 下列不属于 SQL Server 登录名管理语句的是_____。

    A. CREATE LOGIN   B. EXEC SP_GRANTLOGIN

    C. EXECUTE SP_ADDLOGIN   D. DELETE LOGIN

5. 下列_____角色不允许用户读取数据库内所有表中的数据。

    A. db_datareader   B. db_datawriter

    C. db_denydatareader   D. db_denydatawriter

6. 使用_____语句可以创建数据库用户。

    A. CREATE LOGIN   B. CREATE USER

    C. CREATE MEMBER   D. CREATE DATABASE

7. 如果需要将登录账户 testUser，添加到固定服务器角色 dbcreator 中，应该使用的语句是_____。

    A. EXEC sp_addsrvrolemember 'testUser' , 'dbcreator'

    B. EXEC sp_addrolemember 'testUser' , 'dbcreator'

    C. EXEC sp_addsrvrolemember'testUser', 'loginer'

    D. EXEC sp_addrolemember'testUser', 'loginer'

8. 将该数据库中创建表的权限授予数据库用户 testUser，应该使用的语句是_____。

    A. GRANT testUser ON CREATE TABLE

    B. GRANT CREATE TABLE TO testUser

    C. REVOKE CREATE TABLE FROM testUser

    D. DENY CREATE TABLE FROM testUser

三、简答题

1. SQL Server 2008 支持哪些级别的安全，并简述这几种安全机制。

2. 解释 Windows 和 SQL 身份验证的区别。

3. 简述 DBO 在数据库中的作用。

4. 简述权限对安全机制起到的作用，及其如何分类。

5. 罗列常见的服务器角色。

6. 简述查看数据库角色的方法。

7. 对数据库中所有表的查询权限属于哪种权限？对数据库中某个表的查询权限属于哪种权限？这两种权限在实际应用中有什么区别？

8. 什么情况下应该使用应用程序角色？

16.12 练 一 练

作业 1：设计人事管理系统数据库安全

在人事管理系统数据库 Personnel_sys 中保存有员工信息、部门信息、人事调动信息、薪酬调动信息及奖惩记录。使用该数据库的对象主要有普通员工、部门主管、会计主管和系统管理员，他们的权限如下。

● 普通员工只能查看自己的基本信息。

● 部门主管可以维护员工信息、部门信息和员工的人事调动。

● 会计主管可以维护员工信息、薪酬调动信息及奖惩记录。

● 系统管理员可以对所有数据进行维护。

学完本课的内容之后，针对上面的描述在数据库中创建以下用户。

(1) 创建 SQL Server 登录名 dbMember、dbMaster、dbAdmin 和 dbSystem，分别表示普通员工、部门主管、会计主管和系统管理员。

(2) 设置 dbMember 只能对员工信息表进行 SELECT 操作。

(3) 将员工信息表、部门信息表和人员调动表的所有权限赋予新建角色 Master_Role，并将 db_Master 指派给该角色。

(4) 为 dbAdmin 添加操作员工信息、薪酬调动信息和奖惩记录的权限。

(5) 将 dbSystem 设置为 Peronnel_sys 的 sysadmin 角色成员。

作业 2：创建更新员工信息的角色

在作业 1 中创建的 db_Member 用户只能对员工信息表执行查询操作。这样一来，该用户就不能更新自己的员工信息。

要解决这个问题可以在 Peronnel_sys 数据库中创建一个应用程序角色 AppRoleForUpdate，再为该角色赋予对员工信息表的更新操作权限。然后如果 db_Member 用户要更新自己的信息就可以激活 AppRoleForUpdate 角色，从而避免了更改权限操作。

第17章

产品展示模块

本章将通过前面所学到的知识，使用 ASP.NET 制作一个产品展示系统。产品展示系统是企业网站中一个重要的模块。在产品展示模块中，客户可以查看企业的所有产品，以及详细信息。

本章重点：

➥ 能够整体把握产品展示模块

➥ 能够对产品展示模块作需求分析

➥ 能够根据需求分析设计数据库

➥ 了解页面样式和设计母版页

➥ 掌握产品展示模块

➥ 灵活实现产品展示页面

➥ 熟练实现删除产品、新增产品和修改产品功能

➥ 灵活实现管理产品分类页面

17.1 系统分析

在开发一个应用程序之前，首先需要对系统作整体的需求分析。只有一个良好的需求分析，才能设计出一个合理的数据库，从而更好地完成整个应用程序的开发。本节主要介绍对产品展示模块的需求分析，以及如何设计产品展示模块数据库。

17.1.1 需求分析

产品展示模块主要用于显示产品的简要信息，并且能够让用户查看产品的详细信息。在产品展示模块后台管理页面，用户可以新增产品、修改展示产品信息以及删除产品，并且还可以添加分类、修改分类以及删除分类。

根据上面对产品展示模块的分析，可以将产品展示部分分成三个功能部分：产品展示、产品信息管理和产品分类管理。下面对这三个功能部分进行扼要介绍。

1. 产品展示

产品展示页面显示所有的产品信息以及缩略图，并且客户还可以查看单个产品的详细信息。

2. 产品信息管理

产品信息管理功能主要是为管理员提供的。管理员在产品信息管理页面可以修改产品信息和删除产品信息，并且在新增产品信息页面可以新增要展示的产品信息。

3. 产品分类管理

管理员在产品分类管理页面可以对产品分类管理，例如，修改分类信息、删除分类，以及新增产品分类。

通过上面对产品展示模块的分析，读者应该对产品展示模块有了一定的了解。接下来，就可以设计模块的具体功能了。图 17-1 所示为产品展示模块架构。

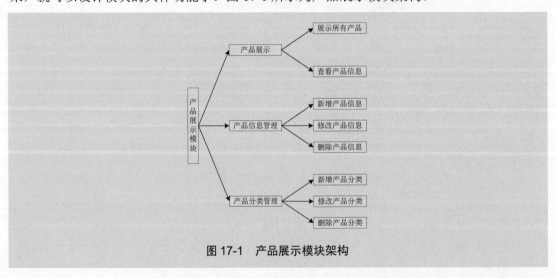

图 17-1 产品展示模块架构

17.1.2　数据库设计

产品展示模块使用 SQL Server 作为后台数据库，下面介绍系统数据库表的创建过程。

首先打开 SQL Server Management，创建一个数据库 CorpData，用于存放产品展示模块的所有数据，然后创建一个用户存储产品分类信息的 Leibie 表和一个用户存储产品信息的 Products 表。下面详细介绍这两个表的字段和表之间的关系。

1. 产品分类表

产品分类表的名称为 Leibie，主要用于存储产品分类的详细信息，例如，分类编号和分类名称等。产品分类表的结构如表 17-1 所示。

表 17-1　产品分类表

字段名称	数据类型	约　束	备　注
LeiID	int	主键	分类编号
Leiname	varchar(100)	非空	分类名称
OrderID	int	非空	父分类编号，与 LeiID 对应

2. 产品信息表

产品信息表的名称为 Products，主要用于存储展示产品的详细信息，例如，产品名称、创建时间和图片路径等。产品信息表的结构如表 17-2 所示。

表 17-2　产品信息表

字段名称	数据类型	约　束	备　注
ProductID	int	主键	展示产品编号
Productname	varchar(200)	非空	展示产品名称
[Content]	text	无	介绍展示产品的内容
Imgurl	varchar(100)	无	展示产品的缩略图路径
Createdate	datetime	非空	创建展示产品的时间
Tuijian	int	非空	展示产品是否为企业推荐的产品
ParrentID	int	非空	展示产品的分类编号

17.2　公　共　部　分

在上面设计好了数据库，接下来就可以创建产品展示模块项目了。产品展示模块使用 Microsoft Visual Studio 2008 工具开发，首先需要在开发工具中创建一个 Web 网站项目，然后再实现产品展示模块的公共部分，例如，设置配置文件、实现母版页和创建样式文件等。

17.2.1 创建项目及设置配置文件

下面使用 Microsoft Visual Studio 2008 开发工具创建一个 Web 项目，创建好项目以后，就可以开发产品展示项目了。具体操作步骤如下：

步骤01 从【开始】菜单中打开 Microsoft Visual Studio 2008，选择【文件】|【新建】|【网站】命令，弹出【新建网站】对话框。在【语言】下拉列表框中选择 "Visual C#"，再选择【ASP.NET 网站】模板。在【位置】下拉列表框中，选择创建网站的文件夹，如图 17-2 所示。

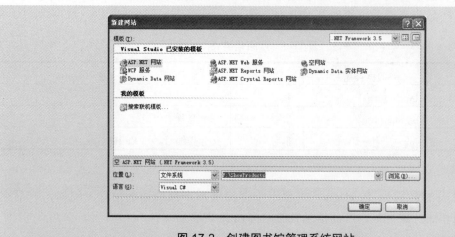

图 17-2 创建图书馆管理系统网站

步骤02 单击【确定】按钮，就可以在 F 盘的 ShowProducts 文件夹下创建一个网站项目。

创建好网站项目之后，就可以实现产品展示模块的各个功能了。在实现功能之前，还需要设置配置文件的相关信息。因为网站要从数据库中读取数据，因此需要提供正确的连接字符串。一般情况下，连接字符串都是存放在配置文件中，因此需要在配置文件中设置连接字符串，代码如下：

```
<connectionStrings>
  <add name="SQLCONNECTION"
      connectionString="data Source=.;database=CorpData; user
id=sa;pwd=123456" providerName="SqlClient"></add>
</connectionStrings>
```

在上面代码的<add>节点中，首先为 name 属性指定了连接字符串的名字，然后配置连接字符串。

17.2.2 页面样式

在产品展示模块中，为了后期的扩展，整个系统各个页面字体的大小、颜色、背景等都由 CSS 样式表来控制。样式文件名为 style.css，开发人员通过修改这个文件可以更换产品展示模块的样式。

产品展示模块使用的主要 CSS 样式表的代码如下：

```css
body
{
    background-color: #e5e5e5;
    margin: 0;
    text-align: center;
}
#heading
{
    font-family: Arial,verdana,sans-serif;
    font-size: 20px;
    font-weight: bold;
    color: #ffcc66;
    margin-top: 10px;
    letter-spacing: 1px;
    width: 160px;
}
#nav1
{
    margin-top: 10px;
    margin-left: 8px;
    padding-left: 0px;
}
#nav1 li
{
    font-size: 12px;
    list-style: none;
    line-height: 27px;
    border-bottom: 1px solid #485a79;
    width: 140px;
    text-indent: 3px;
}
#nav1 a:hover
{
    color: #ffcc66;
    text-decoration: none;
    background-image: url("images/bullet1.gif");
    background-repeat: no-repeat;
    padding-left: 20px;
    background-position: left center;
}
#main
{
    float: right;
    width: 65%;
    margin: 10px 10px 10px 10px;
    text-align: justify;
    font-family: Arial,verdana,sans-serif;
    font-size: 11px;
    padding-right: 0px;
}
#nav a:link, #nav a:visited
{
    color: #003399;
```

```
    text-decoration: none;
}
#heading1
{
    font-family: Arial,verdana,sans-serif;
    font-size: 15px;
    font-weight: bold;
    color: #855c21;
    text-indent: 10px;
    padding-top: 10px;
}
```

在上面代码中，定义了整个产品展示模块所用到样式。在使用样式文件中的样式时，只需在系统页面的<head>标记中引用该 CSS 样式表，代码如下：

```
<link rel="stylesheet" href="style.css" type="text/css" />
```

17.2.3 实现母版页

产品展示模块的母版页主要分为两个部分：左边主要显示了产品的分类，以及企业联系方式；右边主要为菜单栏和内容页部分。

1. 左边部分

母版页的左边部分主要显示了产品的部分分类和企业的联系方式，布局比较简单，其主要代码如下：

```
<div id="links">
<div id="heading3">.: 产品类别 :.</div>
  <asp:Label ID="lblList" runat="server" Text=""></asp:Label>
</div>
<div id="heading">.: 联系方式 :.</div>
<table style="font-weight: normal; width: 100%; word-break: break-all">
  <tr>
     <td class="style3"> 座机: </td>
     <td colspan="2">
        <asp:Label ID="lblZj1" runat="server"></asp:Label>
     </td></tr>
  <!--省略了显示其他联系方式的信息-->
  <tr>
     <td style="word-break: break-all; " class="style3">邮箱: </td>
     <td colspan="2">
     <asp:Label ID="lblYx" runat="server"></asp:Label></td></tr>
 </table>
<br/><br/>Design by: ITZCN<br/>&copy; copyright info here
  </div>
```

由上面的代码可知，产品类型会在 Label 控件中显示，并且企业联系方式也会在相应的 Lable 控件中显示。Label 值会在页面的 Page_Load 事件处理程序中绑定，代码如下：

```
        lblList.Text = GetLei();          //调用 GetLei 方法为 Label 控件绑定
```

```
DataSet ds = new DataSet();
 //调用 Getfromxlm 方法从 xml 中读取数据，然后存储到 DataSet 中
ds = Getfromxlm();
//从 ds 中获取数据，然后绑定到 Label 控件上
lblZj1.Text = ds.Tables[0].Rows[0][1].ToString();
lblZj2.Text = ds.Tables[0].Rows[0][2].ToString();
lblSj1.Text = ds.Tables[0].Rows[0][3].ToString();
lblSj2.Text = ds.Tables[0].Rows[0][4].ToString();
lblCz.Text = ds.Tables[0].Rows[0][5].ToString();
lblLxr.Text = ds.Tables[0].Rows[0][6].ToString();
lblDz.Text = ds.Tables[0].Rows[0][7].ToString();
lblWz.Text = ds.Tables[0].Rows[0][8].ToString();
lblYx.Text = ds.Tables[0].Rows[0][9].ToString();
```

在上面代码中，分别调用 GetLei 方法和 Getfromxlm 方法从数据库中获取分类和联系方式。这两个方法的代码如下：

```
public string GetLei()
{
    strLei.Append("<ul id='nav1'>");
    Mynews Ilei = new news();
    SqlDataReader dr = Ilei.GetLei();
    while (dr.Read())
    {
        strLei.Append("<li>");
        string mystr =dr["Leiname"].ToString();
        if (mystr.Length > 12)
        {
            mystr = mystr.Substring(0, 12) + "..";
        }
        mystr = "<a href='Showlei.aspx?ShowID=" + dr["LeiID"].ToString()
            + "'>" + mystr + "</a>";
        strLei.Append(mystr);
        strLei.Append("</li>");
    }
    strLei.Append(" </ul> ");
    return strLei.ToString();
}
public DataSet Getfromxlm()
{
    DataSet ds = new DataSet();
    try
    {
        ds.ReadXml(MapPath("~/info.xml"));
    }
    catch
    {
        Response.Write("<Script>alert('信息文件丢失! ')</Script>");
    }
    return ds;
}
```

在 GetLei 方法中，首先实例化了 Mynews 类，然后调用 Mynews 类中的 GetLei 方法

从数据库中获取产品分类数据。最后将读取到的数据保存到 strLei 字符串中并返回。
Mynews 类中的 GetLei 方法的代码如下：

```
public SqlDataReader GetLei()
{
    SqlConnection myConnection = new
SqlConnection(ConfigurationManager.ConnectionStrings["SQLCONNECTION"].Co
nnectionString);
    string cmdText = "SELECT TOP 6 * FROM Leibie ORDER BY OrderID DESC";
    SqlCommand myCommand = new SqlCommand(cmdText, myConnection);
    SqlDataReader dr = null;
    try
    {
        myConnection.Open();
        dr = myCommand.ExecuteReader(CommandBehavior.CloseConnection);
    }
    catch (SqlException ex)
    {
        throw new Exception(ex.Message, ex);
    }
    return dr;
}
```

在上面的代码中，首先从配置文件获取用于连接数据库的连接字符串。获取到连接字符串之后，使用 SqlConnection 与数据库建立连接，然后创建用于查询类别的 SQL 语句，然后创建 SqlCommand 命令。接下来调用 Open 方法打开数据库连接，使用 ExecuteReader 方法执行 SQL 语句，并将读取到数据保存到 SqlDataReader 中。最后将保存分类信息的 SqlDataReader 返回，此时就实现了分类信息的绑定。

2. 右边部分

右边部分主要显示系统的导航菜单和内容页，代码如下：

```
<div id="main">
    <br />
    <div id="horlist">
        <!--导航菜单 -->
    <ul id="nav">
            <li><a href="Default.aspx" class="active">主页</a></li>
            <li><a href="Addproduct.aspx">新增产品</a></li>
            <li><a href="Moreproduct.aspx">产品展示</a></li>
            <li><a href="Main.aspx">分类管理</a></li>
            <li><a href="Manageproducts.aspx">产品管理</a></li>
    </ul>
    </div>
    <br />
        <!--母版页中显示内容页部分 -->
    <asp:ContentPlaceHolder ID="ContentPlaceHolder1" runat="server">
    </asp:ContentPlaceHolder>
</div>
```

在上面代码中，首先创建了导航菜单，然后创建母版页显示内容页的 ContentPlaceHolder 控件，此时，就完成了母版页的设计。母版页的设计效果如图 17-3 所示。

图 17-3　母版页设计效果

17.3　产 品 展 示

产品展示主要显示产品的缩略图和产品的名称，并且用户还可以查看产品的详细信息，以及新增产品和管理产品功能。本节主要介绍如何实现这些功能。

17.3.1　实现产品展示

产品展示页面主要显示所有产品的缩略图和一些简单信息。该页面布局比较简单，并且产品信息在 Label 控件上显示，此处不再提供页面设计源代码。产品展示页面的设计界面如图 17-4 所示。

图 17-4　产品展示页面设计效果图

当用户请求产品展示页面时，会在页面的 Page_Load 事件中为 Lable 控件绑定要显示的产品。为 Lable 控件绑定值的方法如下：

```
private void Showproducts(int nFrom, int nTo)
    {
        strProducts.Remove(0, strProducts.Length);
        int j = 0;
        DataSet ds = new DataSet();
        da.Fill(ds, nFrom, nTo, "aa");

        strProducts.Append("<table>");
        for (int i = 0; i < ds.Tables["aa"].DefaultView.Count; i++)
        {
            if (i % 3 == 0)
            {
                strProducts.Append("<tr style='text-align:center'>");
                j = 0;
            }
            if (j == 3)
            {
                strProducts.Append("</tr>");
            }
            //判断图片url是否为空
            string strurl = ds.Tables["aa"].Rows[i][3].ToString();
            if (strurl.Length < 1)
            {
                strurl = "product.gif";
            }
            //判断产品名称长度
            string strname = ds.Tables["aa"].Rows[i][1].ToString();
            if (strname.Length > 8)
            {
                strname = strname.Substring(0, 8) + "..";
            }
            strProducts.Append("<td><table><tr><td><a
                href='Showproduct.aspx?ShowID=" +
                ds.Tables["aa"].Rows[i][0].ToString() + "'
                target='_blank'><img src='uploadpic/" + strurl + "'
                border='0' alt='" + ds.Tables["aa"].Rows[i][1].ToString() +
                "' /></a></td></tr><tr><td>" + strname +
                    "</td></tr></table><td>");
            j++;
        }
        if (j < 3)
        {
            strProducts.Append("</tr>");
        }
        strProducts.Append("</table>");
        lblContent.Text = strProducts.ToString();
    }
```

通过调用上面的方法就可以为 Label 控件绑定值。此时，在 Label 控件上就显示了所有要展示产品的扼要信息。上面加粗部分为超链接绑定了传递的值，当用户单击超链接时，在链接的页面就可以获取传递的值，然后根据页面传值查看产品详细信息。执行程序后的页面效果如图 17-5 所示。

图 17-5　展示产品页面效果

17.3.2　查看产品

在展示产品页面单击展示产品缩略图或产品名称，就可以转到查看产品详细信息的页面。在查看产品信息页面，首先会获取来自展示产品页面的传值，然后根据传值从数据库中获取相应产品的详细信息，然后将数据绑定到页面上。

查看产品页面的功能在页面的 **Page_Load** 事件处理程序中实现，其主要代码如下：

```
if (Request.Params["ShowID"] != null)
{
    if (Int32.TryParse(Request.Params["ShowID"].ToString(), out
    nResult) == false) { return; }
    SqlDataReader dr = Getproduct(Int32.Parse(Request.Params
        ["ShowID"].ToString()));
    if (dr.Read())
    {
    lblTitle.Text = dr["Productname"].ToString();  //产品内容
    lblContent.Text = dr["Content"].ToString();    //产品略图
    string myimg = dr["Imgurl"].ToString().Trim();
    if (myimg.Length < 1)
    {
        myimg = "product.gif";
    }
    string myimgda = "D" + myimg.Substring(myimg.LastIndexOf
        ("X") + 1);
```

```
        lblImg.Text = "<a href='uploadpic/" + myimgda + "' target=
            '_blank'><img src='uploadpic/" + myimg + "' border='0'/></a>";
        this.Title = lblTitle.Text.ToString();
    }
}
```

在上面代码中，首先判断页面传值是否为空，然后将传值转换为整数类型。接下来调用 Getproduct 方法从数据库中获取商品的详细信息，最后将获取到的数据绑定到 Label 控件上。执行程序，查看产品页面的效果如图 17-6 所示。

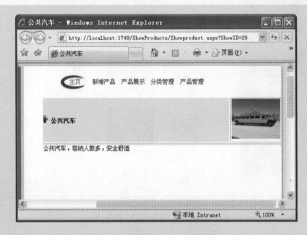

图 17-6　查看产品页面效果

17.3.3　新增产品

在新增产品页面可以新增产品，并且还可以为新增产品上传缩略图。当用户在新增产品页面填写完产品信息之后，就可以单击【确认输入】按钮，将产品信息保存到数据库中。

由于新增产品页面布局比较简单，在此就不再提供新增产品页面的源代码了。当用户单击【确认输入】按钮时，系统就会执行【确认输入】按钮的单击事件处理程序，其详细代码如下：

```
string name = txtName.Text.ToString();
int parrentid = Int32.Parse(DrpLeibie.SelectedValue.ToString());
int tuijian = CheTuijian.Checked == true ? 1 : 0;
string content = FreeTextBox1.Text.ToString();
string imgurl = lblImgurl.Text.ToString();
InsertNews(name, content, imgurl, tuijian, parrentid);
lblError.Text = "添加产品成功! ";
txtName.Text = "";
FreeTextBox1.Text = "";
```

在上面代码中，首先获取了用户输入的数据，然后调用 InsertNews 方法将这些信息保存到数据库中。InsertNews 方法的代码如下：

```
private void InsertNews(string sName, string sContent, string sImgurl,
```

```
int nTuijian, int nParrentID)
    {
        SqlConnection myConnection = new SqlConnection
            (ConfigurationManager.ConnectionStrings
            ["SQLCONNECTION"].ConnectionString);
        string cmdText = "INSERT INTO Products(Productname,Content,
            Imgurl,Tuijian,ParrentID,Createdate)VALUES('" +
            sName + "','" +
            sContent + "','" +
            sImgurl + "'," +
            nTuijian + "," +
            nParrentID + ",GetDate())";
        SqlCommand myCommand = new SqlCommand(cmdText, myConnection);
        try
        {
            myConnection.Open();
            myCommand.ExecuteNonQuery();
        }
        catch (SqlException ex)
        {
            throw new Exception(ex.Message, ex);
        }
        finally
        {
            myConnection.Close();
        }
    }
```

在 InsertNews 方法中，首先从配置文件中获取连接字符串，然后创建插入数据的 SQL
语句，即加粗部分的代码。接下来创建 SQLCommand 命令，并调用 Open 方法打开数据库
连接，最后调用 ExecuteNonQuery 方法执行插入语句。此时，就完成了新增产品功能。执
行程序，页面效果如图 17-7 所示。

图 17-7　新增产品页面效果

17.3.4 产品管理

在产品管理页面可以编辑和删除产品。在产品管理页面中，使用 GridView 控件显示所有的产品，页面布局简单。在页面的 Page_Load 事件处理程序中，为 GridView 控件绑定数据，其程序如下：

```
protected void Page_Load(object sender, EventArgs e)
{
    if (!Page.IsPostBack)
    {
        BindProductsGridView();
    }
}
private void BindProductsGridView()
{
    DataSet ds = GetProducts();
    ProductsGridView.DataSource = ds.Tables["aa"].DefaultView;
    ProductsGridView.DataBind();
}
public DataSet GetProducts()
{
    SqlConnection myConnection = new
SqlConnection(ConfigurationManager.ConnectionStrings["SQLCONNECTION"].To
String());
    string cmdText = "SELECT * FROM Products ORDER BY Createdate DESC";
    DataSet ds = new DataSet();
    SqlDataAdapter da = new SqlDataAdapter(cmdText, myConnection);
    try
    {
        myConnection.Open();
        da.Fill(ds, "aa");
    }
    catch (SqlException ex)
    {
        throw new Exception(ex.Message, ex);
    }
    finally
    {
        myConnection.Close();
    }
    return ds;
}
```

在上面代码中，主要通过 GetProducts 方法从数据库中获取所有的产品信息，然后返回 DataSet，最后绑定到 GridView 控件上。执行程序的产品管理页面效果如图 17-8 所示。

当用户单击【编辑】超链接时，就会转到 Editproduct.aspx 页面，并且将产品的 ProductID 传递给 Editproduct.aspx 页面。在 Editproduct.aspx 页面中，首先获取 ProductID，然后根据 ProductID 修改当前产品的信息。由于修改产品信息和添加产品信息的实现方法相似，在此不再介绍如何实现修改产品功能。

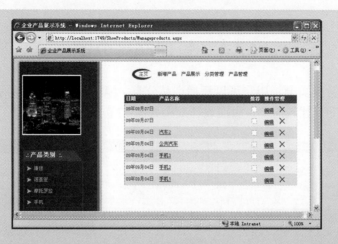

图 17-8　产品管理页面效果

当用户单击✖按钮时，就会触发 GridView 控件的 RowDeleting 事件。在 RowDeleting
事件处理程序中，会处理删除产品信息的操作，其主要代码如下：

```
    int nProductID = Int32.Parse(ProductsGridView.DataKeys
        [e.RowIndex].Value.ToString());
    DeleteProductByID(nProductID);
    BindProductsGridView();
 private void DeleteProductByID(int nProductID)
 {
    SqlConnection myConnection = new SqlConnection(ConfigurationManager.
        ConnectionStrings["SQLCONNECTION"].ToString());
    string cmdText = "DELETE FROM Products WHERE ProductID=" +
        nProductID;
    SqlCommand myCommand = new SqlCommand(cmdText, myConnection);
    try
    {
        myConnection.Open();
        myCommand.ExecuteNonQuery();
    }
    catch (SqlException ex)
    {
        throw new Exception(ex.Message, ex);
    }
    finally
    {
        myConnection.Close();
    }
 }
```

在上面的代码中，首先获取了要删除产品的 ProductID，然后调用 DeleteProductByID
方法根据 ProductID 删除相应产品，最后调用 BindProductsGridView 重新为 GridView 控件
绑定数据。

17.4　管理产品分类

在管理产品分类页面，用户可以新增产品分类、编辑分类信息和删除产品分类。管理产品分类页面的布局比较简单，页面设计效果如图 17-9 所示。

图 17-9　管理产品分类设计页面效果

当用户在添加分类表格中，填写完分类信息之后，就可以单击【确定添加】按钮，将新的分类信息保存到数据库中。【确定添加】按钮的单击事件处理程序如下：

```
string name = txtAddlei.Text.ToString().Trim();
int order = -1;
if (Int32.TryParse(txtAddxuhao.Text.ToString().Trim(), out order)
   == false)
{
   this.ClientScript.RegisterStartupScript(this.GetType(), "",
     "<Script>alert('序号要求为数字！')</Script>");
   return;
}
if (name.Length < 1)
{
   this.ClientScript.RegisterStartupScript(this.GetType(), "",
     "<Script>alert('类别名称不能为空！')</Script>");
   return;
}
AddItem(name, order, "");
BindLeiGridView();
txtAddlei.Text = "";
txtAddxuhao.Text = "";
```

在上面的代码中，首先获取用户输入的数据，然后判断用户输入的数据是否合法。如果用户输入了不合法数据，则返回。如果用户输入了合法数据，则调用 AddItem 方法将分类信息保存到数据库中。最后调用 BindLeiGridView 方法为 GridView 控件重新绑定数据。AddItem 方法的代码如下：

```
private void AddItem(string sName, int nOrder, string sImgurl)
    {
        string myConnectionString = ConfigurationManager.ConnectionStrings
            ["SQLCONNECTION"].ConnectionString;
        SqlConnection myConnection = new SqlConnection(myConnectionString);
        string cmdText = "INSERT INTO Leibie(Leiname,OrderID,Imgurl)VALUES('" +
            sName + "'," +
            nOrder + ",'" +
            sImgurl + "')";
        SqlCommand myCommand = new SqlCommand(cmdText, myConnection);
        try
        {
            myConnection.Open();
            myCommand.ExecuteNonQuery();
        }
        catch (SqlException ex)
        {
            throw new Exception(ex.Message, ex);
        }
        finally
        {
            myConnection.Close();
        }
    }
```

当用户单击■按钮时，就会触发 GridView 控件的 RowUpdating 事件。在 RowUpdating 事件处理程序中，完成修改类别信息的功能，其主要代码如下：

```
int order = -1;
    int nLeiID = Int32.Parse(LeiGridView.DataKeys
        [e.RowIndex].Value.ToString());
    TextBox name = (TextBox)LeiGridView.Rows[e.RowIndex].
        FindControl("txtName");
    TextBox xuhao = (TextBox)LeiGridView.Rows[e.RowIndex].
        FindControl("txtXuhao");
    string myname = name.Text.ToString().Trim();
    if (Int32.TryParse(xuhao.Text.ToString(), out order) == false)
    {
        this.ClientScript.RegisterStartupScript(this.GetType(), "",
            "<Script>alert('在排序中只能输入大于 0 的数字！')</Script>");
        return;
    }
    if (order < 0)
    {
        this.ClientScript.RegisterStartupScript(this.GetType(),"
            ","<Script>alert('在排序中只能输入大于 0 的数字！')</Script>");
```

```
        return;
    }
    if (myname.Length < 1)
    {
        this.ClientScript.RegisterStartupScript(this.GetType(), "",
            "<Script>alert('名称不能为空！')</Script>");
        return;
    }
    UpdateLei(myname, order, nLeiID);
    BindLeiGridView();
```

在上面的代码中，首先获取用户修改后的分类信息，然后判断用户输入的数据是否合法。如果用户输入了不合法的数据，则返回。如果用户输入了合法数据，则调用 UpdateLei 方法将分类信息保存到数据库中。最后调用 BindLeiGridView 方法为 GridView 控件重新绑定数据。

当用户单击✕按钮时，就会触发 GridView 控件的 Rowdeleting 事件。在 Rowdeleting 事件处理程序中，完成删除类别信息的功能，其主要代码如下：

```
protected void LeiGridView_RowDeleting(object sender,
    GridViewDeleteEventArgs e)
{
    ImageButton Mybutton = (ImageButton)LeiGridView.Rows
        [e.RowIndex].FindControl("delBtn");
    int nLeiID = Int32.Parse(Mybutton.CommandArgument.ToString());
    DeleteItem(nLeiID);
    BindLeiGridView();
}
```

在上面的代码中，首先获取要删除分类的 ID，然后调用 DeleteItem 方法将分类信息删除，最后调用 BindLeiGridView 方法为 GridView 控件重新绑定数据。DeleteItem 方法的代码如下：

```
private void DeleteItem(int nLeiitemID)
{
    string myConnectionString = ConfigurationManager.ConnectionStrings
        ["SQLCONNECTION"].ConnectionString;
    SqlConnection myConnection = new SqlConnection(myConnectionString);
    string cmdText = "DELETE FROM Leibie WHERE LeiID=" + nLeiitemID;
    SqlCommand myCommand = new SqlCommand(cmdText, myConnection);
    try
    {
        myConnection.Open();
        myCommand.ExecuteNonQuery();
    }
    catch (SqlException ex)
    {
        throw new Exception(ex.Message, ex);
    }
    finally
```

```
    {
        myConnection.Close();
    }
}
```

在 DeleteItem 方法中，首先从配置文件中获取连接数据库的连接字符串，然后创建 SQLConnection 连接和 SQLCommand 命令。接下来，调用 Open 方法打开数据库连接，调用 ExecuteNonQuery 方法执行删除分类信息的 SQL 语句。

参 考 答 案

第 1 章

一、填空题

(1) 关系模型

(2) 网状模型

(3) 元组

(4) 键

(5) 第二范式

(6) Notification Services

二、选择题

(1) D   (2) D   (3) A   (4) A

第 2 章

一、填空题

(1) SQL Server Profiler

(2) TCP/IP

(3) EXIT

(4) dta.exe

(5) 1433

(6) Analysis Services

二、选择题

(1) B   (2) C   (3) D

第 3 章

一、填空题

(1) tempdb

(2) mdf

(3) ONLINE

(4) EXEC sp_renamedb test','测试数据库'

(5) drop database test

二、选择题

(1) D   (2) D   (3) A   (4) D

(5) C   (6) A

第 4 章

一、填空题

(1) ADD FILE

(2) test 快照、SNAPSHOT

(3) 事务日志备份

(4) 完全恢复模式

二、选择题

(1) D   (2) B   (3) B   (4) C

第 5 章

一、填空题

(1) ##

(2) EXEC sp_rename 'Product' , '商品信息'

(3) DROP TABLE Product

(4) ALTER TABLE Product ADD price float

二、选择题

(1) D   (2) A   (3) D   (4) C   (5) C

第 6 章

一、填空题

(1) 实体完整性

(2) sp_bindefault Zero,'User.score '

(3) CREATE RULE

(4) 非空

(5) DROP CONSTRAINT

二、选择题

(1) A   (2) A   (3) D

第 7 章

一、填空题

(1) 数据控制语言

(2) DECLARE

(3) --

(4) BEGIN END

二、选择题

(1) B   (2) C   (3) A   (4) C   (5) D

第 8 章

一、填空题

(1) FUNCTION、RETURN

(2) CONVERT(varchar(10), GETDATE())

(3) 25

(4) 隔离性

二、选择题

(1) A   (2) D   (3) A   (4) A   (5) D

第 9 章

一、填空题

(1) INSERT SELECT

(2) TRUNCATE TABLE

(3) TOP

(4) FROM

(5) update 客户信息 set Email='2007_zpp@163.com' where 客户名称='秦英'

二、选择题

(1) D   (2) D   (3) D   (4) A

第 10 章

一、填空题

(1) DISTINCT

(2) %

(3) AS

(4) NOT

(5) DESC

二、选择题

(1) D   (2) D   (3) A   (4) D   (5) A

第 11 章

一、填空题

(1) EXISTS

(2) SOME

(3) LEFT

(4) UNION

二、选择题

(1) D   (2) A   (3) C   (4) D

第 12 章

一、填空题

(1) CREATE SCHEMA

(2) 索引

(3) SELECT

(4) V_Teacher

(5) EXEC sp_helpindex

(6) 聚集索引

(7) PRIMARY KEY

二、选择题

(1) C   (2) B   (3) C   (4) B   (5) C

第 13 章

一、填空题

(1) DDL 触发器

(2) AFTER 触发器

(3) inserted

(4) 16

二、选择题

(1) D   (2) C   (3) A   (4) C

第 14 章

一、填空题

(1) T-SQL

(2) sp_

(3) sp_rename

(4) output

(5) ALTER PROCEDURE

二、选择题

(1) C   (2) D   (3) C

第 15 章

一、填空题

(1) RAW

(2) CREATE PRIMARY XML INDEX Student_index_xml ON Student (s_no)

(3) CLR ENABLED

(4) SqlTriggerContext

(5) Server

(6) StoreProcedure

二、选择题

(1) B   (2) D   (3) C   (4) D   (5) A

(6) A

第 16 章

一、填空题

(1) Windows 账户

(2) CREATE LOGIN

(3) INFORMATION_SCHEMA

(4) sp_helpdbfixedrole

(5) CREATE VIEW

(6) DENY

二、选择题

(1) D	(2) D	(3) C	(4) D	(5) C
(6) B	(7) A	(8) B